쉬운 곤충 책

한영식 지음

진선 books

책머리에

우리 주변에는 수많은 곤충이 살고 있습니다. 크기가 작아 눈에 잘 띄지는 않지만 관심을 갖고 천천히 찾아보면 신비롭고 놀라운 곤충들을 만날 수 있는 기회가 주어집니다. 집 주변의 화단이나 공원에는 열심히 기어 다니며 생활하는 곤충들이 있고, 논과 밭에서는 작물을 먹고 사는 여러 곤충을 찾을 수 있습니다. 냇물이나 하천, 습지와 저수지에는 물에 사는 곤충들이 있고, 나무와 풀이 울창한 숲에서는 가장 다양한 종류의 곤충을 만날 수 있습니다.

이 책은 곤충에 대해 처음 배우는 사람 누구나 곤충을 쉽게 찾아볼 수 있도록 주변에서 흔히 만나는 766종의 곤충을 계절별, 무리별로 골라 실었습니다. 곤충의 전체적인 모습이 잘 보이는 대표 사진과 곤충의 특성, 암수, 한살이 과정이 잘 나타나는 사진을 함께 싣고, 곤충의 크기와 출현 시기, 먹이, 서식지, 이름의 유래 등을 담은 설명글로 곤충을 한눈에 파악하고 쉽게 이해할 수 있도록 하였습니다. 책 앞부분의 '곤충의 이해'에서는 다양한 곤충의 구조와 생태, 무리별 특징을 살펴보아 곤충을 올바르게 이해하도록 도왔습니다.

곤충을 만나고 이름을 알게 되면 이 작은 생물이 무엇을 하며 어떻게 사는지 관심을 갖게 됩니다. 곤충에 대한 관심은 곤충과 더불어 사는 동식물로 확장되고 자연에 사는 모든 생명체에 대한 관심으로 이어집니다. 이 책을 통해 주변에서 만나는 곤충들과 다정한 친구가 되길 바랍니다.

2023년 여름 한영식

🪲 쉬운 곤충책 사용 설명서

1. 곤충이 출현하는 시기에 따라 봄, 여름, 가을, 겨울의 계절별로 구분하여 주변에서 쉽게
   만날 수 있는 곤충을 골라 실었다.

2. 같은 계절에 출현하는 곤충을 딱정벌레목, 나비목, 벌목, 파리목, 노린재목, 메뚜기목,
   잠자리목, 다양한 곤충의 순서로 실었다.

3. 곤충 사진은 전체적인 생김새가 잘 보이는 사진으로 골라 실었고 곤충의 암컷과 수컷,
   알과 유충(애벌레), 번데기와 짝짓기, 형태와 생태 특징을 알 수 있는 사진을 함께 실었다.

4. 곤충을 설명하는 글은 곤충의 이름과 과명, 크기, 출현 시기, 먹이, 서식지, 이름의 유래
   등을 넣어 곤충을 한눈에 파악하고 쉽게 이해할 수 있도록 하였다.

5. 곤충의 색깔은 흰색, 검은색, 붉은색, 황색, 녹색, 갈색, 청색 등을 기본색으로 표기했으며
   노란색 계열은 황색으로, 빨간색 계열은 붉은색으로 통일하여 표기하였다.

6. 곤충의 특징이나 별도의 설명이 필요할 때에는 각 쪽의 아랫부분에 따로 설명하였다.

7. 책 앞부분에는 '곤충의 이해'를 넣어 곤충의 구조적 특징과 역할에 대해 쉽게 이해할 수
   있도록 했으며, 전문 용어는 뒷부분의 '용어 해설'에서 쉽게 풀어 설명하였다.

8. 세계적으로 통용되는 곤충 이름인 학명은 본문에 싣지 않고 부록의 '곤충 이름 찾아보기'에
   함께 실었다.

차례

6월 풀잎을 붙잡고 앉아 있는 배치레잠자리

곤충의 이해

고생대 데본기에 지구상에 처음 출현한 곤충은 지구가 '곤충의 행성'이라고 불릴 정도로 번성하여 현재 100만 종 이상이 발견되고 이름이 기록되었다. 곤충은 몸이 머리, 가슴, 배의 세 부분으로 구분되는 것이 가장 큰 특징이며 1쌍의 더듬이, 2쌍의 날개(무시류 제외), 3쌍의 다리를 갖고 있다. 다양한 곤충의 구조와 그 역할에 대해 알아보고, 곤충이 살아가는 모습과 무리별 특징을 자세하게 살펴보자.

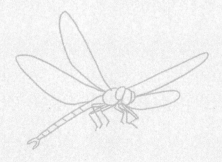

곤충의 몸

곤충의 몸은 머리, 가슴, 배의 세 부분으로 나누어져 있다. 세 부분이 모두 건강하게 유지되면 먹이를 먹어 에너지를 얻고 활발하게 움직이며 짝짓기를 통해 번식하며 살아갈 수 있다.

머리 | 가슴 | 배

양봉꿀벌

머리
사물을 보는 눈, 냄새를 맡는 더듬이, 먹이를 먹는 입이 달려 있는 매우 중요한 곳이다.

가슴
활발하게 움직이는 데 있어 중요한 부분인 가슴에는 날개 2쌍과 다리 3쌍이 달려 있다.

배
숨구멍이 있어서 숨 쉬는 데 이용한다. 암컷은 배 끝에 알을 낳는 산란관이 달려 있다.

다양한 곤충의 몸

지구상에서 가장 번성한 생물인 곤충은 종류에 따라 생김새가 무척 다양하지만 모든 곤충은
몸이 머리, 가슴, 배의 세 부분으로 나누어져 있다는 공통점이 있다.

왕사슴벌레

딱정벌레 무리
몸이 전체적으로 단단한 곤충 무리로 1쌍의 앞날개가 단단하게
변형된 딱지날개를 갖고 있어서 외부 충격에 잘 견딜 수 있다.

대왕나비

나비 무리
날개가 몸의 대부분을 차지하는 곤충 무리로 비늘가루로 덮여
있는 날개는 비를 맞아도 쉽게 젖지 않는다.

방아깨비

메뚜기 무리
뒷다리가 매우 길게 발달한 곤충 무리로 곧게 뻗은 앞날개 아래에
있는 막질의 뒷날개를 펴서 날아다니기도 한다.

고추잠자리

잠자리 무리
부리부리한 눈으로 먹잇감을 날렵하게 사냥하는 곤충 무리로
넓은 막질의 날개를 쭉 펴고 바람을 타고 날아다닌다.

머리의 구조

머리는 크게 눈(겹눈, 홑눈), 더듬이, 입의 세 부분으로 구성된다. 눈은 물체를 볼 수 있고
더듬이는 냄새를 맡거나 소리를 들으며 입은 먹이를 먹어 에너지를 얻는 역할을 한다.

장수말벌

눈 – 겹눈과 홑눈

눈은 크게 겹눈과 홑눈으로 구분된다. 머리 좌우에 달려 있는 커다란 겹눈과 달리 홑눈은 크기가
작아서 잘 보이지 않기 때문에 잘 살펴봐야 볼 수 있다.

된장잠자리

겹눈 여러 개의 작은 눈(낱눈)이 모여서 이루어진 눈으로
물건의 모양이나 색깔을 구별할 수 있다.

참매미

홑눈 작고 단순한 구조의 눈으로 밝고 어두운 것을 구분할 수 있다.
겹눈처럼 사물을 볼 수는 없다.

여러 가지 눈

곤충마다 눈의 모양은 각양각색이다. 겹눈은 모든 곤충이 2개씩 갖고 있지만 홑눈은 곤충에 따라 개수가 다양하다. 보통 3개 또는 2개를 갖고 있으며 홑눈이 없는 곤충도 있다.

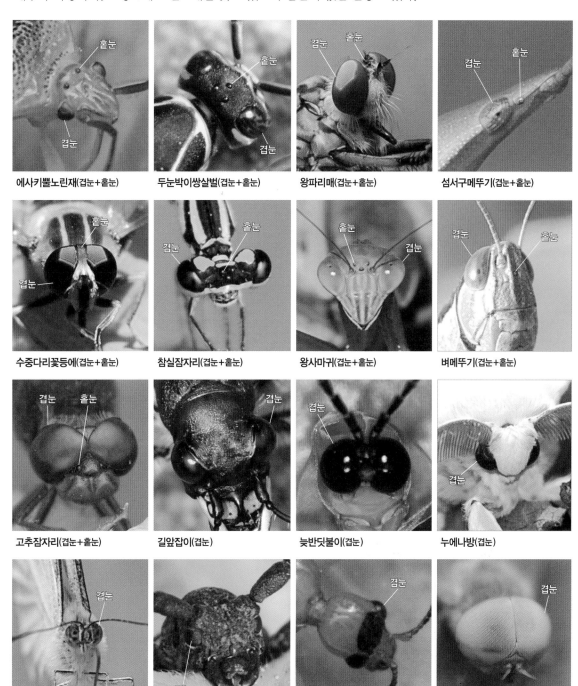

에사키뿔노린재(겹눈+홑눈)　　두눈박이쌍살벌(겹눈+홑눈)　　왕파리매(겹눈+홑눈)　　섬서구메뚜기(겹눈+홑눈)

수중다리꽃등에(겹눈+홑눈)　　참실잠자리(겹눈+홑눈)　　왕사마귀(겹눈+홑눈)　　벼메뚜기(겹눈+홑눈)

고추잠자리(겹눈+홑눈)　　길앞잡이(겹눈)　　늦반딧불이(겹눈)　　누에나방(겹눈)

큰줄흰나비(겹눈)　　우리목하늘소(겹눈)　　등빨간거위벌레(겹눈)　　황등에붙이(겹눈)

더듬이의 구조

더듬이 2개가 머리 양쪽에 달려 있으며 밑마디, 흔들마디, 채찍마디의 세 부분으로 구분된다.
대부분 머리 앞쪽을 향해 달려 있지만 머리 위쪽에 달린 경우도 있다.
주로 냄새를 맡는 중요한 역할을 하며 때때로 소리를 감지하기도 한다.

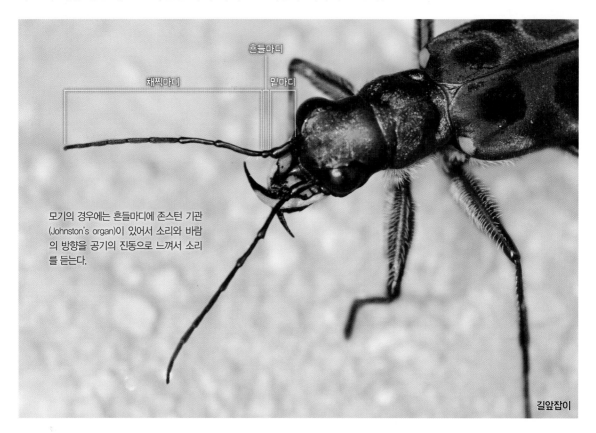

흔들마디

채찍마디

밑마디

모기의 경우에는 흔들마디에 존스턴 기관
(Johnston's organ)이 있어서 소리와 바람
의 방향을 공기의 진동으로 느껴서 소리
를 듣는다.

길앞잡이

밑마디(scape, 기절)
더듬이의 첫 번째 마디로
머리와 연결되는 부위이다.

흔들마디(pedicel, 병절)
더듬이의 두 번째 마디로
밑마디와 연결된다.

채찍마디(flagellum, 편절)
더듬이의 마지막 마디로 채찍처럼 길게 발달했으며 냄새를 맡는다.

더듬이의 모양

곤충의 종류에 따라 더듬이의 채찍마디 형태는 매우 다양하고 특별하게 발달했다.
이 때문에 곤충을 구분할 때 더듬이가 기준이 되기도 한다.

실 모양(방아깨비) 실 모양(북쪽비단노린재) 실 모양(왕귀뚜라미) 채찍 모양(고추잠자리)

염주 모양(흰개미) 곤봉 모양(네무늬밑빠진벌레) 곤봉 모양(노랑줄왕버섯벌레) 곤봉 모양(배추흰나비)

톱니 모양(왕빗살방아벌레) 빗살 모양(누에나방) 빗살 모양(살짝수염홍반디) 빗살 모양(옥색긴꼬리산누에나방)

판주름 모양(장수풍뎅이) 팔굽 모양(왕사슴벌레) 팔굽 모양(일본왕개미) 까끄라기 모양(물결넓적꽃등에)

입의 구조

입(구기, 口器 : 입틀)은 윗입술, 큰턱 1쌍, 작은턱 1쌍, 아랫입술, 하인두로 구성된다. 대부분은 먹이를 먹는 입이 있지만 하루살이 성충(어른벌레)처럼 입이 퇴화되어 아무것도 먹지 않고 사는 곤충도 있다.

입
곤충의 입에 달린 턱은 위아래로 움직이는 다른 동물과 달리 좌우로 움직여서 먹이를 먹는다.

알락하늘소

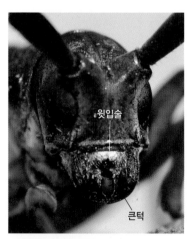

윗입술

큰턱

작은턱

작은턱수염

아랫입술

아랫입술수염

윗입술
입의 앞부분을 덮고 있다.

큰턱
먹이를 자르고 씹기에 알맞게 발달되어 있다.

작은턱
큰턱을 도와서 먹이를 자르고 먹이가 입 바깥으로 나가지 못하게 한다.

작은턱수염
맛을 감지하여 먹이 선택을 돕는다.

아랫입술
작은턱 뒤에 위치하여 1쌍의 아랫입술수염이 달려 있다. 길게 변형되어 주둥이가 되거나 후각 기관의 역할을 한다.

입의 모양

입의 모양과 구조는 식물질이나 동물질 등 먹이의 종류에 따라, 먹는 방식에 따라서
곤충마다 다양하게 발달했다.

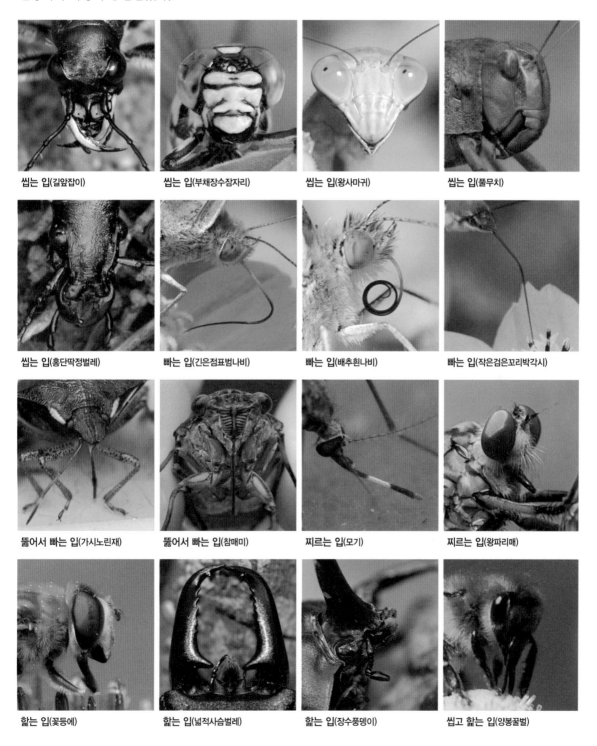

씹는 입(길앞잡이)　　씹는 입(부채장수잠자리)　　씹는 입(왕사마귀)　　씹는 입(풀무치)

씹는 입(홍단딱정벌레)　　빠는 입(긴은점표범나비)　　빠는 입(배추흰나비)　　빠는 입(작은검은꼬리박각시)

뚫어서 빠는 입(가시노린재)　　뚫어서 빠는 입(참매미)　　찌르는 입(모기)　　찌르는 입(왕파리매)

핥는 입(꽃등에)　　핥는 입(넓적사슴벌레)　　핥는 입(장수풍뎅이)　　씹고 핥는 입(양봉꿀벌)

15

가슴의 구조

가슴은 머리와 배 사이의 부분으로 앞가슴, 가운데가슴, 뒷가슴으로 구분된다.
2쌍의 날개와 3쌍의 다리가 근육이 많은 가슴에 연결되어 있어서 활발하게 움직일 수 있다.

앞날개 **뒷날개**

날개
가슴의 등 쪽에 달려 있다. 가운데가슴에는 앞날개 1쌍, 뒷가슴에는 뒷날개 1쌍이 달려 있다.

가운데가슴

뒷가슴

앞가슴

다리
가슴의 배 쪽에 달려 있다. 앞가슴에는 앞다리 1쌍, 가운데가슴에는 가운뎃다리 1쌍, 뒷가슴에는 뒷다리 1쌍이 달려 있다.

앞다리 **가운뎃다리** **뒷다리**

밀잠자리붙이

날개의 구조

대부분 2쌍(4장)의 날개를 갖고 있으며 등판의 몸 표면이 팽창되어서 만들어졌다.
먹이와 짝을 찾고 천적을 피할 때 중요한 역할을 한다.

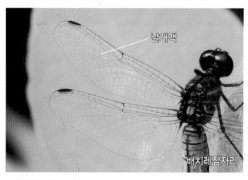

날개맥

배치레잠자리

날개맥 - 복잡

가는무늬하루살이(하루살이목)

날개맥 - 단순

줄각다귀(파리목)

날개맥(시맥)
그물 모양의 무늬로 날개가 튼튼하게 유지되도록 돕는다.
날개맥의 관에 체액이 흐르면 날개가 쫙 펴진다.

날개맥 - 복잡, 단순
지구상에 출현한 지 오래된 곤충일수록 날개맥이 복잡하고, 최근에 출현한 곤충일수록 단순하다.

여러 가지 날개

날개의 형태는 곤충 무리에 따라 특별하게 발달했으며 날개가 없는 경우도 있다. 벌 무리나 나방 무리처럼 앞뒤 날개가 연결되어 1쌍의 날개처럼 비행하도록 변형되거나 일개미처럼 날개가 퇴화된 경우도 있다.

딱정벌레 무리(사슴풍뎅이)
단단한 딱지날개(앞날개)

나비 무리(제비나비)
비늘가루로 덮인 2쌍의 날개

벌 무리(양봉꿀벌)
막질로 이루어진 2쌍의 날개

파리 무리(황각다귀)
퇴화된 1쌍의 뒷날개

노린재 무리(북방풀노린재)
반쪽은 단단하고 반쪽은 막질인 앞날개

메뚜기 무리(우리벼메뚜기)
곧게 뻗은 날개

잠자리 무리(고추잠자리)
접을 수 없는 2쌍의 날개

날개 없는 무리(납작돌좀)
날개가 없는 원시 곤충

퇴화된 무리(일본왕개미)
2쌍의 날개가 퇴화된 곤충

다리의 구조

다리는 앞가슴, 가운데가슴, 뒷가슴에 각각 1쌍(2개)씩 총 6개가 달려 있으며
밑마디, 도래마디, 넓적다리마디, 종아리마디, 발목마디의 5개 마디로 구분된다.

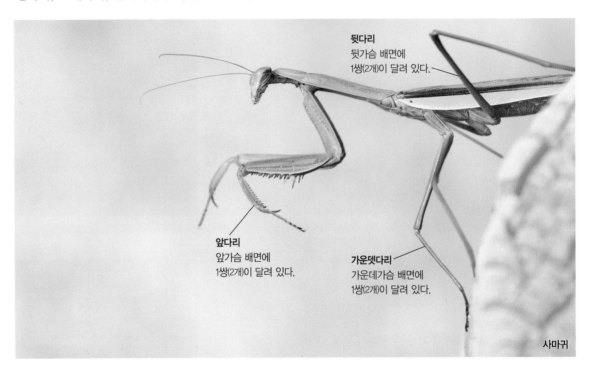

뒷다리
뒷가슴 배면에
1쌍(2개)이 달려 있다.

앞다리
앞가슴 배면에
1쌍(2개)이 달려 있다.

가운뎃다리
가운데가슴 배면에
1쌍(2개)이 달려 있다.

사마귀

밑마디(coxa)
짧고 튼튼한 마디로
사마귀는 길게 발달했다.

도래마디(trochanter)
관절이 자유롭게
움직인다.

넓적다리마디(femur)
가장 굵고 강한 마디로
가시가 발달했다.

종아리마디(tibia)
넓적다리마디보다
짧고 가느다랗다.

발목마디(tarsus)
마지막 마디로 끝부분에
단단한 발톱 1쌍이 달린다.

다리의 모양

다리의 형태는 걷거나 뛰거나 헤엄치는 등 곤충이 활동하는 방식에 적합하게 발달했다.
잘 발달된 다리 덕분에 천적을 피하고 먹이를 구할 수 있다.

보행형(무당벌레)
기어가는 다리

보행형(다리무늬침노린재)
기어가는 다리

런닝형(길앞잡이)
달리는 다리

런닝형(끝무늬녹색먼지벌레)
달리는 다리

도약형(풀무치)
점프하는 다리

도약형(꽃매미)
점프하는 다리

포획형(왕사마귀)
사냥하는 다리

포획형(왕파리매)
사냥하는 다리

굴착형(땅강아지)
땅을 파는 다리

굴착형(참매미-굼벵이)
땅을 파는 다리

부착형(털두꺼비하늘소)
기어오르는 다리

유영형(물방개)
헤엄치는 다리

배의 구조

곤충 몸의 마지막 부위로 대부분 10~11마디로 되어 있다.
등판, 배판, 등판과 배판을 연결하는 양 측막, 숨을 쉬는 숨구멍(기문)이 줄지어 있다.

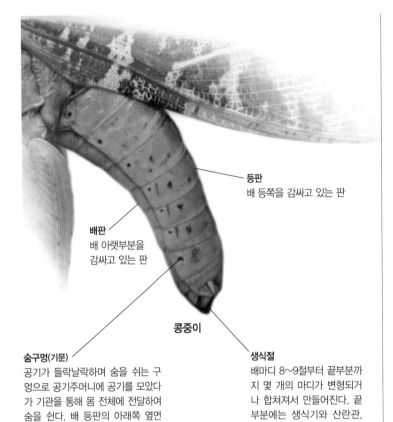

등판
배 등쪽을 감싸고 있는 판

배판
배 아랫부분을
감싸고 있는 판

콩중이

숨구멍(기문)
공기가 들락날락하며 숨을 쉬는 구멍으로 공기주머니에 공기를 모았다가 기관을 통해 몸 전체에 전달하여 숨을 쉰다. 배 등판의 아래쪽 옆면 가장자리에 마디마다 1쌍씩 있다.

생식절
배마디 8~9절부터 끝부분까지 몇 개의 마디가 변형되거나 합쳐져서 만들어진다. 끝부분에는 생식기와 산란관, 꼬리털이 달려 있다.

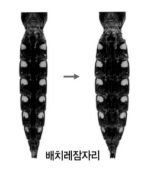

배치레잠자리

배를 오므렸다 부풀렸다 숨쉬는 모습

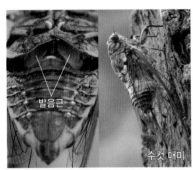

발음근

수컷 매미

수컷 매미는 배에 있는 발음근육으로 힘차게 운다.

● 배 끝에 달린 꼬리털과 산란관

산란관

꼬리털

왕귀뚜라미

꼬리털(미모) 배 끝에 2~3개가 달려 있다.

산란관 알을 낳는 관으로 암컷의 배 끝에 달려 있다.

● 여러 가지 꼬리털의 다양한 쓰임새
배 끝에 달린 꼬리털은 곤충의 종류에 따라 다양하게 발달되었다.

고마로브집게벌레
방어할 때에 집게 모양의 꼬리털을 이용한다.

진강도래
2개의 기다란 꼬리털에 달린 기관아가미로 숨을 쉰다.

무늬하루살이
하루살이 종류는 기다란 꼬리를 2~3개 갖는다.

왕잠자리
수컷이 짝짓기를 위해 암컷의 머리를 붙잡을 때 이용한다.

애벌레의 배 구조

나비 무리 애벌레의 배에 달려 있는 배다리와 꼬리다리(항문다리)는 어른벌레(성충)가 되면 모두 퇴화되며
가슴에 달린 6개의 다리만 진짜 다리가 된다.

꼬리다리 　 배다리 　 가슴다리

산호랑나비 배다리 4쌍, 꼬리다리 1쌍

꼬리다리 　 배다리 　 가슴다리

흰눈까마귀밤나방 배다리 4쌍, 꼬리다리 1쌍

서로 다른 암컷과 수컷의 배

대부분의 암컷은 수컷보다 배의 크기가 더 크고 굵다. 곤충은 암수에 따라
배의 크기와 형태가 다르고, 암컷의 경우에는 산란관을 가지고 있어서 구별된다.

수컷　암컷

좀남색잎벌레 암컷은 수컷에 비해 배가 더 크고 볼록하다.

배 끝

날개 끝　수컷

배 끝

날개 끝　암컷

등검은메뚜기 수컷은 암컷보다 배가 작고, 날개가 배 길이보다 더 길다.

수컷

산란관　암컷

베짱이 암컷은 배 끝에 알을 낳는 산란관이 달려 있지만 수컷은 없다.

수컷

암컷

좀집게벌레 수컷은 배 끝에 달린 집게 안쪽에 돌기가 있지만 암컷은 없다.

완전탈바꿈

곤충이 알에서 애벌레, 번데기를 거쳐 어른벌레가 되고 짝짓기하여 자손을 남기고 죽을 때까지의
과정을 '한살이'라고 하며, 모습을 바꾸며 성장하는 것을 '탈바꿈(변태)'이라고 한다.
완전탈바꿈 곤충은 알 – 애벌레(유충) – 번데기 – 어른벌레(성충)의 4단계를 거치며 어른이 된다.
딱정벌레 무리, 나비 무리, 벌 무리, 파리 무리, 풀잠자리 무리, 날도래 무리 등이 속한다.

● **장수풍뎅이의 한살이**

❶알

새나 개구리처럼 알
로 태어난다. 발생을
모두 마치면 애벌레
가 되어 알껍데기를
깨고 부화한다.

❷애벌레(유충)

부화한 1령 애벌레는 부엽토나 썩은 나무를 먹고
허물벗기(탈피)를 하며 무럭무럭 자란다. 다 자란
3령 애벌레는 몸집이 최대로 커지며 번데기 방
을 만들고 곧 번데기로 바뀐다. 수컷 애벌레의
몸집이 암컷 애벌레보다 큰 경우가 대부분이다.

1, 2령　　　　3령

❸번데기

다 자란 종령 애벌레
는 번데기가 된다. 번
데기는 수컷 어른벌
레처럼 뿔이 달린 모
습이다.

❹어른벌레(성충)

어른벌레가 되면 날개가 생기는데, 처음에는 단단해지지 않고 색깔이 다르지만 다
굳으면 날개 색이 변한다. 날개가 다 굳으면 활동을 시작해 먹이를 찾아다니고 짝
을 찾아 짝짓기하여 번식하며, 수명이 다 되면 죽음을 맞이한다. 날개돋이(우화)가
원활하게 이루어지지 않으면 날개가 기형이 되어 제대로 날지 못하게 되는데, 비행
이 불편한 곤충은 먹이를 찾거나 천적으로부터 도망치지 못해 생존에 불리하다.

우화 직후

불완전탈바꿈

불완전탈바꿈 곤충은 탈바꿈 과정에서 번데기 시기가 없는 한살이 과정을 거치는 곤충으로 알 – 애벌레(약충) – 어른벌레(성충)의 3단계를 거친다. 노린재 무리, 메뚜기 무리, 집게벌레 무리, 사마귀 무리, 대벌레 무리, 강도래 무리, 잠자리 무리 등이 속한다. 완전탈바꿈하는 곤충의 애벌레를 '유충'이라고 부르는 것과 달리 불완전탈바꿈하는 곤충의 애벌레는 '약충'이라고 부른다.

● 왕사마귀의 한살이

❶알

단단하고 보온이 잘되는 알집(난괴) 속에서 겨울나기를 한다. 알집에는 70~350개의 알이 무더기로 들어 있다.

알집

❷애벌레(약충)

봄이 되어 알집에서 부화한 애벌레는 알집을 뚫고 나온다. 애벌레(약충)는 크기가 작을 뿐 어른벌레와 생김새가 닮았다. 어린 새끼 사마귀(약충)는 자라기 위해 허물을 벗고 더 큰 옷으로 갈아입으며 허물벗기를 할 때마다 몸집이 커진다. 알에서 부화한 애벌레(새끼 사마귀)는 6번의 허물벗기를 하며 종령(7령) 애벌레가 되고, 곧 마지막 허물벗기를 하면 날개가 완성되어 어른벌레가 된다.

약충

약충

허물벗기(탈피)

종령 애벌레

❸어른벌레(성충)

몸집이 커지고 날개를 갖게 된 성충 사마귀는 곤충을 잡아먹는 최고의 포식자가 된다. 짝짓기 후 알을 낳고 죽음을 맞이한다.

성장

알에서 부화한 곤충의 애벌레는 먹이를 먹으며 무럭무럭 성장해서 어른벌레가 된다.
곤충에 따라 애벌레와 어른벌레의 모습이 서로 다르기도 하고 비슷하게 닮은 경우도 있다.

● 유충과 성충 – 완전탈바꿈

유충(애벌레)과 성충(어른벌레)의 생김새가 매우 다르게 생겼다. 유충 때 날개싹이 보이지 않으며 번데기 시기를
거쳐서 성충이 된다. 유충과 성충의 먹이가 서로 다른 경우가 대부분이다.

애사슴벌레 나무를 갉아 먹고 자라서 큰턱이 발달한 성충이 된다.

● 약충과 성충 – 불완전탈바꿈

약충(애벌레)과 성충(어른벌레)의 생김새가 비슷하게 닮았다. 약충 때 장차 날개가 될 날개싹이 보이며 번데기 시기
없이 허물을 벗고 성충이 된다. 약충과 성충의 먹이가 서로 같은 경우가 대부분이다.

북방풀노린재 식물의 즙을 먹고 자라서 날개 달린 성충이 된다.

● 유충과 성충 – 완전탈바꿈

남생이무당벌레 길쭉한 유충은 원형의 성충이 된다.

제비나비 꼬물꼬물 유충은 날개 달린 성충이 된다.

장미등에잎벌 잎을 먹던 유충은 길쭉한 성충이 된다.

명주잠자리 개미를 잡아먹던 유충은 넓은 날개가 생긴다.

● 약충과 성충 – 불완전탈바꿈

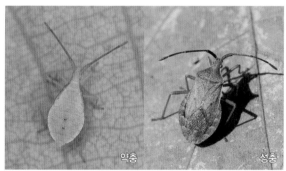

넓적배허리노린재 약충과 성충의 모양이 닮았다.

베짱이 약충이 자라서 성충이 되면 날개가 생긴다.

왕잠자리 물에 살던 약충이 비행사 성충이 된다.

진강도래 약충은 물에 살고 성충은 물 밖에 산다.

암컷과 수컷

다 자란 곤충의 성충은 암컷과 수컷으로 구분된다. 대부분의 곤충은 암수의 생김새가 비슷해서 구별이 어렵지만 모양, 색깔, 크기 등 여러 가지 차이가 있어서 암컷과 수컷이 서로 구별되는 곤충도 있다.

● 모양이 서로 다르다.
암컷과 수컷의 형태가 다르다.

수컷(왼쪽)과 암컷(오른쪽)

장수풍뎅이
수컷은 뿔이 달렸지만 암컷은 없어서 쉽게 구별된다.

● 색깔이 서로 다르다.
암컷과 수컷의 색깔이 다르다.

수컷 　　　　　　 암컷

암끝검은표범나비
암컷의 경우 날개 끝부분이 검은빛을 띠고 있어서 쉽게 구별된다.

● 크기가 서로 다르다.
암컷이 수컷보다 크기가 크다.

수컷(위쪽)과 암컷(아래쪽)

섬서구메뚜기
암컷의 몸이 수컷보다 훨씬 더 커서 쉽게 구별된다.

● 길이가 서로 다르다.
수컷의 더듬이가 암컷보다 길다.

수컷(위쪽)과 암컷(아래쪽)

벚나무사향하늘소
수컷의 더듬이가 암컷보다 더 길어서 쉽게 구별된다.

● 수컷 곤충과 암컷 곤충

사슴풍뎅이 수컷은 큰턱이 사슴뿔 모양이고 앞다리가 길다. 수컷은 회백색이지만 암컷은 갈색이다.

왕사슴벌레 수컷은 크기가 크지만 암컷은 작다. 수컷은 집게 모양의 큰 턱이 잘 발달했지만 암컷은 작다.

꼬리명주나비 수컷은 날개가 명주처럼 흰색을 띠지만 암컷은 황색과 검은색이 섞여 있다.

뿔무늬큰가지나방 수컷의 날개 색은 암컷보다 진한 갈색이다. 수컷은 더듬이가 빗살 모양이지만 암컷은 실 모양이다.

알락허리꽃등에 수컷은 뒷다리가 검은색이지만 암컷은 뒷다리 기부 부분이 붉은색을 띤다.

왕침노린재 수컷은 배 부분이 앞가슴과 비슷한 너비지만 암컷은 배 부분이 매우 넓적하게 발달했다.

방아깨비 수컷은 크기가 작지만 암컷은 크다. 수컷은 잘 날아다니지만 암컷은 잘 날지 않는다.

고추좀잠자리 수컷은 성숙하면 배가 붉게 변하지만 암컷은 성숙해도 배가 그대로 갈색을 띤다.

먹이

곤충마다 좋아하는 먹이가 서로 다르다. 다른 생물을 잡아먹는 육식성 곤충, 식물을 먹는 초식성 곤충, 동물질과 식물질을 모두 먹는 잡식성 곤충, 동물의 사체나 배설물을 먹는 부식성 곤충이 있다.

● 육식성 곤충

다른 곤충이나 무척추동물을 잡아먹는 곤충을 말한다. 때때로 다른 생물의 몸 안에 알을 낳아 번식하는 기생성 곤충도 포함된다.

밀잠자리
날아가는 꽃매미를 날렵하게 포획해서 잡아먹는다.

● 초식성 곤충

식물의 잎이나 줄기, 꽃, 뿌리 등을 먹고 사는 곤충이다. 식물의 즙을 빨아 먹거나 꽃가루를 먹고 사는 곤충도 있다.

섬서구메뚜기
잎사귀를 오물오물 갉아 먹으면 구멍이 생긴다.

● 잡식성 곤충

육식성 곤충처럼 작은 동물을 잡아먹는 것은 물론, 동물의 사체와 식물질도 가리지 않고 먹고 산다.

갈색여치
동물질과 식물질을 가리지 않고 먹는다.

● 부식성 곤충

동물의 사체나 배설물을 먹어서 분해시키는 곤충이다. 생태계 순환을 돕는 중요한 분해자 역할을 한다.

큰넓적송장벌레
지렁이의 사체에 모여들어 먹는다.

● 육식성 곤충

씹어 먹기(길앞잡이)

뚫어서 빨아 먹기(다리무늬침노린재)

빨아 먹기(검정파리매)

● 초식성 곤충

갉아 먹기(우리벼메뚜기)

풀 즙 먹기(모련채수염진딧물)

꽃꿀 먹기(재니등에)

꽃가루 먹기(풀색꽃무지)

● 잡식성 곤충

잡식성(긴날개여치)

잡식성(알락귀뚜라미)

잡식성(곰개미)

● 부식성 곤충

사체 먹기(금파리, 큰검정파리)

사체 먹기(넉점박이송장벌레)

배설물 먹기(모가슴소똥풍뎅이)

배설물 먹기(보라금풍뎅이)

위험한 천적

곤충을 잡아먹는 천적은 매우 다양하다. 새나 개구리, 도롱뇽 같은 동물은 물론이고 거미와
육식성 곤충도 모두 천적이 된다. 개체수가 많은 곤충은 천적들에게 매우 중요한 먹이 공급원이 된다.

● 동물
몸집이 크고 힘이 센 동물
들은 곤충을 잡아먹는 최
고 포식자이다. 개구리, 도
롱뇽, 뱀, 새 등이 곤충을
잡아먹고 산다.

청개구리
산지나 경작지에서 파리, 날도래, 벌, 나비 등을 잡아먹는다.

● 거미
끈적끈적한 거미줄을 쳐서
사냥하는 정주성 거미와
재빠른 동작으로 사냥하는
배회성 거미 모두 곤충을
잡아먹는 포식자이다.

무당거미
거미줄에 걸린 참매미를 돌돌 말아서 체액을 빨아 먹는다.

● 곤충
포식성 곤충은 곤충에게
위험한 천적이다. 기생성
곤충 등 다양한 육식 곤충
들은 힘이 약한 곤충을 사
냥해서 먹잇감을 삼는다.

왕파리매
재빠르게 날아다니며 공중에서 다양한 곤충을 낚아채서 사냥한다.

● 동물

두꺼비
딱정벌레, 나비 유충, 벌, 메뚜기 등을 잡아먹는다.

도롱뇽
개미, 귀뚜라미, 거미, 지렁이, 옆새우 등을 잡아먹는다.

제비
매우 빠르게 날아다니며 잠자리를 잡아먹는다.

때까치
사냥한 왕사마귀 배를 나뭇가지에 꽂아 두고 먹는다.

● 거미

호랑거미
거미줄을 쳐서 걸려든 곤충을 둘둘 말아서 잡아먹는다. 거미줄에 걸린 곤충은 발버둥을 치지만 빠져나가지 못하고 죽고 만다.

줄연두게거미
재빠르게 움직여서 파리를 사냥해 체액을 빨아 먹는다.

청띠깡충거미
잎사귀를 기어다니는 개미를 덮쳐서 사냥한다.

● 곤충

사마귀
굵은 앞다리로 재빠르게 낚아채서 씹어 먹는다.

빨간긴쐐기노린재
쐐기처럼 날카로운 주둥이로 찔러 사냥한다.

개미귀신
깔때기 모양의 함정을 파고 미끄러진 곤충을 사냥한다.

나방살이맵시벌
애벌레의 몸에 산란관을 찔러 넣어 알을 낳는다.

슬기로운 방어법

몸집이 작고 힘이 약한 곤충들은 항상 천적의 공격을 받고 산다. 다행히 곤충들은 뛰어난
적응력을 발휘하여 천적의 위험에서 슬기롭게 벗어나는 방법을 터득했다.

● 빠르게 도망치기

천적보다 더 빠르게 움직여서 피하는 방어법이
다. 재빠르게 날아가거나 기어간다. 풀숲으로
추락하여 숨거나 순식간에 점프해서 천적을 피
해 도망친다.

날개띠좀잠자리
위험을 느끼면 재빠르게 날아서 도망친다.

● 위장하기

천적이 발견하지 못하도록 꼭꼭 숨는 방어법이
다. 주변과 비슷한 보호색을 띠거나 배설물이나
나뭇가지로 위장해서 위기를 모면한다. 힘이 약
한 곤충들이 사용하는 기본적인 방어법이다.

참나무하늘소
나무껍질과 비슷한 색깔의 보호색으로 숨어 있다.

● 접근 차단하기

천적의 접근을 막는 방어법이다. 경고색을 띠
거나 독침으로 위협하고, 강한 곤충을 흉내 내
거나 죽은 척(의사 행동)을 하여 천적의 접근을
차단한다.

배짧은꽃등에
독침이 있는 벌을 흉내 내서 천적의 접근을 막는다.

● 놀라게 하기

천적을 만나면 깜짝 놀라게 해서 도망치는 방
어법이다. 눈알 모양의 무늬로 놀라게 하거나
꼬리를 머리처럼 보이게 속이거나 화학 무기를
이용해서 도망친다.

옥색긴꼬리산누에나방
날개의 눈알 무늬로 천적을 놀라게 한다.

● 빠르게 도망치기

날아가기(고추잠자리)

달리기(검정명주딱정벌레)

추락하기(꽃벼룩)

점프하기(우리벼메뚜기)

● 위장하기

보호색(털두꺼비하늘소)

보호색(금강산귀매미)

나뭇가지로 위장하기(자벌레)

배설물로 위장하기(새똥하늘소)

● 접근 차단하기

경고색(무당벌레)

독침(털보말벌)

흉내 내기(호랑꽃무지)

의사 행동(배자바구미)

● 놀라게 하기

놀라게 하기(부처나비)

놀라게 하기(참나무산누에나방)

속임수(작은주홍부전나비)

화학 무기(폭탄먼지벌레)

서식지

곤충이 보금자리를 만들어 살아가는 장소를 서식지라고 한다. 곤충은 산과 들판, 냇물과 하천, 습지와 연못, 논밭과 바닷가, 공원과 인가 등의 다양한 장소에 서식한다.

● 산과 들
다양한 풀과 나무가 자라는 산과 들판에는 수많은 곤충이 모여 산다.

● 꽃밭
각양각색의 꽃이 핀 꽃밭에는 꿀과 꽃가루를 먹고 사는 다양한 곤충이 모여 산다.

● 냇물과 하천
졸졸 흐르는 시냇물과 하천에는 물에 사는 다양한 수서곤충이 모여 산다.

● 습지
물이 항상 축축하게 유지되는 습지에는 다채로운 수서곤충이 모여 산다.

● 연못과 저수지
물이 고여 있는 연못과 저수지에는 물에 사는 다양한 곤충이 모여 산다.

● 논밭
열매 등 다양한 농작물이 자라는 논과 밭에는 여러 곤충이 모여 산다.

● 바닷가
바닷가 갯벌과 모래 사장에는 바닷가에 사는 여러 곤충이 모여 산다.

● 공원과 인가
사람이 사는 도시나 도시 주변 공원에는 인간과 가까운 곳에 사는 곤충들이 모여 산다.

집

대부분의 곤충은 집을 만들어 생활하지 않지만, 알이나 애벌레를 보호하거나 무리를 지어
모여 살기 위해서 특별한 형태의 집을 짓고 사는 곤충도 있다.

● **알집** 태어날 새끼가 잘 자랄 수 있는 곳에 알집을 만든다.

왕거위벌레   호리병벌   왕사마귀   꽃매미

● **애벌레 집** 안전하게 어른으로 성장하기 위해 집을 만들어 생활한다.

도롱이벌레   잎말이나방   띠무늬우묵날도래   별쌍살벌

● **어른벌레 집** 여러 마리가 무리를 지어 함께 모여 생활한다.

일본왕개미   곰개미   뱀허물쌍살벌   흰개미

곤충과 계절

사계절이 뚜렷한 우리나라는 계절에 따라 출현하는 곤충의 종류가 크게 달라진다. 기온과 습도, 먹이 상태 등의 환경 요인에 따라 봄, 여름, 가을, 겨울이 되면 서로 다른 다양한 곤충을 만날 수 있다.

● 봄
새싹이 파릇파릇 돋아나고 꽃이 피는 봄에는 다양한 곤충이 출현한다. 따뜻한 봄이 찾아온 숲은 오물오물 잎사귀를 갉아 먹고 꽃가루와 꿀을 먹으려는 봄 곤충들의 세상이다.

호랑나비 산과 들을 훨훨 날아다니며 봄에 피는 꽃에 모여 꿀을 빨아 먹는다. 봄에 보는 가장 화려한 대형 나비이다.

긴알락꽃하늘소 찔레꽃에 모여 꽃가루를 먹고 있다.

사시나무잎벌레 풀 줄기를 오가며 잎을 갉아 먹는다.

● 여름
풀과 나무가 무럭무럭 자라 울창해진 숲에는 여름에 출현하는 대형 곤충들이 모습을 드러낸다. 무더운 여름 숲은 나뭇진을 먹고 살거나 밤에 활동하는 여름 곤충들의 세상이다.

장수풍뎅이 울창한 숲속에 사는 대형 딱정벌레로 나뭇진을 먹고 산다. 멋진 뿔로 수컷끼리 결투를 벌인다.

참매미 맴맴 우는 여름을 알리는 대표 곤충이다.

참나무산누에나방 참나무 숲에 사는 대형 나방이다.

남방부전나비

Tip
곤충 중에는 1년에 여러 차례 번식하기 때문에 계절을 가리지 않고 볼 수 있는 곤충도 많다. 남방부전나비의 경우 1년에 3~4회 발생하여서 4~11월의 봄부터 가을까지 볼 수 있다.

● 가을

시원한 바람이 부는 결실의 계절. 가을에는 다양한 곤충이 출현한다. 청명한 하늘과 넓은 들판의 풀밭은 하늘을 날며 사냥하거나 폴짝폴짝 점프하며 살아가는 가을 곤충들의 세상이다.

우리벼메뚜기 논에 살면서 벼를 갉아 먹는 대표 메뚜기다. 산과 들이나 하천의 풀밭에서도 볼 수 있다.

고추좀잠자리 하늘을 날며 다른 곤충을 사냥한다.

왕귀뚜라미 풀밭을 툭툭 뛰어다니며 산다.

● 겨울

눈보라가 치고 꽁꽁 얼어붙는 겨울에는 곤충들이 꼭꼭 숨어서 겨울나기를 한다. 따뜻한 땅속과 나무 속은 추위를 이겨 내며 다가올 봄을 기다리는 겨울 곤충들의 세상이다.

사슴벌레 유충 참나무 속에서 나무를 갉아 먹으며 겨울나기를 한다. 여름이 오면 성충이 된다.

진홍색방아벌레 따뜻한 나무 속에서 겨울을 지낸다.

개미 함께 무리를 지어 모여서 겨울나기를 한다.

보호곤충과 지표곤충

개발로 인한 서식지 훼손과 환경 오염, 지구 온난화로 인한 기후 변화 등으로 곤충들은 멸종되거나
서식지를 이동하고 있다. 보호곤충과 지표곤충의 변화를 보면서 생태계의 건강성과 자연 보존의
중요성을 이해할 수 있다.

● 천연기념물 – 곤충
학술적, 자연사적, 지리학적으로 중요하여 보호할
필요가 있는 곤충으로 문화재청에서 지정하였다.

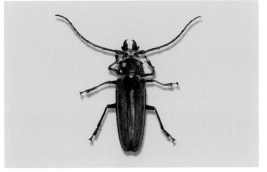

장수하늘소
우리나라와 중남미 지역이 하나의 대륙이었다는 증거가 되는
지리적 가치가 있다.

● 멸종위기 야생생물 – 곤충
생태계에서 멸종 위기에 처했거나 향후 멸종
가능성이 높은 곤충으로 환경부에서 지정하였다.

두점박이사슴벌레
제주도에만 서식하는 사슴벌레로 사육에 성공하여
생물종 복원 사업을 하고 있다.

● 생태계교란 야생생물 – 곤충
외국으로부터 인위적, 자연적으로 유입되어
생태계의 균형을 무너뜨리는 곤충을 말한다.

갈색날개매미충
중국에서 유입된 외래종으로 나뭇잎과 줄기, 열매의 즙을
빨아 먹어 식물에 피해를 일으킨다.

● 기후변화 생물지표종 – 곤충
계절 활동, 분포 범위, 개체군 크기 변화가
기후 변화에 의해 예상되는 곤충을 말한다.

남방노랑나비
남부 지방에만 살았지만 기후 변화로 중북부 지방까지 분포
범위가 확대되고 있다.

● 천연기념물 – 곤충

비단벌레 딱지날개로 만든 유물(마구)이 출토되었다.　　**애반딧불이** 무주군 설천면 일원에 반딧불이 서식지가 지정되었다.

● 멸종위기 야생생물 – 곤충

대모잠자리　　　　　　　　　　　　　　　　物장군　　　　　물방개

● 생태계교란 야생생물 – 곤충

꽃매미 원산지 – 중국　　**미국선녀벌레** 원산지 – 미국　　**등검은말벌** 원산지 – 중국

● 기후변화 생물지표종 – 곤충

넓적배사마귀 분포 범위 확대　　**각시메뚜기** 분포 범위 확대　　**푸른아시아실잠자리** 분포 범위 확대　　**말매미** 개체 수 감소

1. 딱정벌레 무리

단단한 딱지날개를 갖고 있어서 '갑옷을 입은 곤충'이라는 뜻의 '갑충(甲蟲)'이라고도 불린다.
단단한 몸 덕분에 천적의 공격에 잘 견딜 수 있고 몸 안의 수분이 증발되는 것도 막을 수 있다.

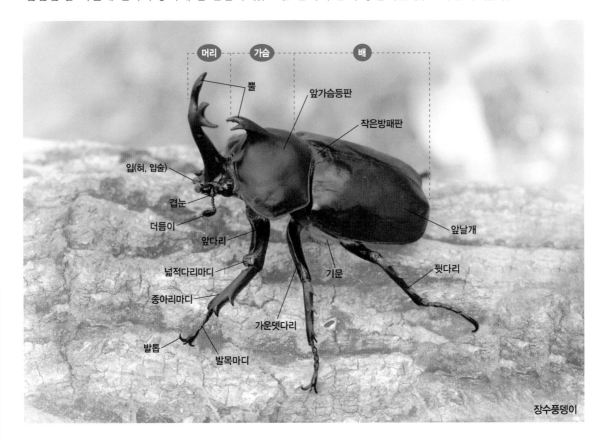

장수풍뎅이

● 특징

딱지날개(사슴풍뎅이) 앞날개(딱지날개)가 단단한 키틴질의 날개로 변형되어 있다. 뒷날개(속날개)는 투명한 막질로 되어 있으며 날갯짓해서 비행한다.

작은방패판(풀색꽃무지) 앞날개가 맞닿는 중앙에 있는 역삼각형의 판이다. 작은방패판을 기준으로 좌우 날개가 열려 비행한다.

40

여러 가지 딱정벌레

지구상에서 가장 종류가 많은 곤충 무리로 전 세계 곤충의 35% 이상을 차지한다. 각양각색의 딱정벌레는 먹이와 서식지, 사는 방식이 다양하다. 완전탈바꿈을 하며 대부분 1년에 1세대를 거친다.

딱정벌레과(홍단딱정벌레)
땅 위의 발 빠른 사냥꾼이다.

물방개과(물방개)
물속 생물의 최대 포식자이다.

사슴벌레과(왕사슴벌레)
활엽수(참나무)의 나뭇진을 먹는다.

반딧불이과(늦반딧불이)
꽁무니에서 불빛을 반짝인다.

무당벌레과(칠성무당벌레)
진딧물을 잘 잡아먹는다.

거저리과(산맴돌이거저리)
기어다니며 구석으로 숨는다.

잎벌레과(버들잎벌레)
잎사귀를 오물오물 갉아 먹는다.

하늘소과(우리목하늘소)
더듬이가 매우 길게 발달했다.

바구미과(배자바구미)
주둥이가 길게 튀어나왔다.

2. 나비 무리

비늘가루로 덮인 날개를 갖고 있는 곤충으로 몸에 비해 날개가 매우 크다. 나불나불 날아다니며
꽃에서 꿀을 빨아 먹는다. 애벌레는 가슴다리 3쌍, 배다리 4쌍, 꼬리다리 1쌍을 갖고 있다.

머리 가슴 배

앞날개

인편

더듬이

겹눈

입

앞다리

가운뎃다리

뒷다리

뒷날개

대왕나비

● 특징

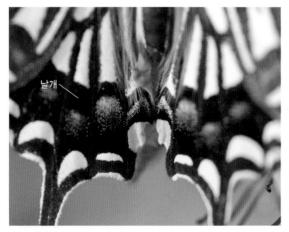

날개

날개(호랑나비) 날개는 비늘가루로 덮여 있으며 나비는 인편(비늘조각),
나방은 인모(비늘털)로 되어 있는 차이가 있다.

입

입(대왕나비) 코일처럼 돌돌 말려 있는 관 모양의 기다란 주둥이를
쭉 뻗어서 꽃꿀과 물을 빨아 먹으며 살아간다.

여러 가지 나비

크게 나비와 나방으로 구분되며 전 세계 곤충의 15% 이상을 차지한다. 나비는 대부분
낮에 활동하고 앉을 때 날개를 접지만, 나방은 대부분 밤에 활동하고 앉을 때 날개를 편다.

호랑나비과(호랑나비)
화려한 빛깔의 대형 나비이다.

흰나비과(큰줄흰나비)
흰색이나 노란 빛깔의 나비이다.

네발나비과(네발나비)
앞다리 2개가 퇴화된 나비이다.

잎말이나방과(감나무잎말이나방)
애벌레 때 잎을 둘둘 만다.

명나방과(노랑눈비단명나방)
비단처럼 날개 색이 아름답다.

자나방과(별박이자나방)
자벌레가 자라서 나방이 된다.

산누에나방과(참나무산누에나방)
숲에 사는 대형 나방이다.

박각시과(녹색박각시)
몸통이 굵고 매우 뚱뚱하다.

밤나방과(메밀거세미나방)
어두운 색 날개를 갖고 있다.

3. 벌 무리

얇고 투명한 2쌍의 날개를 갖고 있어서 비행 능력이 매우 탁월하다. 산란관이 변형된 침을 갖고 있으며
계급(여왕벌, 일벌, 수벌)을 구성하고 서로 협력하여 집단 생활을 하는 사회성 곤충이 많다.

머리 가슴 배

뒷날개

앞날개

앞가슴등판

더듬이

독침

입

꽃가루받이

겹눈

앞다리

가운뎃다리

뒷다리

양봉꿀벌

● 특징

날개

날개(루리알락꽃벌) 날개 2쌍이 모두 투명한 막질로 되어 있어서 날기에
적합하다. 앞뒤 날개가 갈고리로 연결되어 1장의 날개처럼 난다.

허리(배자루마디)

허리(민호리병벌) 가슴과 배가 배자루로 연결되어서 잘록한 허리처럼
보인다. 배자루 덕분에 배를 자유롭게 움직여 침을 쏠 수 있다.

여러 가지 벌

벌과 개미 등이 속하며 전 세계 곤충의 12% 이상을 차지한다. 꿀벌은 꽃가루를 옮겨서
열매가 맺도록 도와주며 사냥벌과 기생벌은 다른 곤충들의 숫자가 많아지는 것을 조절해 준다.

꿀벌과(호박벌)
꽃에서 꿀과 꽃가루를 모은다.

말벌과(장수말벌)
다른 곤충을 날쌔게 사냥한다.

배벌과(배벌)
배가 매우 길게 발달했다.

대모벌과(별대모벌)
거미를 마취시켜서 사냥한다.

구멍벌과(나나니)
애벌레를 재빠르게 사냥한다.

개미과(일본왕개미)
집을 만들어 함께 생활한다.

맵시벌과(왜가시뭉툭맵시벌)
애벌레의 몸에 알을 낳는다.

혹벌과(밤나무혹벌 충영)
식물에 알을 낳아 기생한다.

잎벌과(극동등에잎벌)
잎을 오물오물 갉아 먹는다.

4. 파리 무리

뒷날개 1쌍이 퇴화되어 앞날개 1쌍으로 날아다니는 곤충으로 꽃등에와 재니등에의 경우 정지 비행도
잘한다. 대부분 뭉툭한 혀로 액체를 핥아 먹지만 피를 빨아 먹고 사는 종류도 있다.

머리　가슴　배

날개

겹눈

더듬이

입

꽃등에

● 특징

앞날개

퇴화된 뒷날개

날개(아메리카동애등에) 퇴화된 뒷날개(평행곤) 1쌍이 비행할 때 균형을
맞추어 준다. 뒷날개 덕분에 파리 무리는 비행술이 뛰어나다.

겹눈

더듬이

눈과 더듬이(검정볼기쉬파리) 겹눈은 잠자리 눈처럼 크기가 매우 크다.
더듬이는 매우 짧아서 있는지 없는지 잘 보이지 않는다.

여러 가지 파리

파리, 꽃등에, 등에, 파리매, 모기, 각다귀 등의 다양한 곤충이 속하며 전 세계 곤충의 16% 이상을 차지한다. 애벌레는 다리가 없는 구더기 모양이지만 어른이 되면 다리가 생긴다.

검정파리과(큰검정파리)
사체나 배설물에 잘 모인다.

기생파리과(노랑털기생파리)
다른 곤충에게 기생한다.

똥파리과(똥파리)
날렵하게 날아가서 사냥한다.

초파리과(노랑초파리)
시큼한 과일에 잘 모여든다.

꽃등에과(수중다리꽃등에)
꽃가루를 잘 핥아 먹는다.

파리매과(왕파리매)
재빠르게 날아서 사냥한다.

등에과(소등에)
동물의 피를 빨아 먹고 산다.

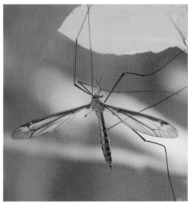

각다귀과(줄각다귀)
기다란 다리로 잘 매달린다.

모기과(흰줄숲모기)
암컷 모기는 사람의 피를 빨아 먹는다.

5. 노린재 무리

주사 바늘처럼 긴 주둥이로 즙을 빨아 먹는 곤충으로 독한 방귀 냄새를 풍겨서 '방귀벌레'라고도 불린다.
초식성 노린재와 육식성 노린재가 있으며, 대부분은 육상종이지만 물에 사는 수서종도 있다.

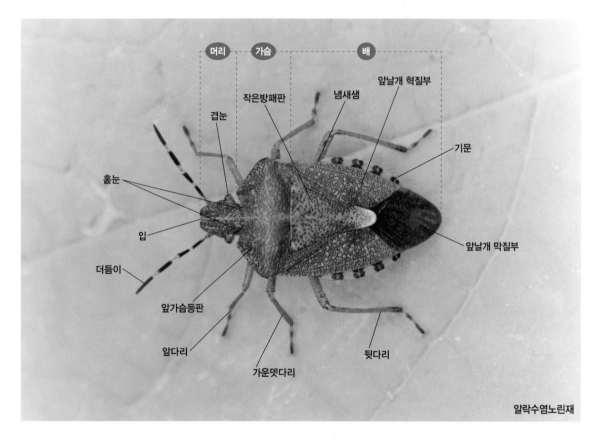

알락수염노린재

●특징

날개(홍비단노린재) 앞날개의 위쪽 부분은 단단하고, 아래쪽 부분은
막질로 되어 있다. 뒷날개는 막질이다.

입(알락수염노린재) 기다란 주둥이로 찔러서 빨아 먹는다. 초식성
노린재는 식물을, 육식성 노린재은 다른 곤충의 체액을 빨아 먹는다.

여러 가지 노린재

노린재, 장구애비, 매미, 진딧물 등의 다양한 곤충이 속하며 전 세계 곤충의 9% 정도를 차지한다.
노린재 무리는 앞뒤 날개가 서로 다르지만, 매미 무리는 앞뒤 날개가 똑같은 막질로 되어 있다.

노린재과(갈색날개노린재)
주둥이로 풀 즙을 빨아 먹는다.

침노린재과(배홍무늬침노린재)
다른 곤충의 체액을 빨아 먹는다.

장구애비과(장구애비)
굵은 앞다리로 사냥한다.

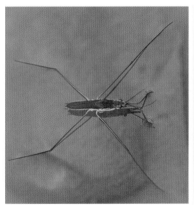
소금쟁이과(소금쟁이)
물 위를 미끄러지듯 헤엄친다.

매미과(말매미)
짝짓기를 위해 맴맴 울어 댄다.

매미충과(끝검은말매미충)
굵은 뒷다리로 톡톡 점프한다.

꽃매미과(꽃매미)
날개가 꽃처럼 화려하다.

큰날개매미충과(부채날개매미충)
몸에 비해 날개가 매우 크다.

진딧물과(엉겅퀴수염진딧물)
다닥다닥 붙어서 즙을 빨아 먹는다.

6. 메뚜기 무리

날개가 곧게 뻗어 있는 곤충 무리로 발음 기관과 청각 기관이 발달해서 소리로 의사소통을 한다.
대부분 초식성이지만 육식성이나 잡식성도 있다. 애벌레는 어른벌레와 생김새가 닮았다.

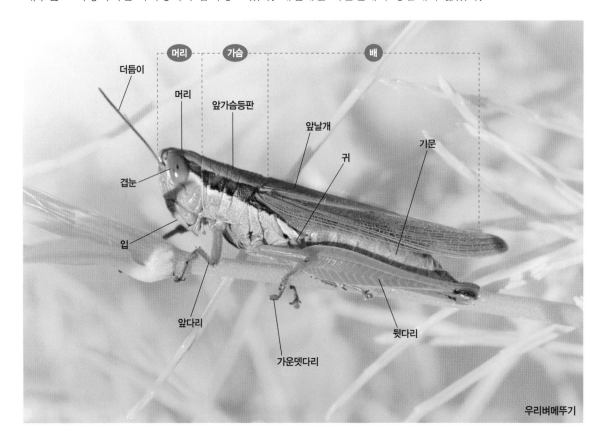

우리벼메뚜기

● 특징

날개(풀무치) 곧게 뻗은 날개가 배 길이보다 더 길다. 날개가 주변 색깔과 비슷한 보호색을 띠어서 천적을 피한다.

다리(방아깨비) 뒷다리가 앞다리나 가운뎃다리에 비해 매우 길게 발달되어 있어서 풀밭에서 점프하며 생활하기에 유리하다.

여러 가지 메뚜기

메뚜기, 여치, 귀뚜라미 등이 속하며 전 세계 곤충의 3% 정도를 차지한다. 메뚜기 무리는 더듬이가 굵고 짧으며 주로 낮에 활동하지만, 여치 무리는 더듬이가 가늘고 길며 대부분 밤에 활동한다.

메뚜기과(등검은메뚜기)
풀밭에서 툭툭 잘 뛴다.

모메뚜기과(모메뚜기)
몸이 긴 다이아몬드 모양이다.

좁쌀메뚜기과(좁쌀메뚜기)
좁쌀처럼 작은 소형 메뚜기이다.

여치과(긴날개여치)
앞날개끼리 비벼서 소리를 낸다.

여치과(실베짱이)
실처럼 가느다랗게 생겼다.

꼽등이과(꼽등이)
꼽추처럼 등이 불룩하다.

귀뚜라미과(긴꼬리)
몸이 길쭉하고 꼬리가 길다.

귀뚜라미과(모대가리귀뚜라미)
땅에서 폴짝폴짝 점프한다.

땅강아지과(땅강아지)
땅속으로 순식간에 파고든다.

7. 잠자리 무리

얇고 넓적한 날개와 커다란 겹눈으로 사냥을 하는 곤충으로 지구에서 최초로 하늘을 날아다닌 동물이다.
애벌레는 물속에서 수서곤충을 잡아먹고 어른이 되면 하늘을 날며 사냥한다.

머리　가슴　배

가슴(앞가슴)
가슴(날개가슴)
교미부속기
겹눈
배
홑눈
기문(숨구멍)
뒷다리
앞날개
앞다리
가운뎃다리
연문
뒷날개

깃동잠자리

● 특징

날개

날개(깃동잠자리) 날개를 접어서 배 위에 올려놓지 못하는 원시적인 고시류 곤충이다. 넓은 날개로 재빠르게 날아서 먹이 사냥을 한다.

겹눈

다리

겹눈과 다리(된장잠자리) 부리부리한 겹눈으로 여러 각도에서 먹잇감을 쉽게 알아챈다. 잘 움켜잡을 수 있는 다리로 먹이를 낚아챈다.

여러 가지 잠자리

잠자리, 실잠자리, 물잠자리 등이 속하며 가슴 근육이 잘 발달되어 힘차게 날아다닐 수 있다.
잠자리는 앉을 때 날개를 펼치지만, 실잠자리는 앉을 때 날개를 모은다.

실잠자리과(아시아실잠자리)
몸이 실처럼 가늘다.

방울실잠자리과(방울실잠자리)
다리의 종아리마디가 방울 모양이다.

청실잠자리과(묵은실잠자리)
성충으로 겨울나기를 한다.

물잠자리과(물잠자리)
물길을 따라 날아다닌다.

왕잠자리과(긴무늬왕잠자리)
몸이 크고 비행 실력이 뛰어나다.

측범잠자리과(쇠측범잠자리)
몸 옆면에 범 무늬가 있다.

장수잠자리과(장수잠자리)
우리나라 잠자리 중에서 가장 크다.

잠자리과(고추잠자리)
성숙한 수컷은 몸 전체가 붉다.

잠자리과(날개띠좀잠자리)
날개 안쪽에 띠무늬가 있다.

8. 다양한 곤충 무리

곤충은 형태에 따라 29개의 곤충 무리로 구별한다. 딱정벌레, 나비, 벌, 파리, 노린재, 메뚜기, 잠자리의
대표적인 곤충 무리 이외에도 다양한 곤충 무리가 있으며, 무리마다 독특한 생김새를 가졌지만
6개의 다리를 갖고 있는 공통점이 있다.

사마귀 무리(왕사마귀)
머리는 삼각형이고 겹눈은 매우 크다. 낫 모양의 날카로운 앞다리로
먹잇감을 사냥하는 최고의 포식 곤충이다.

풀잠자리 무리(칠성풀잠자리)
산과 들에 살며 애벌레와 어른벌레 모두 진딧물을 잡아먹고 산다.
잎사귀와 비슷한 보호색을 갖고 있다.

집게벌레 무리(좀집게벌레)
꽁무니에 달려 있는 집게로 자신을 공격하는 천적을 물리친다.
땅이나 나무 위를 발 빠르게 기어다니며 생활한다.

대벌레 무리(대벌레)
대나무를 닮은 곤충으로 울창한 숲에서 산다. 주로 남부 지방에
살았지만 기후 변화로 중북부 지방까지 서식 범위가 넓어지고 있다.

밑들이 무리(참밑들이)
배 끝 부분이 위쪽으로 들려 올라가서 이름이
지어졌다. 숲속에 살며 작은 곤충을 사냥한다.

뱀잠자리 무리(대륙뱀잠자리)
넓은 날개가 잠자리를 닮았다. 애벌레는 물속에서
저서무척추동물과 작은 물고기를 사냥한다.

날도래 무리(우리큰우묵날도래)
애벌레 때는 물속에 살면서 돌이나 낙엽 등을
모아서 둥근 집을 만들어 생활한다.

하루살이 무리(무늬하루살이)
성충의 수명이 매우 짧아서 '하루살이'라고 한다.
애벌레 때는 물속에 어른이 되면 물밖에 산다.

강도래 무리(무늬강도래)
맑은 냇물에서만 서식하는 1급수 지표종이다.
물속에서 작은 수서생물을 잡아먹고 산다.

바퀴 무리(산바퀴)
바퀴가 굴러가듯 잘 기어다닌다. 동물의 사체와
같은 유기물을 분해하는 역할을 한다.

흰개미 무리(흰개미)
생김새가 개미를 닮았지만 허리가 잘록하지 않다.
개미처럼 무리 지어 생활하는 사회성 곤충이다.

돌좀 무리(납작돌좀)
기다란 꼬리가 3개 달린 날개 없는 곤충이다.
바위나 낙엽 밑에 살면서 조류, 이끼류를 먹는다.

좀 무리(좀)
날개가 없는 오래된 원시적인 곤충으로 예전에는
집 안에서 옷감, 종이 등을 갉아 먹고 살았다.

곤충과 닮은 절지동물

다리가 마디로 이루어진 절지동물은 크게 곤충류, 거미류, 갑각류, 다지류로 구분된다.
곤충과 생김새가 많이 닮았지만 거미류는 8개, 갑각류는 10~14개, 다지류는 30개 이상의 다리를
갖고 있어서 다리가 6개인 곤충과는 쉽게 구별된다.

● 거미류

몸은 머리가슴, 배의 두 부분으로 구분되며 다리가 8개 달려 있는 절지동물이다. 홑눈만 갖고 있으며 더듬이와 날개는 없다.

긴호랑거미
거미줄을 쳐서 걸려든 먹잇감을 둘둘 말아 체액을 빨아 먹는다.

● 갑각류

몸은 머리와 가슴으로 구분되며 다리는 가슴에 10~14개가 달려 있는 절지동물이다. 겹눈만 갖고 있으며 더듬이는 2쌍이고 날개는 없다.

공벌레
천적에게 공격을 당하면 둥근 공처럼 몸을 둥글게 말아 자신을 지킨다.

● 다지류

몸은 머리와 몸통으로 구분되며 다리가 30개 이상 달려 있는 절지동물이다. 홑눈만 갖고 있으며 더듬이는 1쌍이고 날개는 없다.

홍지네
습기가 많은 곳에 살며 천적이 공격하면 재빠르게 움직여서 도망친다.

● 거미류 거미, 진드기, 응애, 전갈 등이 있다.

거미 무리(무당거미)
무당의 옷처럼 몸 빛깔이 화려하며 거미줄로 사냥한다.

진드기 무리(작은소피참진드기)
포유동물이나 인간의 피를 흡혈하여 병균을 옮긴다.

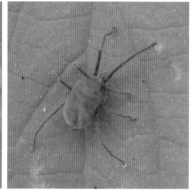

응애 무리(응애)
작물의 잎에 모여 즙을 빨아 먹어 피해를 일으킨다.

● 갑각류 공벌레, 쥐며느리, 가재, 새우, 게 등이 있다.

쥐며느리 무리(쥐며느리)
공벌레와 닮았지만 몸이 납작해서 둥글게 말지 못한다.

가재 무리(가재)
맑은 냇물에 살며 집게 다리로 물속 생물을 잡아먹는다.

게 무리(흰발농게)
갯벌에 사는 해양 생물로 한쪽 다리가 집게 모양으로 크다.

● 다지류 지네, 노래기, 그리마 등이 있다.

땅지네 무리(면장땅지네)
낙엽 밑의 축축한 곳에 살며 몸이 길고 다리가 매우 많다.

노래기 무리(황주까막노래기)
축축한 땅에 살며 몸에서 고약한 냄새를 풍긴다.

그리마 무리(집그리마)
긴 다리로 재빠르게 기어가서 집안의 해충을 잡아먹는다.

5월 찔레꽃에 앉아 꽃가루를 먹는 풀색꽃무지

봄에 만나는 곤충

파릇파릇 새싹이 돋아나고 예쁜 봄꽃이 피는 봄이 찾아오면 겨우내 움츠렸던 곤충들이 깨어나 활기찬 하루를 시작한다. 따스한 햇볕이 내리쬐는 산과 들의 곤충들은 해바라기처럼 일광욕을 즐기며 이윽고 먹이와 짝을 찾기 위해 바쁘게 움직인다. 봄은 바야흐로 복닥거리는 곤충의 세상이다. 봄에 활동하는 곤충 212종을 소개하였다.

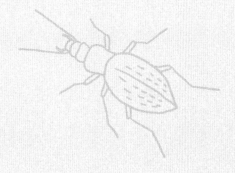

봄 햇살에 반짝거리는 몸

애벌레를 사냥하는 모습

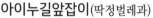

짝짓기

길앞잡이(딱정벌레과)

산길에서 땅 위를 발 빠르게 기어다니며 소형 곤충이나 거미를 사냥하기 때문에 '호랑이딱정벌레(Tiger Beetle)'라고도 부른다. 몸은 햇빛을 받으면 보석처럼 반짝거리는 아름다운 금속광택을 띠고 있으며 크기는 18~21mm이다. 머리에는 불룩 튀어나온 커다란 겹눈과 날카로운 집게 모양의 큰턱을 갖고 있다. 봄에 산길에서 앞으로 날아올라 2~3m 앞에 앉았다 날아가는 모습을 발견할 수 있으며 4~9월에 출현한다.

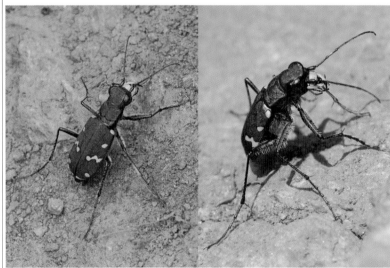

땅 색깔과 비슷한 몸

다리와 배에 수북이 난 털

아이누길앞잡이(딱정벌레과)

산길이나 땅 위를 기어다니며 작은 곤충을 잡아먹고 산다. 몸은 전체적으로 갈색빛을 띠고 있으며 크기는 16~21mm이다. 땅에 앉아 있으면 천적의 눈에 쉽게 띄지 않는다. 수컷은 재빠르게 암컷 위에 올라타서 짝짓기를 한다. 다리에 수북하게 털이 많이 나 있는 모습이 일본에 사는 털이 많은 아이누족(Ainu)을 닮았다고 해서 이름이 지어졌다. 산길, 강가, 냇가, 논밭 주변에서 4~6월에 쉽게 만날 수 있는 대표적인 길앞잡이이다.

땅을 빠르게 기어가는 모습

원통형으로 길쭉한 애벌레

검정명주딱정벌레(딱정벌레과)

땅 위를 빠르게 기어다니는 특징이 있어서 '보행충' 또는 '땅딱정벌레(Ground Beetle)'라고도 부른다. 몸과 다리는 모두 검은빛을 띠며 크기는 22~31mm이다. 튼튼하고 길쭉한 다리로 땅 위를 빠르게 기어다니며 유충이나 지렁이를 잡아먹는다. 뒷날개가 퇴화된 딱정벌레류와 달리 뒷날개가 있어서 잘 날아다닐 수 있다. 낮에는 숲 가장자리에서 먹이 사냥을 하고 밤이 되면 불빛에 모여든 곤충을 사냥하며 4~7월에 출현한다.

길앞잡이는 몸 빛깔이 매우 화려해서 옛날에는 '비단길앞잡이'라고 불렀다.

산길을 기어가는 모습 풀숲으로 빠르게 숨기

풀색명주딱정벌레(딱정벌레과)

나무, 낙엽 밑, 산길에서 나비나 나방의 유충을 잡아먹고 산다. 흘러내리는 나뭇진을 먹기 위해 나무에 올라가는 모습도 볼 수 있다. 몸은 전체적으로 검은 구릿빛이고 딱지날개 가장자리에는 녹색 광택이 나타나며 크기는 17~25㎜이다. 뒷날개가 퇴화되지 않은 명주딱정벌레류에 속하기 때문에 먼 곳까지 날아가 사냥할 수 있다. 숲 속의 나뭇잎이나 낙엽 아래에 숨어 있는 모습을 종종 볼 수 있으며 4~9월에 출현한다.

발 빠르게 기어다니는 모습 붉은색 무늬가 있는 딱지날개

등빨간먼지벌레(딱정벌레과)

밤에 주로 활동하며 낮에는 숲, 논밭, 습지 등의 돌이나 낙엽 밑에 숨어서 지낸다. 위험을 감지하면 기다란 다리로 발 빠르게 움직여 구석으로 숨는다. 머리와 앞가슴등판은 검은색이고 다리는 황색을 띠며 크기는 15.5~20㎜이다. 딱지날개에 둥근 모양의 황색 또는 붉은색 무늬가 퍼져 있어서 이름이 지어졌다. 땅 위를 빠르게 기어다니며 작은 동물을 잡아먹거나 식물질을 먹는 잡식성으로 5~10월에 출현한다.

우수리둥글먼지벌레(딱정벌레과)

잔디, 들판, 하천 변, 풀밭 등에서 널리 살아간다. 위험에 처하면 재빠르게 움직여 풀숲이나 낙엽 밑으로 도망쳐 숨는다. 몸은 타원형이고 광택이 있는 검은색을 띠며 크기는 7.5~8㎜이다. 땅에서 발 빠르게 기어가는 모습을 볼 수 있지만 풀잎 위를 기어다니는 모습도 자주 발견된다. '우수리' 지역에 살고 땅 위를 빠르게 기어가는 모습이 '먼지가 풀풀 날 것 같다'고 해서 이름이 지어졌으며 4~8월에 출현한다.

발 빠르게 기어가기 풀잎 위에 올라간 모습

먼지벌레는 걸음이 매우 빨라서 '땅 위를 빠르게 기어가면 먼지가 풀풀 날 것 같다'는 의미로 이름이 지어졌다.

애벌레 사냥을 위해 나무 오르기   산길을 빠르게 기어가는 모습

네눈박이송장벌레 (송장벌레과)

물푸레나무, 느릅나무, 참나무류 등의 활엽수 위를 부지런히 오르내리며 나비류와 나방류의 유충을 잡아먹고 산다. 동물 사체에 모여 사체나 구더기를 먹고 사는 일반적인 송장벌레와 달리 나무 위아래를 바쁘게 오가며 사냥하는 포식성 송장벌레이다. 몸은 검은색이고 딱지날개는 연갈색을 띠며 크기는 10~15㎜이다. 딱지날개에 4개의 커다란 점무늬가 눈이 박힌 것처럼 보인다고 해서 이름이 지어졌으며 5~7월에 출현한다.

2형(딱지날개에 진한 얼룩무늬)

풀 줄기를 오르는 모습   2형(검은색형)

등얼룩풍뎅이 (풍뎅이과)

산과 들의 풀밭에서 가장 쉽게 발견되며 활엽수의 잎을 갉아 먹고 산다. 밤에 환하게 밝혀진 불빛에도 유인되어 잘 날아온다. 유충은 농작물이나 식물의 뿌리를 갉아 먹고 산다. 몸은 황갈색이고 얼룩덜룩한 검은색 점무늬가 많으며 크기는 8~13㎜이다. 딱지날개의 무늬가 개체마다 변이가 다양해서 전체적으로 검은색을 띠는 개체도 있다. 더듬이를 활짝 펴면 포크 모양으로 잘 펼쳐지며 3~11월에 폭넓게 출현한다.

검은색 콩처럼 보이는 모습   2형(딱지날개 갈색형)

참콩풍뎅이 (풍뎅이과)

산과 들의 잎사귀에 붙어서 참나무류, 벚나무류, 느릅나무류의 잎사귀를 갉아 먹고 산다. 유충은 땅속에서 식물의 뿌리를 갉아 먹고 산다. 몸은 진한 남색이고 반질반질한 광택이 있으며 크기는 10~15㎜이다. 대부분의 개체는 몸 빛깔이 남색이지만 때로는 갈색을 띠는 체색 변이형도 있으며 4~10월에 출현한다. '콩풍뎅이'와 생김새가 매우 비슷하지만 배마디 양옆과 꽁무니 부위에 흰색 털로 이루어진 점무늬를 갖고 있어서 구별된다.

비행하다 잎에 앉은 모습

무리 지어 모여 잎사귀 갉아 먹기

콩풍뎅이 (풍뎅이과)

산과 들의 풀밭에서 잎사귀와 꽃가루를 먹고 산다. 꽃이 핀 풀밭에 무리 지어 모여 식물을 갉아 먹는 모습을 볼 수 있다. 몸은 진한 남색을 띠고 광택이 있으며 크기는 10~13㎜이다. 전체적으로 둥글둥글하게 생긴 모습이 검은색 '콩'을 매우 많이 닮았다고 해서 이름이 지어졌으며 4~11월에 출현한다. '참콩풍뎅이'와 매우 비슷하게 닮았지만 배마디 양옆과 꽁무니 부위에 흰색 털로 이루어진 점무늬가 없어서 구별된다.

풀잎에 앉아 있는 모습

반짝이는 녹색 앞가슴등판

녹색콩풍뎅이 (풍뎅이과)

산과 들의 풀밭에 살며 잎사귀에 앉아 있는 모습을 발견할 수 있다. 성충은 풀밭을 날아다니며 주로 잎사귀를 갉아 먹고 살지만 유충은 땅속에서 식물의 뿌리를 갉아 먹고 산다. 몸은 콩처럼 둥글고 크기는 9~12㎜이다. 딱지날개는 갈색을 띠지만 머리와 앞가슴등판이 광택이 있는 녹색을 띠고 있어서 이름이 지어졌다. 우리나라에 살고 있는 풍뎅이류 중에서 크기가 작은 편으로 5~10월에 출현한다.

2형(적갈색형)

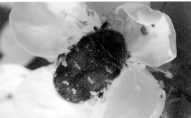

꽃가루를 열심히 먹는 모습

2형(가운데 붉은색 무늬형)

풀색꽃무지 (꽃무지과)

꽃이 흐드러지게 핀 꽃밭에 모여 꽃가루를 먹고 짝짓기하는 모습을 볼 수 있다. 몸은 주로 녹색이고 둥글고 넓적하며 크기는 10~14㎜이다. 유충은 굼벵이처럼 몸이 'C'자 모양으로 구부러지며 등으로 기어다니는 특징이 있다. 딱지날개에 흰색 점무늬를 갖고 있지만 개체마다 딱지날개의 색깔과 무늬가 서로 다른 체색 변이가 매우 다양하다. 산과 들에 핀 꽃에서 가장 흔하게 만날 수 있는 꽃무지로 3~10월에 출현한다.

꽃무지는 꽃에 파묻혀 살며 꽃가루를 잘 먹기 때문에 '꽃' + '묻이'가 합쳐져서 이름이 지어졌다.

호랑이 줄무늬를 닮은 딱지날개　　　　짝짓기

호랑꽃무지(꽃무지과)

개망초, 큰까치수영, 엉겅퀴 등의 꽃에 모여서 꽃가루를 먹고 산다. 몸 전체에 검은색과 황색 털이 빽빽하게 덮여 있으며 크기는 8~13㎜이다. 갈색 바탕의 딱지날개에 검은색 줄무늬가 호랑이(범) 무늬와 비슷하다고 해서 이름이 지어졌다. 전체적인 모습이 독침이 있는 '꿀벌'과 비슷한 모양으로 의태하여 천적의 접근을 막아 자신을 스스로 지킨다. 수컷이 암컷 위에 올라타서 짝짓기하는 모습을 볼 수 있으며 4~11월에 출현한다.

꽃가루를 먹는 모습　　　　돌 위를 기어가는 모습

검정꽃무지(꽃무지과)

국수나무, 찔레, 개망초 등의 다양한 봄꽃에 모여 꽃가루를 먹고 산다. 땅이나 돌 위를 기어가는 모습도 자주 볼 수 있다. 몸은 전체적으로 검은색을 띠고 딱지날개 가운데에 연황색 무늬가 있으며 크기는 11~14㎜이다. 위험을 감지하면 벌처럼 금방 날아올라 자리를 피할 정도로 비행 능력이 뛰어나다. 꽃 속에 파묻혀서 꽃가루를 잘 먹고 산다는 의미로 '꽃'+'묻이'가 합쳐져서 이름이 지어졌으며 4~10월에 출현한다.

넓적하고 편평한 몸　　　　꽃 속을 파고들어 꽃가루 먹기

넓적꽃무지(꽃무지과)

산과 들에 핀 봄꽃에 모여서 꽃가루를 먹고 살며 유충은 소나무 껍질을 먹고 산다. 몸은 검은색 바탕에 황회색 털이 덮여 있어서 얼룩덜룩해 보이며 크기는 4~7㎜로 꽃무지류 중에서도 매우 작은 편에 속한다. 몸이 너무 작아서 꽃 속으로 파고 들어가면 파묻혀서 잘 보이지 않는다. 위험이 감지되면 다리를 움츠리고 죽은 척한다. 머리, 가슴, 딱지날개가 모두 편평해서 넓적해 보인다고 해서 이름이 지어졌으며 4~10월에 출현한다.

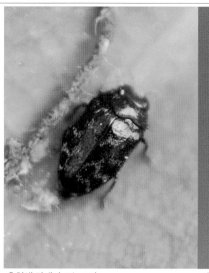
흑청색 광택이 도는 모습

의사 행동(죽은 척하기)

버드나무좀비단벌레(비단벌레과)

산이나 하천에 자라는 버드나무류의 잎에 앉아 있는 모습을 볼 수 있다. 몸은 납작하고 크기는 3~4mm로 매우 작아서 잘 보이지 않는다. 머리와 앞가슴등판은 구리색, 딱지날개는 흑청색의 광택을 띠며 4~5월에 출현한다. 버드나무 잎에 앉아 있다가 위험이 느껴지면 툭 하고 풀숲 아래로 떨어져서 위기를 모면한다. 천적에게 들키면 다리를 잔뜩 움츠리고 죽은 척하는 의사 행동을 해서 살아남는다.

잎에 앉아 있는 모습

풀 줄기를 오르는 옆면 모습

의사 행동(죽은 척하기)

통비단벌레(비단벌레과)

산과 들의 잎사귀에 앉아 있는 모습을 볼 수 있다. 몸은 흑남색이고 크기는 4~5.5mm이다. 딱지날개의 가운데 부분이 오목하게 휘어져 들어가 있다. 전체적인 생김새가 길쭉한 원통형을 닮아서 이름이 지어졌으며 5~8월에 출현한다. 몸이 너무 가늘고 작아서 잎사귀 사이를 샅샅이 찾아야만 발견할 수 있다. 천적이 나타나 위험이 감지되면 다리를 움츠리고 죽은 척하는 의사 행동을 통해 위기를 모면한다.

꽃잎 위를 기어가는 모습　　　꽃가루 먹기

꼬마넓적비단벌레(비단벌레과)

산과 들에서 봄에 핀 꽃에 앉아 있는 모습을 볼 수 있다. 몸이 넓적하고 크기가 3~5mm로 매우 작아서 '꼬마넓적'이라고 이름이 지어졌다. 크기가 매우 작은 소형 비단벌레류이기 때문에 꼼꼼히 찾아보아야 발견할 수 있다. 겹눈은 몸에 비해서 매우 크고 다리는 짧은 편이다. 앞가슴등판 가장자리에 붉은색 테두리가 뚜렷하게 있는 것이 가장 큰 특징이다. 봄에 핀 여러 꽃에 모여서 꽃가루를 먹고 살며 5~7월에 출현한다.

죽은 척하는 '의사 행동'은 죽은 먹잇감은 사냥하지 않는 천적의 습성을 이용한 곤충의 효과적인 살아남기 전략이다.

철사처럼 기다란 유충

잎사귀 위에 올라간 모습

비행 준비

대유동방아벌레(방아벌레과)

활엽수의 잎사귀나 풀잎에 잘 붙어 살며 유충은 철사처럼 길게 생겼다. 몸은 흑갈색이고 붉은색 털로 덮여 있으며 크기는 9~12㎜이다. 더듬이는 톱니 모양이며 다리는 짧다. 몸을 뒤집는 신기한 모습이 방아를 찧는 것 같다고 '방아벌레'라고 이름이 지어졌다. 몸을 활처럼 구부렸다 펴는 반동으로 똑딱 소리를 내며 뛰어오른다고 '똑딱벌레'라고도 부른다. 위험에 처하면 죽은 척하는 의사 행동을 해서 위기를 모면하며 4~6월에 출현한다.

잎사귀 끝에 올라간 모습

톱니 모양 더듬이를 가진 옆면 모습

크라아츠방아벌레(방아벌레과)

숲속의 나뭇잎이나 풀잎 끝에 앉아 있는 모습을 볼 수 있다. 몸은 검은색이고 가늘고 길며 크기는 8.5~12㎜이다. 더듬이는 자잘한 톱니 모양으로 머리와 앞가슴등판을 합친 길이보다 길다. 검은색의 딱지날개 가운데에 2개의 황색 점무늬가 있는 것이 가장 큰 특징이고 다리는 몸에 비해 매우 짧은 편이다. 천적의 위험이 감지되면 몸을 구부렸다 펴서 높이 뛰어올라 풀숲으로 떨어져 위기를 벗어나며 4~5월에 출현한다.

의사 행동(죽은 척하기)

녹슨 모습처럼 보이는 몸

야행성

녹슬은방아벌레(방아벌레과)

산과 들의 땅속을 잘 헤집고 다니며 살기 때문에 몸이 흙투성이인 경우가 많다. 잎사귀에 앉아 있거나 밤에 불빛에 유인되어 날아오는 모습도 볼 수 있다. 몸은 흑갈색과 암갈색에 흰색 또는 황갈색 털이 있어서 얼룩덜룩해 보이며 크기는 12~16㎜이다. 천적의 위험을 감지하면 다리를 잔뜩 움츠리고 죽은 척하는 의사 행동을 한다. 몸이 전체적으로 녹슨 것처럼 보인다고 해서 이름이 지어졌으며 5~10월에 출현한다.

톱니 모양 더듬이

풀잎을 기어오르는 모습

비행 준비

왕빗살방아벌레(방아벌레과)

숲에 사는 대형 방아벌레로 성충과 유충 모두 작은 곤충을 잡아먹고 산다. 낮에 날아다니는 모습이 발견되기도 하지만 밤에 불빛에 유인되어 날아오는 모습을 더 많이 볼 수 있다. 몸은 짧은 갈색 털로 덮여 있고 황갈색 점무늬가 많으며 크기는 22~27㎜이다. 수컷의 더듬이는 기다란 톱니 모양으로 매우 특이하다. 천적의 위험을 느끼면 다리를 움츠리고 죽은 척하는 의사 행동을 하며 4~6월에 출현한다.

풀잎에 앉은 모습

땅속으로 기어가는 모습

꼬마방아벌레(방아벌레과)

산과 들의 땅이나 풀잎을 기어다니며 살아간다. 몸은 기다란 타원형이고 크기는 4.5㎜ 정도이다. 몸은 전체적으로 적갈색이고 앞가슴등판에 굵은 검은색 세로줄 무늬가 있고 딱지날개 위아래에 검은색 무늬가 있다. 우리나라에 살고 있는 방아벌레류 중에서 크기가 가장 작기 때문에 '작다'는 뜻의 '꼬마'가 붙어서 이름이 지어졌다. 주로 땅에서 흙먼지를 뒤집어쓰고 기어다니는 모습을 발견할 수 있으며 4~9월에 출현한다.

실 모양 더듬이를 가진 암컷

빗살 모양 더듬이를 가진 수컷

유충(동전 모양을 닮음)

둥근물삿갓벌레(물삿갓벌레과)

계류, 하천, 강 등의 흐르는 물 주변에 산다. 몸은 검은색이고 크기는 3~6㎜이다. 수컷의 더듬이는 빗살 모양이고 암컷은 밋밋한 실 모양이며 5~8월에 출현한다. 물속에 사는 유충이 둥근 삿갓을 쓴 모양이어서 이름이 지어졌다. 타원형의 유충은 연갈색에 검은색 반점이 많으며 부착조류와 이끼류를 먹고 산다. 물 흐름이 빠른 여울을 좋아하며 납작한 몸이 흡반 역할을 해서 돌 위에 잘 붙어 산다.

곤충 이름은 크기가 크면 '왕', 작으면 '꼬마'가 잘 붙는다. 왕빗살방아벌레는 크기가 크고, 꼬마방아벌레는 크기가 작은 방아벌레이다.

짝짓기

잎에 앉아 있는 모습

비행 준비

서울병대벌레 (병대벌레과)

풀밭을 재빠르게 날아다니며 진딧물 같은 소형 곤충을 잡아먹고 사는 육식성 곤충이다. 머리와 앞가슴등판은 주홍색이고 딱지날개와 겹눈은 검은색이며 크기는 10~13mm이다. 넓은 들판에 많은 개체가 무리 지어 짝짓기하는 모습을 관찰할 수 있으며 5~6월에 출현한다. 우리나라에만 살고 있는 고유종으로 무리를 지어 사냥하는 모습이 군사의 무리를 닮았다고 해서 '병대벌레', '군인딱정벌레'라는 이름이 지어졌다.

잎에 앉아 있는 모습

머리와 앞가슴등판의 검은색 무늬

회황색병대벌레 (병대벌레과)

산과 들의 풀밭을 빠르게 날아다니며 진딧물과 잎벌레 유충을 잡아먹고 사는 육식성 곤충이다. 몸은 전체적으로 회황색이고 더듬이와 다리도 회황색이며 크기는 9~11mm이다. 겹눈은 검은색이고 앞가슴등판에 검은색 무늬가 있다. 나뭇잎이나 풀잎에 앉아 있는 모습을 볼 수 있으며 5~6월에 출현한다. 몸 전체가 회황색을 띠고 풀숲에서 활기차게 무리를 지어 날아다니는 모습이 병사의 무리를 닮았다고 해서 이름이 지어졌다.

잎사귀 끝에 앉은 모습

딱지날개 양쪽의 황색 줄무늬

노랑줄어리병대벌레 (병대벌레과)

산과 들의 풀밭에 핀 여러 꽃들을 찾아다니며 진딧물을 잡아먹고 산다. 몸은 전체적으로 검은색이고 더듬이와 다리도 검은색이며 크기는 7~9mm이다. 앞가슴등판은 주황색을 띠고 딱지날개 양쪽에 황색 줄무늬가 특징이다. 활발하게 풀밭을 날아다니는 모습을 볼 수 있으며 4~6월에 출현한다. 딱지날개에 있는 황색 줄무늬 때문에 '노랑줄'이라고 이름이 지어졌다. 잎이나 줄기에 내려앉았다가 금방 다른 곳으로 날아간다.

꽃가루를 먹는 모습　　　　　　사체를 끌고 가는 개미

애알락수시렁이(수시렁이과)

봄에 예쁘게 핀 다양한 꽃에 모여서 꽃가루를 먹는 모습을 볼 수 있다. 몸은 전체적으로 동글동글하며 크기는 2~3mm이다. 크기가 너무 작아서 밝은 색 꽃에 앉아 있어도 찾아내기가 쉽지 않으며 4~6월에 출현한다. 생김새가 동글동글해서 소형 무당벌레로 착각하는 경우도 있다. 사체에 개미들이 모여들어 끌고 가는 모습도 볼 수 있다. 유충은 길쭉하게 생겼으며 전시된 곤충의 표본 등을 먹고 산다.

잎사귀 가장자리에 앉은 모습　방어 물질

비행 준비

노랑무늬의병벌레(의병벌레과)

나무와 풀의 꽃과 잎사귀에 모여서 소형 곤충을 잡아먹거나 꽃가루를 먹고 산다. 의병처럼 용감하게 사냥을 잘 한다고 해서 '의병벌레'라고 부른다. 성충은 물론 유충도 포식성이다. 몸은 청록색이고 딱지날개 끝부분에 선명한 황색 무늬가 있으며 크기는 5.2~5.8mm이다. 우리나라에서 가장 흔하게 볼 수 있는 의병벌레로 5~6월에 출현한다. 수컷이 암컷에게 분비물을 주면 암컷이 받아먹고 짝짓기가 이루어진다.

잎사귀 위를 기어가는 모습　　잎사귀 뒤에 숨기(배면)

탐라의병벌레(의병벌레과)

산과 들의 풀밭을 날아다니며 작은 곤충을 잡아먹고 사는 육식성 곤충이다. 몸은 전체적으로 청람색을 띠며 크기는 4~5mm이다. 머리와 앞가슴등판에 비해 딱지날개가 넓적하며 딱지날개가 배 끝부분보다 짧아서 배를 모두 덮지 못해 배가 밖으로 길게 나온 것처럼 보인다. 수컷과 암컷은 비슷해 보이지만 암컷이 크기가 더 크고 배가 더 길어서 구별된다. 잎사귀 위를 기어다니는 모습이 많이 보이며 4~5월에 출현한다.

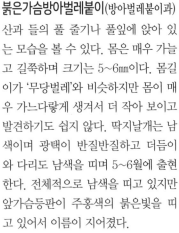

잎에 앉아 있는 모습 　　　　풀 줄기 기어오르기

붉은가슴방아벌레붙이(방아벌레붙이과)

산과 들의 풀 줄기나 풀잎에 앉아 있는 모습을 볼 수 있다. 몸은 매우 가늘고 길쭉하며 크기는 5~6㎜이다. 몸길이가 '무당벌레'와 비슷하지만 몸이 매우 가느다랗게 생겨서 더 작아 보이고 발견하기도 쉽지 않다. 딱지날개는 남색이며 광택이 반질반질하고 더듬이와 다리도 남색을 띠며 5~6월에 출현한다. 전체적으로 남색을 띠고 있지만 앞가슴등판이 주홍색의 붉은빛을 띠고 있어서 이름이 지어졌다.

잎에 앉아 있는 모습 　　　　앞가슴등판에 있는 3개의 점

석점박이방아벌레붙이(방아벌레붙이과)

산과 들의 풀잎이나 나뭇잎에 앉아 있는 모습을 볼 수 있다. 몸은 원통형으로 매우 길쭉하고 머리, 딱지날개, 더듬이, 다리는 청람색을 띠며 크기는 9.5~16㎜이다. 붉은색을 띠는 앞가슴등판에 3개의 검은색 점무늬가 있어서 이름이 지어졌으며 5~6월에 출현한다. 전체적인 생김새가 '방아벌레류' 곤충과 많이 닮았기 때문에 '닮았다'는 뜻의 '붙이'가 붙어서 이름이 지어졌지만 방아벌레처럼 톡 튀어 오르지는 못한다.

봄볕을 맞으며 새싹 사이를 기어가는 모습 　　　　달무리 무늬(딱지날개 양 끝 흰색 점 속 검은색 점)

달무리무당벌레(무당벌레과)

산과 들의 풀밭에서 봄볕을 맞으며 새싹 사이를 오가는 모습을 볼 수 있다. 몸은 전체적으로 둥글고 크기는 6.7~8.5㎜이다. 더듬이와 다리는 매우 짧으며 앞가슴등판에 검은색의 M자 무늬를 갖고 있는 것이 특징이다. 풀숲을 부지런히 기어다니며 진딧물을 잡아먹으며 4~6월에 출현한다. 딱지날개 양 끝에 있는 둥근 흰색 점 속에 검은색 점이 들어 있는 모습이 달무리 같아 보여서 이름이 지어졌다.

곤충 이름에 '붙이'가 붙는 경우는 원래의 생물과 닮았기 때문이다. 방아벌레와 닮은 곤충은 '방아벌레붙이'라고 붙여진다.

딱지날개에 7개의 검은색 점

유충

짝짓기

칠성무당벌레(무당벌레과)

산이나 강가의 풀밭에서 활발하게 움직이며 성충과 유충 모두 진딧물을 잡아먹고 산다. 몸은 전체적으로 둥글고 붉은색 또는 주황색을 띠며 크기는 5~8.5㎜이다. 딱지날개에 7개의 점무늬가 있는 것이 가장 큰 특징이다. 둥근 점무늬는 왼쪽에 3개, 오른쪽에 3개, 가운데에 1개가 있다. 우리나라에 사는 무당벌레류 중에서 가장 흔하며 3~11월에 출현한다. 무더운 여름에는 여름잠(하면)을 자기도 한다.

풀잎에 앉은 모습

의사 행동(죽은 척하기)

유럽무당벌레(무당벌레과)

숲속의 나무껍질이나 잎에 붙어 있는 모습을 볼 수 있다. 몸은 둥글고 황갈색이며 크기는 4.4~6㎜이다. 딱지날개에 14개의 연황색 점무늬가 있으며 앞가슴등판 양 끝에도 2개의 연황색 점무늬가 있다. 나무에 모여서 나무즙을 빨아 먹고 사는 나무이를 잡아먹는 육식성 곤충으로 5~7월에 출현한다. 나무에서 떨어져 위기에 처하면 다리를 움츠리고 죽은 척하는 의사 행동을 통해 천적으로부터 자신을 보호한다.

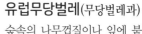

물을 먹는 모습

잎사귀 끝에 올라간 모습

딱지날개에 있는 12개의 흰색 점

십이흰점무당벌레(무당벌레과)

산과 들의 나뭇잎이나 풀잎에서 부지런히 기어다니는 모습을 볼 수 있다. 몸은 전체적으로 둥글고 적갈색을 띠며 크기는 3.1~4.9㎜이다. 크기가 매우 작아서 숲속을 자세히 살펴보아야 찾을 수 있다. 딱지날개에 12개의 둥근 흰색 점무늬가 있어서 이름이 지어졌다. 잎사귀 가장자리를 기어다니며 물을 먹는 모습도 볼 수 있으며 2~11월에 출현한다. 봄부터 가을까지 계속 출현하기 때문에 자주 발견할 수 있다.

'여름잠'은 겨울잠처럼 곤충이 활동하지 않고 휴면을 취하는 것을 말한다. 곤충은 무덥거나 추울 때에는 활동이 쉽지 않아 휴식을 취한다.

남생이 무늬를 닮은 모습

유충

번데기

남생이무당벌레(무당벌레과)

숲속이나 강가의 들판에 살면서 잎벌레류 유충을 잡아먹는 육식성 곤충이다. 몸은 둥글둥글하고 다리가 짧으며 크기는 8~13mm로 우리나라에 살고 있는 무당벌레류 중에서 가장 크기가 크다. 붉은색 딱지날개에 검은색 줄무늬가 남생이 등판을 닮아서 이름이 지어졌으며 4~7월에 출현한다. 산지의 풀밭에서 볼 수 있지만 개체 수가 많이 줄어들었다. 유충은 좀형으로 길쭉하며 성충처럼 잎벌레류 유충을 잡아먹고 산다.

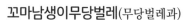

짝짓기

유충

2형(2개의 점무늬)

꼬마남생이무당벌레(무당벌레과)

산과 들의 풀밭에서 성충과 유충 모두 진딧물을 잡아먹고 산다. 몸은 둥글고 황색 또는 주황색이며 크기는 3~4.5mm이다. 딱지날개에 있는 검은색 무늬가 민물거북 '남생이'의 등판 무늬와 비슷하고 크기가 작아서 '꼬마'가 붙어서 이름이 지어졌다. 딱지날개의 거북 무늬는 개체마다 변이가 다양해서 여러 모양의 무늬가 있다. 무더운 여름에도 여름잠을 자지 않으며 4~10월에 출현한다. 나무껍질 아래에서 성충으로 월동한다.

2개의 붉은색 점

유충

애홍점박이무당벌레(무당벌레과)

숲속의 나뭇잎이나 풀잎에 앉아 있는 모습을 볼 수 있다. 몸은 검은색이고 광택이 있으며 크기는 3.3~4.9mm이다. 전체적인 생김새가 군인이 쓰는 철모를 닮았다. 딱지날개에 2개의 둥근 붉은색 점무늬가 있는 것이 가장 큰 특징이며 3~11월에 출현한다. 뾰족뾰족한 가시가 돋아 있는 유충은 나무껍질과 비슷한 보호색을 갖고 있어서 쉽게 눈에 띄지 않는다. 유충은 활엽수의 나무껍질에 붙어서 깍지벌레를 잡아먹고 산다.

남생이무당벌레, 꼬마남생이무당벌레는 우리나라에 사는 대표적인 민물거북 '남생이'의 등판을 닮아서 이름이 지어졌다.

목대장(목대장과)

숲속의 꽃이나 잎사귀에 앉아 있는 모습을 볼 수 있다. 몸은 전체적으로 길쭉하며 크기는 12~14㎜이다. 머리와 앞가슴등판은 좁지만 딱지날개는 매우 길다. 목에 해당하는 앞가슴등판 부위가 삼각형 모양으로 매우 크게 발달해서 목이 크다는 뜻으로 이름이 지어졌다. 산지에 핀 꽃에 잘 모여서 꽃가루를 먹고 살며 5~6월에 출현한다. 생김새와 먹이가 같은 '꽃하늘소'와 함께 발견된다. 유충은 썩은 나무를 먹고 산다.

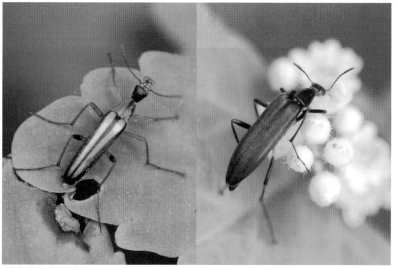

잎에 앉아 있는 모습   2형(검은색형) 꽃가루 먹기

밑검은하늘소붙이(하늘소붙이과)

봄에 피는 여러 종류의 풀꽃에 모여서 꽃가루를 먹고 산다. 몸은 길쭉하고 전체적으로 흑청색을 띠며 크기는 5.5~8㎜이다. 봄꽃에 모여서 꽃가루를 먹으며 뒹구는 모습을 쉽게 볼 수 있으며 4~6월에 출현한다. 수컷이 암컷 위에 올라타서 짝짓기하는 모습을 보면 수컷이 암컷에 비해 크기가 훨씬 작다는 것을 알 수 있다. 옛날에는 '민가슴하늘소붙이'로 불렀지만 지금은 '밑검은하늘소붙이'로 이름이 바뀌었다.

꽃가루 먹기   짝짓기

시베르스하늘소붙이(하늘소붙이과)

산과 들에 핀 다양한 꽃에 모여서 꽃가루를 먹고 있는 모습을 발견할 수 있다. 몸은 암청색이고 앞가슴등판은 붉은색을 띠며 크기는 8~12㎜이다. 수컷은 뒷다리의 넓적다리마디가 알통처럼 굵게 발달되어 있지만 암컷은 알통이 없이 가늘어서 쉽게 구별된다. 몸이 매우 가늘어서 꽃 속에 파묻혀서 꽃가루를 먹고 있으면 눈에 잘 띄지 않는다. 우리나라 하늘소붙이류 중에서 가장 흔하며 4~6월에 출현한다.

뒷다리에 알통이 달린 수컷   꽃가루를 먹는 암컷

잎에 앉은 모습   비행 준비

홍날개(홍날개과)

산과 들의 하늘 위를 날아다니는 모습을 볼 수 있다. 머리는 검은색이고 앞가슴등판과 딱지날개는 붉은색을 띠며 크기는 7~10㎜이다. 붉은색의 단단한 딱지날개를 펴면 막질의 속날개가 나와서 비행을 한다. 몸이 전체적으로 붉은색을 띠고 비행할 때 붉게 보이기 때문에 이름이 지어졌으며 3~5월에 출현한다. 유충은 전체적으로 납작하고 황색을 띠고 있으며 추위를 피할 수 있는 나무껍질 아래에서 겨울나기를 한다.

초봄에 풀밭을 기어가는 모습   길쭉하게 발달된 배

애남가뢰(가뢰과)

산지의 들판에서 이른 봄에 볼 수 있다. 새싹이나 잎사귀 사이를 기어다니며 생활한다. 몸은 전체적으로 진한 남색이고 반질반질한 광택이 흐르며 크기는 8~20㎜이다. 수컷은 더듬이의 가운데 부위가 넓게 발달해서 암컷과 쉽게 구별된다. 남가뢰류 중에서 크기가 매우 작은 편에 속해서 작다는 뜻의 '애'가 붙어서 이름이 지어졌다. 이른 봄에 많이 볼 수 있으며 10월부터 다음 해 3월까지 볼 수 있다.

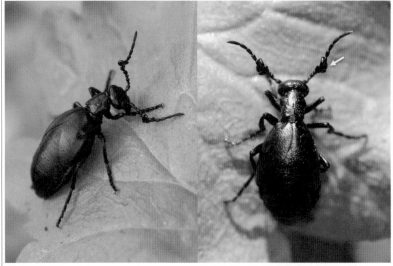

풀잎 위에 올라간 모습   더듬이 중간 부분이 돌돌 말려 올라간 모습

좀남가뢰(가뢰과)

산과 들의 풀밭에서 기어다니는 모습을 볼 수 있다. 몸은 전체적으로 흑청색을 띠며 크기는 8~21㎜이다. 봄볕에 반질반질한 광택이 반짝거려서 풀밭에서 쉽게 발견할 수 있다. 머리와 가슴에 비해 배가 불룩하게 크게 발달한 것이 특징이며 3~10월에 출현한다. 더듬이의 중간 부분이 휘어져 있는 모습이 특징이다. 우리나라 남가뢰 중 크기가 매우 작은 편에 속해서 매우 작다는 뜻의 '좀'이 붙어서 이름이 지어졌다.

가뢰는 '가래'라고 불렀으며 한약제로 사용되었다.

나무에 붙어 있는 모습　　　　　유충

큰남색잎벌레붙이(거저리과)

산지의 나무에서 무리를 지어 번데기가 되고 성충으로 우화하는 모습을 볼 수 있다. 몸은 진한 남색을 띠고 가늘고 긴 회백색 털로 덮여 있으며 크기는 14~19㎜이다. 나무에 붙어서 행동하는 모습이 매우 굼떠서 매우 천천히 움직이는 나무늘보처럼 보인다. 우리나라 잎벌레붙이류 중에서 크기가 가장 크며 5~9월에 출현한다. 생김새가 '잎벌레'와 닮아서 '붙이'가 붙어서 이름이 지어졌다. 유충이나 번데기로 겨울나기를 한다.

땅 위를 기어가는 모습　　　　　어두운 구석으로 숨기

강변거저리(거저리과)

모래가 많은 강변이나 개울, 산길에서 흔하게 볼 수 있다. 몸은 대체적으로 검은색을 띠고 딱지날개에 홈줄이 많으며 크기는 10~11㎜이다. 봄 햇살이 내리쬐는 땅 위를 발발거리며 기어다니다가 어두운 구석에 숨기를 좋아하며 4~8월에 출현한다. 발 빠르게 땅 위를 기어가는 모습을 보면 '먼지벌레'로 착각할 수 있지만 더듬이가 서로 다르다. 거저리는 더듬이가 동글동글한 염주알 모양이고 먼지벌레는 가느다란 실 모양이다.

딱지날개가 올록볼록한 모습　　　땅 위를 빠르게 기어가기

작은모래거저리(거저리과)

산과 들, 강변이나 산길의 땅에서 기어다니는 모습을 흔하게 볼 수 있다. 몸은 전체적으로 갈색을 띠고 크기는 9㎜ 정도로 매우 작아서 땅 위를 기어다니면 눈에 잘 띄지 않는다. 몸은 작지만 땅 위에서 발 빠르게 잘 기어다니기 때문에 주위를 기울이면 발견할 수 있다. 딱지날개에 올록볼록한 돌기가 줄지어 있는 것이 큰 특징이며 4~5월에 출현한다. 유충은 땅속에서 썩은 식물을 먹고 산다.

'잎벌레붙이'라는 이름은 '잎벌레'와 생김새가 매우 비슷하다는 뜻으로 이름이 지어졌지만 거저리과에 속한다.

풀숲의 땅 위를 기어가는 수컷　　　　암컷

소나무하늘소(하늘소과)

소나무 등의 침엽수 고사목이나 벌채목에 잘 모여드는 모습을 볼 수 있다. 몸은 전체적으로 갈색을 띠고 점무늬가 많아서 얼룩덜룩해 보이며 크기는 12~20㎜이다. 소나무, 잣나무, 분비나무 등의 침엽수가 자라는 상록수림에서 살며 10월부터 다음 해 5월까지 출현한다. 수컷은 암컷에 비해 크기가 작고 몸이 홀쭉해서 쉽게 구별된다. 암컷은 각종 침엽수의 나무껍질 틈에 알을 낳는다. 유충은 분비나무, 소나무, 잣나무 등을 먹고 산다.

잎사귀 위를 기어가는 수컷　　　　암컷

넉점각시하늘소(하늘소과)

숲속의 다양한 활엽수에 핀 꽃에 모여 꽃가루를 먹고 산다. 몸은 길쭉하고 전체적으로 흑갈색을 띠며 크기는 5~8㎜이다. 딱지날개에 4개의 연황색 점무늬가 있어서 이름이 지어졌으며 5~7월에 출현한다. 개체 수가 매우 풍부하며 성충은 주로 흰색 꽃에 모이고 풀잎에도 잘 내려앉는다. 몸집이 커다란 하늘소 종류에 비해 크기가 작은 소형 하늘소이다. 우리나라에 살고 있는 각시하늘소류 중에서 크기가 가장 작다.

청록색 수컷과 파란색 암컷　　　　짝짓기

남색산꽃하늘소(하늘소과)

산에 핀 쥐똥나무, 층층나무 등의 다양한 꽃에 모여서 꽃가루를 먹고 산다. 몸은 길쭉하고 전체적으로 남색을 띠며 크기는 10~15㎜이다. 수컷은 청록색을 띠고 암컷은 파란색을 띠며 5~7월에 출현한다. 꽃이나 잎에 모여 짝짓기를 마친 암컷은 물푸레나무, 단풍나무, 참나무류의 고사목에 알을 낳는다. 알에서 부화된 유충은 고사목의 목질을 갉아 먹으며 성장하여 번데기로 변하고 성충이 되어 나무를 뚫고 나온다.

꽃 주위를 기어가는 수컷

암컷

짝짓기

긴알락꽃하늘소(하늘소과)

산과 들에 핀 신나무, 개망초, 백당나무 등의 다양한 꽃에 모여 꽃가루를 먹고 산다. 몸은 검은색이고 딱지날개에 황색 무늬가 있으며 크기는 12~23㎜이다. 우리나라에 서식하는 꽃하늘소류 중에서 개체 수가 가장 많으며 5~7월에 출현한다. 짝짓기하는 암수가 서로 비슷해 보이지만 암컷은 다리가 적갈색이고 수컷은 검은색이어서 서로 구별된다. 짝짓기를 마친 암컷은 전나무, 소나무, 버드나무, 참나무류의 고사목에 알을 낳는다.

꽃에 모인 수컷 1형

2형(수컷 적갈색형)

꽃가루 먹기

꽃하늘소(하늘소과)

산과 들에 핀 밤나무, 국수나무, 신나무, 괴불나무, 엉겅퀴 등의 꽃에 모여서 꽃 속을 파고들어가 꽃가루를 먹고 산다. 몸은 검은색 또는 적갈색을 띠며 크기는 12~17㎜이다. 비교적 개체 수가 많아서 전국적으로 쉽게 만날 수 있으며 5~8월에 출현한다. 암컷은 오래된 활엽수나 침엽수에 알을 낳아 번식한다. 부화된 유충은 소나무, 밤나무, 가문비나무, 삼나무 등의 목질을 갉아 먹으며 무럭무럭 성장한다.

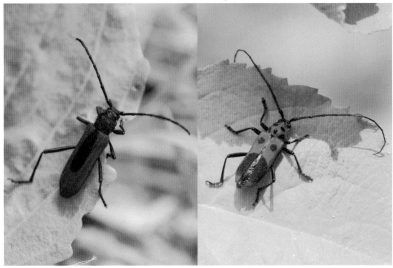

잎에 앉아 있는 모습

달주홍하늘소

무늬소주홍하늘소(하늘소과)

숲속의 신나무나 단풍나무 꽃에서 꽃가루를 먹는다. 몸은 검은색이고 붉은색의 딱지날개에 검은색 타원형 무늬가 있으며 크기는 14~19㎜이다. 더듬이가 몸길이 정도로 매우 길며 5~6월에 출현한다. 유충은 단풍나무, 물푸레나무를 먹고 산다. **달주홍하늘소**(하늘소과)는 몸은 검은색이고 앞가슴등판과 딱지날개는 주홍색을 띠며 검은색 점무늬가 있다. 크기는 17~23㎜이고 5~7월에 출현한다. 유충은 상수리나무를 갉아 먹고 산다.

꽃하늘소는 꽃과 비슷한 화려한 빛깔의 보호색을 갖고 있어서 천적으로부터 스스로를 보호한다.

봄에 만나는 곤충

딱정벌레목

호랑이 무늬를 닮은 모습

잎사귀 끝에 앉아 있는 모습

작은호랑하늘소(하늘소과)

활엽수가 많이 자라는 숲속의 나뭇잎이나 참나무류의 벌채목에서 볼 수 있다. 몸은 전체적으로 검은색을 띠고 딱지날개에 회백색 무늬가 있으며 크기는 7~11㎜이다. 우리나라에 사는 '호랑하늘소류' 중에서 크기가 가장 작아서 이름이 지어졌으며 5~6월에 출현한다. 쓰러진 나무나 벌채목에서 주로 활동한다. 암컷은 참나무류 벌채목에 알을 낳아 번식한다. 유충은 굴피나무, 느티나무, 상수리나무 등을 갉아 먹으며 산다.

잎에 앉은 모습

호랑이를 닮은 줄무늬와 털

벌호랑하늘소(하늘소과)

숲의 활엽수 고사목이나 꽃, 잎사귀 위에서 빠르게 기어다니는 모습을 볼 수 있다. 몸은 원통형이고 검은색이며 크기는 8~19㎜이다. 딱지날개에 있는 황색 줄무늬와 털이 호랑이와 벌을 닮아서 이름이 지어졌다. 숲을 발 빠르게 기어다니며 활동하기 때문에 발견을 해도 자세히 관찰하기 힘들다. 봄에서 초여름에 해당하는 5~6월에 출현한다. 유충은 버드나무, 신갈나무, 호두나무를 갉아 먹고 산다.

꽃가루 먹기

딱지날개에 있는 6개의 점무늬

다리 청소하기

육점박이범하늘소(하늘소과)

숲속에 피는 국수나무, 밤나무, 층층나무, 조팝나무 등의 꽃에 날아와서 꽃가루를 먹고 산다. 몸은 원통형으로 길쭉하며 크기는 7~13㎜이다. 딱지날개에 6개, 앞가슴등판에 2개의 검은색 무늬가 범 무늬를 닮아서 이름이 지어졌다. 숲속에 핀 꽃을 찾아 이곳저곳을 돌아다니는 움직임이 매우 빠르며 5~7월에 출현한다. 잎사귀에 앉아 입으로 다리를 청소하는 모습을 종종 볼 수 있다. 유충은 다양한 활엽수를 먹고 산다.

'호랑' 또는 '범'이 이름에 붙는 하늘소는 몸에 호랑이(범)처럼 줄무늬가 많고 매우 빠르게 기어다닌다.

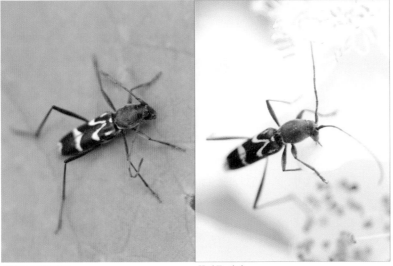

매우 기다란 다리

꽃가루 먹기

긴다리범하늘소(하늘소과)

숲속에 핀 다양한 꽃에 모여서 꽃가루를 먹고 산다. 몸은 전체적으로 검은색을 띠고 원통형으로 길쭉하며 크기는 6~11㎜이다. 꽃이나 잎사귀 사이를 긴 다리로 발 빠르게 이동하는 모습을 볼 수 있으며 5~7월에 출현한다. 몸에 비해서 다리가 매우 길고 딱지날개의 줄무늬가 범(호랑이) 무늬를 닮았다는 뜻으로 이름이 지어졌다. 특히 앞다리나 가운뎃다리에 비해 뒷다리가 매우 길게 발달한 것이 특징이다.

풀 줄기에 앉은 모습

짝짓기

털 뭉치가 발달한 더듬이

남색초원하늘소(하늘소과)

산과 들에 피어 있는 엉겅퀴, 개망초, 지칭개 등의 국화과 식물의 잎이나 줄기를 먹고 산다. 몸은 광택이 나는 흑청색이고 기다란 원통형이며 크기는 11~17㎜이다. 더듬이에 검은색 털 뭉치가 달려 있는 모습이 매우 특별하다. 산과 들에 사는 하늘소 중에서 매우 흔하게 볼 수 있으며 5~7월에 출현한다. 짝짓기를 마친 암컷은 개망초 줄기에 구멍을 내고 알을 낳는다. 부화된 유충은 개망초, 쑥, 고들빼기 등을 먹으며 자란다.

울퉁불퉁한 딱지날개의 털 뭉치

나무껍질과 비슷한 보호색

나무를 기어오르는 모습

털두꺼비하늘소(하늘소과)

활엽수 숲이나 참나무류 벌채목, 버섯 재배장 등에서 쉽게 볼 수 있다. 몸은 전체적으로 암갈색을 띠며 크기는 19~25㎜이다. 다양한 활엽수에 알을 낳아 번식하며 3~10월에 출현한다. 딱지날개에 털 뭉치가 있고 앞가슴등판과 딱지날개가 두꺼비처럼 올록볼록 튀어나와서 이름이 지어졌다. 겨울이 되면 숲의 벌채목이나 나무 밑에서 성충 또는 유충으로 월동한다. 유충은 상수리나무, 밤나무 등의 활엽수를 갉아 먹고 산다.

79

회백색 줄무늬가 있는 모습   풀을 먹는 모습

삼하늘소(하늘소과)

산과 들의 잎사귀나 풀 줄기에 앉아 있는 모습을 볼 수 있다. 몸은 회색이고 크기는 10~15㎜이다. 딱지날개 봉합부와 양옆에 3개의 회백색 줄무늬가 뚜렷한 것이 특징이다. 쑥, 삼 등의 줄기를 갉아 먹으며 날아다니는 모습을 볼 수 있으며 5~7월에 출현한다. 암컷은 쑥이나 삼의 줄기에 상처를 내고 알을 낳는다. 유충은 대마, 쑥, 엉겅퀴 등을 갉아 먹고 산다. 특히 삼의 줄기를 잘 먹어서 '삼벌레'라고 부른다.

앞가슴등판의 붉은색 점무늬   잎을 갉아 먹는 옆면 모습

국화하늘소(하늘소과)

산과 들의 풀밭을 빠르게 날아다니는 모습을 볼 수 있다. 몸은 검은색이고 원통형이며 크기는 6~9㎜이다. 앞가슴등판에 붉은색 무늬가 있는 것이 특징이다. 쑥, 국화 등의 국화과 식물을 갉아 먹고 짝짓기를 한다. 암컷은 국화과 식물에 상처를 내고 알을 낳아 번식한다. 개체 수가 많이 발생하면 국화 재배 농장에 피해를 준다. 풀숲 어디서나 쉽게 볼 수 있으며 4~5월에 출현한다. 유충은 쑥, 국화, 개망초 등을 갉아 먹고 산다.

새똥처럼 보여서 몸을 보호하는 위장술   짝짓기

새똥하늘소(하늘소과)

산지와 민가 주변의 두릅나무가 있는 곳에 산다. 몸은 검은색이고 딱지날개 윗부분은 흰색이며 크기는 6~8㎜로 매우 작다. 멀리서 보면 나무에 붙어 있는 모습이 새똥처럼 보이며 2~7월에 출현한다. 새똥 모양으로 위장하면 천적이 거들떠보지도 않기 때문에 안전하게 자신을 보호할 수 있다. 우리나라에서 서식하는 하늘소 종류 중에서 가장 먼저 활동을 시작하는 종이다. 유충은 두릅나무, 밤나무, 신갈나무를 갉아 먹고 산다.

삼하늘소, 국화하늘소 등의 풀을 먹고 사는 하늘소는 나무에 사는 하늘소에 비해 크기가 작은 소형 하늘소이다.

주홍배큰벼잎벌레(잎벌레과)

산과 들의 잎사귀 위를 기어다니며 참마, 마를 갉아 먹으며 산다. 몸은 길쭉하고 둥근 타원형이며 크기는 6~8.2㎜이다. 머리와 앞가슴등판은 붉은색을 띠고 딱지날개는 청색 또는 남청색이다. 겹눈과 더듬이도 청색을 띤다. 배 아랫부분이 주홍색을 띠고 있어서 이름이 지어졌으며 5~8월에 출현한다. 머리가 검은색인 '고려긴가슴잎벌레'와 생김새가 비슷해서 혼동되지만 머리가 주홍색이어서 구별된다.

붉은색 머리와 앞가슴등판

주홍색 배

점박이큰벼잎벌레(잎벌레과)

산과 들의 잎사귀 위를 기어다니며 참마를 갉아 먹고 산다. 몸은 전체적으로 광택이 있는 황색이며 크기는 5.5~6㎜이다. 겹눈은 둥글고 약간 튀어나왔으며 더듬이는 실 모양이다. 잎사귀나 풀줄기를 기어다니는 모습을 볼 수 있으며 4~9월에 출현한다. 앞가슴등판에 4개, 딱지날개에 4개 또는 2개의 둥근 검은색 점무늬가 있어서 이름이 지어졌다. 성충으로 월동하고 4월부터 나타나서 활발하게 날아다닌다.

4개의 점무늬(앞가슴등판 4개, 딱지날개 4개)

8월에 출현한 모습

홍줄큰벼잎벌레(잎벌레과)

산과 들의 풀잎 사이를 기어다니며 닭의장풀을 갉아 먹고 산다. 몸은 전체적으로 타원형으로 길쭉하고 크기는 4.3~4.5㎜이다. 몸은 붉은색을 띠고 머리는 청색이며 딱지날개에 2개의 굵은 청색 띠무늬가 있는 것이 특징이다. 잎사귀 사이를 돌아다니는 모습을 볼 수 있으며 4~7월에 출현한다. 겨울에 성충으로 겨울나기를 하며 봄이 되면 닭의장풀 주변에서 날아다니며 활동한다.

딱지날개에 2개의 굵은 청색 띠무늬

옆면

잎벌레는 '잎사귀를 갉아 먹고 사는 곤충'이라는 뜻으로 '잎 딱정벌레(leaf beetle)'라고도 부른다. 종류에 따라 좋아하는 먹이 식물도 다르다.

잎사귀 끝에 올라간 모습　　　　　짝짓기

배노랑긴가슴잎벌레(잎벌레과)

산과 들의 풀밭에서 닭의장풀을 갉아 먹고 산다. 몸은 길쭉하고 반질반질한 광택이 있는 청람색이며 크기는 5~6.5㎜이다. 풀밭에서 흔하게 볼 수 있는 잎벌레로 4~9월에 출현한다. 더듬이와 다리는 검은색이고 배 끝부분 세 마디가 황색을 띠고 있으며 가슴 부분이 길게 발달해서 이름이 지어졌다. 유충은 집단으로 모여서 먹이를 갉아 먹고 살며 배설물을 등에 덮어서 위장하여 자신을 보호한다. 겨울에 성충으로 겨울나기를 한다.

잎사귀를 오르내리는 모습　　　　　짝짓기

적갈색긴가슴잎벌레(잎벌레과)

산과 들의 풀밭에서 닭의장풀을 갉아 먹는 모습을 볼 수 있다. 몸은 길쭉하고 전체적으로 적갈색을 띠며 크기는 5~6㎜이다. '배노랑긴가슴잎벌레'와 함께 풀밭에서 매우 흔하게 관찰되는 잎벌레로 4~8월에 출현한다. 다리와 더듬이는 검은색이지만 머리와 앞가슴등판, 딱지날개가 적갈색이어서 이름이 지어졌다. 추운 겨울이 되면 성충으로 월동하며 연 2~3회 출현한다. 겨울나기를 마치면 다음 해 4월에 나타나 활동한다.

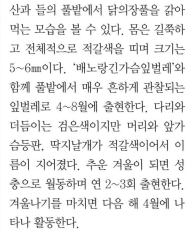

풀 줄기에 붙어 있는 모습　　　　　비행 준비

콜체잎벌레(잎벌레과)

산과 들의 풀밭에서 쑥, 싸리 등을 갉아 먹으며 산다. 몸은 전체적으로 검은색이고 짧은 원통형이며 크기는 4~5.2㎜이다. 딱지날개에 6개의 굵은 황색 점무늬가 있는 것이 특징이다. 곤충학자 콜츠(koltze)에서 유래되어 학명의 종명 'koltzei'이 지어졌고 종명에서 유래되어 이름이 지어졌다. 풀숲의 잎사귀 끝이나 풀 줄기에 붙어 있는 모습을 볼 수 있으며 5~7월에 출현한다. 딱지날개가 펼쳐지면 속날개가 나와 날아간다.

다양한 잎벌레 무리 중에서 머리에 비해서 가슴 부분이 매우 길게 발달된 무리를 '긴가슴잎벌레'라고 부른다.

잎에 앉아 있는 모습   짝짓기

버들꼬마잎벌레(잎벌레과)

봄바람에 흔들리는 버드나무류, 미루나무, 사시나무의 잎을 갉아 먹으며 산다. 몸은 원형에 가까운 타원형이고 반질반질한 광택이 도는 진한 청람색이며 크기는 3.3~4.4㎜이다. 버드나무를 흔들면 우수수 떨어질 정도로 개체 수가 무척 많으며 5~11월에 출현한다. 크기가 매우 작다는 뜻의 '꼬마'와 버드나무의 '버들'이 붙어서 이름이 지어졌다. 겨울에 성충으로 월동한 후 봄에 출현하여 버드나무 잎에 알을 낳아 번식한다.

짝짓기   유충   알

좀남색잎벌레(잎벌레과)

산과 들에 자라는 소리쟁이, 수영, 애기수영, 상아, 토황 등을 갉아 먹으며 산다. 몸은 흑청색이고 기다란 타원형이며 크기는 5.2~5.8㎜이다. 전국적으로 널리 서식하는 흔한 잎벌레 종류로 3~5월에 출현한다. 몸 전체가 남색이고 크기가 작아 '좀'이 붙어서 이름이 지어졌다. 성충으로 월동한 후 봄이 되어 나타나 소리쟁이 잎을 갉아 먹고 짝짓기를 한 후 알을 낳는다. 유충은 소리쟁이에 다닥다닥 붙어서 잎을 갉아 먹으며 자란다.

풀 줄기를 오르는 모습   2형(주홍색 딱지날개)

사시나무잎벌레(잎벌레과)

숲에 사는 버드나무류, 황철나무, 사시나무 등의 잎을 갉아 먹으며 산다. 몸은 타원형으로 둥글고 크기는 10~12㎜이다. 머리와 앞가슴등판, 다리, 더듬이는 청남색을 띠지만 딱지날개는 붉은색을 띤다. 초봄부터 잎을 갉아 먹으며 활동하는 모습을 볼 수 있으며 4~10월에 출현한다. 유충도 성충과 마찬가지로 사시나무, 오리나무, 황철나무 등의 잎을 갉아 먹고 살아서 옛날에는 '황철나무잎벌레'라고 불렸다.

잎벌레 무리는 수컷이 암컷 위에 올라타서 짝짓기하는 습성을 갖고 있다.

버드나무에 앉아 있는 모습 　　　　　　　　　유충

번데기

버들잎벌레(잎벌레과)

산이나 하천의 버드나무, 사시나무, 황철나무 등에 모여서 잎사귀를 갉아 먹고 산다. 머리와 앞가슴등판은 검은 색이고 딱지날개는 황갈색을 띠며 크기는 6.8~8.5㎜이다. 버드나무류를 많이 갉아 먹고 살아서 이름이 지어졌으며 4~6월에 출현한다. 몸이 둥글고 딱지날개에 20개의 검은색 점무늬가 있어서 '무당벌레'로 착각하는 경우가 많다. 몸이 길쭉한 좀형 유충은 검은색 점무늬가 많고 성충처럼 버드나무류의 잎을 갉아 먹고 산다.

잎에 앉아 있는 모습 　　　　　　　　　　알

2형(점무늬 많은 형)

십이점박이잎벌레(잎벌레과)

숲속의 돌배나무, 털야광나무 등의 잎을 갉아 먹으며 산다. 몸은 검은색이고 볼록한 타원형이며 크기는 8~10㎜이다. 딱지날개에 12개의 붉은색 점무늬가 있지만 개체에 따라서 붉은색 점무늬가 다르게 나타나는 체색 변이도 많다. 성충으로 겨울나기를 하고 5~7월에 출현한다. 돌배나무에 모여서 20여 개의 암적색 알을 뭉쳐서 산란한다. 부화된 유충은 먹이 식물을 갉아 먹으며 무럭무럭 자란다.

풀잎에 앉아 있는 모습 　　　　　　톱니 모양의 더듬이

땅을 기어가는 모습

상아잎벌레(잎벌레과)

산과 들에서 소리쟁이, 며느리배꼽, 호장근, 수영 등을 갉아 먹으며 산다. 몸은 전체적으로 검은색을 띠며 크기는 7.5~9.5㎜이다. 딱지날개에 3개의 황색 줄무늬가 있고 톱니 모양의 더듬이를 갖고 있는 것이 특징이다. 풀잎에 앉아 있거나 땅을 기어가거나 하늘을 날아다니는 모습을 볼 수 있으며 3~8월에 출현한다. 추운 겨울이 되면 성충으로 월동을 하고 봄이 되면 나타나 활동하다가 5~6월에 알을 낳아 번식한다.

점무늬가 있는 버들잎벌레를 무당벌레로 착각하는 경우가 많지만 다리와 더듬이가 길고 몸이 길쭉해서 구별된다.

알

유충

잎사귀에 올라간 모습   유충

오리나무잎벌레(잎벌레과)

숲속의 오리나무, 사방오리, 자작나무 등에 모여서 잎사귀를 갉아 먹고 산다. 몸은 광택이 있는 진한 흑청색이고 긴 타원형으로 볼록하며 크기는 5.7~7.5㎜이다. 많은 개체 수가 한꺼번에 대발생해서 오리나무의 잎을 갉아 먹는 경우가 있으며 4~8월에 출현한다. 겨울에 성충으로 월동한 후 봄에 나타나 4월 하순에 10여 개의 황백색 알을 뭉쳐서 낳는다. 유충은 오리나무 잎을 갉아 먹고 살며 다 자라면 땅속으로 들어가 번데기가 된다.

황갈색잎벌레(잎벌레과)

들판을 날아다니며 박주가리 잎을 갉아 먹고 산다. 몸은 검은색이고 딱지날개는 적갈색이며 크기는 5~6㎜이다. 풀밭을 날아다니는 모습을 발견할 수 있으며 5~6월에 출현한다. 풀잎에 앉아 있다가 천적의 위험을 느끼면 툭 하고 아래로 떨어져 풀숲에 숨는 방법으로 위기를 모면한다. 수컷은 암컷 위에 올라타서 짝짓기하며 암컷은 등황색의 알을 뭉쳐서 낳는다. 부화된 유충은 뿌리를 갉아 먹으며 자라서 성충이 된다.

풀잎에 앉아 있는 모습   짝짓기

점날개잎벌레(잎벌레과)

산과 들에 자라는 여러 종류의 꽃에 모여서 꽃가루를 먹고 산다. 몸은 광택이 있는 흑청색이며 크기는 3.2~4㎜로 매우 작은 소형 잎벌레다. 몸이 원형이고 다리가 짧아서 '무당벌레'로 착각하기도 한다. 벼룩잎벌레 무리에 속해서 굵게 발달된 뒷다리로 '벼룩'처럼 점프해서 이동한다. 멀리서 보면 둥근 점처럼 보인다고 해서 이름이 지어졌으며 3~11월에 출현한다. 겨울에 성충으로 월동하고 연 1회 출현한다.

풀잎에 앉아 있는 모습

꽃가루 먹기

잎에 앉아 있는 모습 · 비행 후 착지

분홍거위벌레 (거위벌레과)

숲속의 버드나무류와 물푸레나무류를 갉아 먹고 산다. 몸은 적갈색이고 반질반질한 광택이 흐르며 크기는 6~6.5㎜이다. 딱지날개에 9개의 홈줄이 있다. 겹눈은 검은색이고 더듬이는 곤봉 모양이다. 머리는 길쭉하며 앞가슴등판은 앞쪽으로 좁아지는 종 모양이다. 병꽃나무, 개나리 등 다양한 나무의 잎사귀를 둘둘 말아서 요람을 만들어 알을 낳는다. 딱지날개를 펼치고 재빠르게 날아서 이동하며 5~7월에 출현한다.

잎에 앉아 있는 모습 · 알 · 요람

개암거위벌레 (거위벌레과)

숲속의 개암나무, 물오리나무, 밤나무, 상수리나무, 떡갈나무 등이 자라는 곳에 산다. 머리는 검은색이고 앞가슴등판과 딱지날개는 붉은색을 띠며 크기는 6~7.5㎜이다. 숲에서 5~8월에 출현하여 잎사귀를 정성껏 둘둘 말아서 요람을 만들고 타원형의 황색 알을 1~2개 낳는다. 완성된 요람은 잘라서 떨어뜨리지 않고 나무에 매달아 둔다. 요람 속에서 부화된 유충은 요람을 갉아 먹으며 자라서 번데기를 거쳐 성충이 된다.

잎에 앉아 있는 수컷 · 암컷

북방거위벌레 (거위벌레과)

숲속의 딸기, 줄딸기, 오리나무 등이 자라는 곳에 살며 주로 장미과 식물을 갉아 먹는다. 몸은 전체적으로 검은색이고 광택이 있으며 크기는 3.5~4.5㎜이다. 수컷은 머리가 길게 발달되었지만 암컷은 짧아서 서로 구별된다. 나무딸기 등의 잎을 말아서 요람을 만들어 알을 낳는 모습을 볼 수 있으며 4~8월에 출현한다. 생김새가 '노랑배거위벌레'와 매우 많이 닮았지만 배 부분이 황색을 띠지 않아서 쉽게 구별된다.

잎에 앉아 있는 모습   검고 굵게 발달한 넓적다리마디

어깨넓은거위벌레(거위벌레과)

숲속의 팽나무, 느티나무 등이 자라는 곳에 산다. 몸은 검은색, 적갈색이 섞여 있고 다리는 황색을 띠며 크기는 5㎜ 정도이다. 광택이 반질반질한 딱지날개에 불규칙한 모양의 울퉁불퉁한 여러 개의 혹이 가득 나 있는 것이 특징이며 5~9월에 출현한다. 어깨에 해당하는 앞가슴등판 부분이 다른 거위벌레류에 비해 매우 넓적해서 이름이 지어졌다. 노박덩굴 등의 잎을 둘둘 말아서 요람을 만들어 알을 낳는다.

잎에 앉아 있는 수컷   암컷

요람

왕거위벌레(거위벌레과)

숲속에 참나무, 밤나무, 오리나무가 자라는 곳에서 산다. 머리와 앞가슴등판은 검은색이고 딱지날개는 적갈색이며 크기는 8~12㎜이다. 우리나라에 살고 있는 거위벌레류 중 크기가 가장 크며 5~8월에 출현한다. 머리가 길쭉하게 생긴 모습이 거위를 빼닮아서 이름이 지어졌다. 암컷은 잎을 돌돌 말아서 요람을 만들고 1~3개의 알을 낳는다. 완성된 요람은 잘라서 땅 아래에 떨어뜨리기 때문에 산길 가장자리에서 발견할 수 있다.

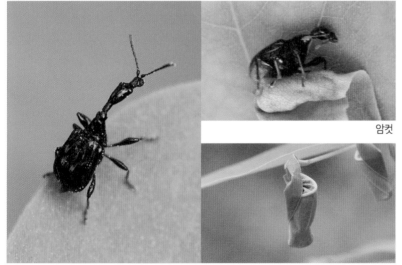

잎에 앉아 있는 수컷   암컷

요람

노랑배거위벌레(거위벌레과)

숲에서 싸리, 족제비싸리, 아까시나무, 등나무 등의 잎을 갉아 먹고 산다. 몸은 검은색이고 반질반질한 광택이 있으며 크기는 3.5~5.5㎜이다. 배 끝부분이 황색을 띠기 때문에 이름이 지어졌으며 5~7월에 출현한다. 잎을 접어서 둘둘 말아 요람을 만들고 그 속에 1~2개의 황색 알을 낳는다. 수컷은 암컷에 비해 머리가 길게 발달되어서 전체적으로 커 보인다. 풀잎에 앉아 있다가 위험을 느끼면 아래로 툭 떨어져 죽은 척하기도 한다.

왕거위벌레, 노랑배거위벌레, 북방거위벌레 등의 거위벌레는 수컷이 암컷에 비해 머리가 더 길쭉하다.

잎에 앉아 있는 수컷   옆면

회떡소바구미(소바구미과)

숲속의 냇가 주변에 살며 썩은 나무에 자라는 버섯류를 먹고 산다. 몸은 검은색이고 주둥이와 딱지날개의 좌우에 흰색 털이 있으며 크기는 4.2~8mm이다. 더듬이 끝부분이 곤봉처럼 부풀어 있는 것이 특징이다. 냇가 주변의 나무나 풀잎에 앉아 있는 모습을 볼 수 있으며 4~10월에 출현한다. 전체적인 몸 빛깔이 나무껍질과 비슷한 보호색을 띠고 있어서 나무에 앉아 있으면 천적으로부터 자신을 보호할 수 있다.

먹이 식물 먹기

잎에 앉아 있는 수컷   의사 행동(죽은 척하기)

배자바구미(바구미과)

산과 들에 자라는 칡을 먹고 살며 칡줄기에 상처를 내고 알을 낳는다. 몸은 검은색과 흰색이 섞여 있으며 크기는 6~10mm이다. 딱지날개의 검은색 무늬가 한복의 조끼인 '배자'를 닮아서 이름이 지어졌다. 칡덩굴을 꽉 붙잡고 기다란 주둥이를 찔러 즙을 빨아 먹는 모습을 볼 수 있으며 4~9월에 출현한다. 잎에 붙어 있는 모습이 멀리서 보면 새똥처럼 보여서 천적의 날카로운 눈을 피하고 때로는 툭 떨어져 의사행동을 하기도 한다.

배 끝과 다리에 달린 털

잎에 앉아 있는 모습   짝짓기

털보바구미(바구미과)

숲속에 자라는 활엽수의 나뭇잎에서 볼 수 있다. 몸은 검은색이고 크기는 8~12mm이다. 딱지날개의 끝부분과 다리에 털이 매우 많아서 이름이 지어졌다. 수컷은 뒷다리와 딱지날개 끝부분에 털이 많지만 암컷은 수컷에 비해 털이 적은 편이다. 산길 가장자리의 나뭇잎에 거꾸로 붙어서 짝짓기하는 모습을 볼 수 있으며 5~7월에 출현한다. 몸이 나무 색깔과 닮은 보호색을 갖고 있어서 자세히 보아야 찾을수 있다.

바구미는 주둥이가 길게 튀어나와서 '주둥이딱정벌레'라고도 부른다. 모습이 코끼리를 닮아서 '상비충(象鼻蟲)'이라고도 부른다.

잎에 앉아 있는 모습   의사 행동(죽은 척하기)

혹바구미(바구미과)

숲속에 자라는 칡, 아까시나무, 싸리, 뽕나무를 먹고 산다. 몸은 회백색과 갈색 털로 덮여 있으며 크기는 13~17㎜이다. 딱지날개 끝부분에 불룩 솟은 커다란 혹이 있어서 이름이 지어졌으며 5~9월에 출현한다. 딱지날개가 서로 붙어 있어서 열리지 않기 때문에 날개를 펴고 재빠르게 날아갈 수 없다. 동작이 굼떠서 천적의 위험이 느껴지면 피하는 것보다 죽은 척하는 의사 행동을 하여 위험한 위기 상황을 벗어난다.

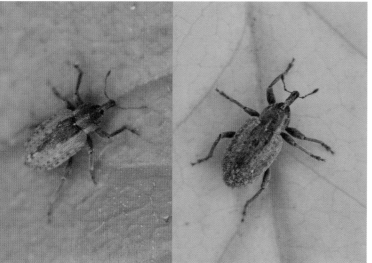

잎에 앉아 있는 모습   11월에 낙엽 위를 기어가는 모습

알팔파바구미(바구미과)

들판의 콩류, 크로버, 자운영, 자주개자리 등을 먹고 산다. 몸은 갈색이고 긴 타원형으로 통통하며 크기는 5~6㎜이다. 머리부터 딱지날개까지 가운데 부분에 진갈색 무늬가 있는 것이 특징이다. 주둥이는 길쭉하게 발달했으며 더듬이는 개미처럼 꺾여 있다. 풀잎이나 땅을 기어다니는 모습을 발견할 수 있으며 2~5월에 출현한다. 가축의 사료용으로 이용되는 알팔파, 자운영 등의 콩과 작물을 먹어서 피해를 일으키는 침입종이다.

잎에 앉아 있는 모습   불룩한 배

큰뚱보바구미(바구미과)

들판에 자라는 토끼풀, 알팔파 등을 갉아 먹고 산다. 몸은 갈색이고 주둥이는 짧으며 크기는 7.5~8㎜이다. 딱지날개에 파인 홈이 많아서 줄무늬처럼 보인다. 몸통이 매우 뚱뚱해서 이름이 지어졌으며 4~10월에 출현한다. 겨울에 성충으로 월동한 후 초봄에 일찍 출현해서 풀밭에서 기어다니는 모습을 볼 수 있다. 유럽에서 들어온 외래종으로 성충과 유충 모두 토끼풀을 먹고 산다. 유충은 고치를 만들고 번데기가 된다.

꽃에 앉은 모습

유충

번데기

호랑나비(호랑나비과)

산과 들에 핀 진달래, 개나리 등의 꽃을 찾아서 꿀을 빤다. 봄에 산길을 날아다니는 모습을 볼 수 있으며 크기는 56~97㎜이다. 날개의 검은색 줄무늬가 호랑이(범) 무늬와 비슷해서 이름이 지어졌으며 3~11월에 출현한다. 유충은 산초나무, 탱자나무, 황벽나무 잎을 갉아 먹으며 산다. 1~4령 유충까지는 새똥 모양으로 위장하여 자신을 보호한다. 종령 유충이 되면 진한 녹색을 띠며 번데기로 월동한다. 연 2~3회 발생한다.

꽃에 앉은 모습

유충

산호랑나비(호랑나비과)

산과 들의 수수꽃다리, 진달래, 철쭉, 복숭아나무, 쉬땅나무, 개망초, 이질풀, 동자꽃 등의 꽃에 모여서 꿀을 빤다. 넓은 날개에 검은색 줄무늬가 많고 크기는 65~95㎜이다. 높은 산과 하천, 농경지, 해안의 꽃밭에서 볼 수 있으며 4~10월에 출현한다. '호랑나비'와 생김새가 닮았지만 색이 더 노랗고 앞날개의 무늬가 다르다. 유충은 미나리, 기름나물, 당근, 참당귀, 방풍, 갯방풍, 탱자나무, 유자나무 등을 갉아 먹고 산다.

꽃에 앉은 모습

돌돌 말린 주둥이

끝부분이 불룩하게 발달된 더듬이

긴꼬리제비나비(호랑나비과)

낮은 산지의 고추나무, 나리, 엉겅퀴, 큰까치수염, 누리장나무, 수수꽃다리 등의 꽃에 모여서 꿀을 빤다. 날개는 검은색이고 꼬리돌기가 매우 길게 발달했으며 크기는 60~120㎜이다. 계곡이나 산길의 정해진 경로(나비 길)를 반복하여 날아다니는 습성이 있으며 4~9월에 출현한다. 유충은 산초나무, 초피나무, 탱자나무, 머귀나무 등을 갉아 먹고 산다. 겨울에 번데기로 먹이 식물에 붙어서 월동하고 연 2회 발생한다.

호랑나비는 나비 공원 등에서 나비를 체험하는 사람들을 위해 활발하게 사육이 이루어지고 있다.

꿀을 빠는 암컷

풀잎에 앉은 수컷　　　　　　　　　　유충

제비나비(호랑나비과)

낮은 산지나 평지를 날아다니며 곰취, 엉겅퀴, 철쭉, 계요등, 누리장나무, 자귀나무 등의 다양한 꽃에 모여서 꿀을 빤다. 아름다운 청록색 광택의 날개를 갖고 있으며 크기는 85~120mm이다. 꼬리돌기가 잘 발달된 모습이 '제비'를 닮아서 이름이 지어졌으며 4~9월에 출현한다. 유충은 머귀나무, 산초나무, 초피나무, 황벽나무, 상산 등의 잎사귀를 갉아 먹고 산다. 겨울에 번데기로 월동하며 연 2~3회 발생한다.

수컷

풀잎에 앉은 암컷　　　　　수태낭(짝짓기주머니)

애호랑나비(호랑나비과)

얼레지, 진달래, 제비꽃 등의 봄꽃에 모여 꿀을 빨아 먹고 산다. 크기는 39~49mm로 호랑나비류 중 가장 작다. 초봄에 가장 일찍 출현하는 호랑나비라는 뜻으로 '이른봄애호랑나비', '이른봄범나비'라고도 부르며 3~6월에 출현한다. 유충은 족도리, 개족도리를 갉아 먹고 산다. 짝짓기를 마친 수컷은 암컷의 꽁무니에 수태낭(짝짓기주머니)을 만들어 다른 수컷과의 짝짓기를 막는다. 번데기로 월동하며 연 1회 발생한다.

풀잎에 앉은 암컷　　　　짝짓기

수태낭(짝짓기주머니)

모시나비(호랑나비과)

양지바른 산지에 핀 엉겅퀴, 기린초, 서양민들레 등의 풀꽃에 모여서 꿀을 빤다. 비늘가루가 없는 날개가 모시옷을 연상시키며 크기는 43~60mm이다. 짝짓기를 마친 수컷은 독특한 물질로 수태낭(짝짓기주머니)을 만들어 암컷의 꽁무니를 막아서 자신의 유전자를 지키는 습성을 갖고 있다. 봄에서 여름으로 넘어가는 5~6월에 출현한다. 유충은 왜현호색, 산괴불주머니, 현호색 등의 꽃과 줄기, 잎사귀를 갉아 먹고 산다.

풀잎에 앉은 수컷

암컷

유충

꼬리명주나비(호랑나비과)

하천이나 경작지 주변을 사뿐사뿐 날아다니는 모습을 볼 수 있다. 날개가 명주 옷감처럼 보이고 꼬리돌기가 길게 발달한 나비로 크기는 42~58㎜이다. 바람이 강하게 부는 곳에서는 살기 힘들며 4~9월에 출현한다. 유충은 가시돌기가 잘 발달되어 있으며 쥐방울덩굴만 먹고 산다. 아름다운 나비로 손꼽히기 때문에 복원 사업을 진행하는 곳이 많으며 멸종 위기에 처해 있다. 짝짓기를 마치면 5~95개의 알을 낳으며 연 2~3회 발생한다.

꿀을 빠는 모습

유충

짝짓기

배추흰나비(흰나비과)

농경지, 공원, 하천 등에서 배추, 무, 양배추, 개망초, 민들레, 토끼풀 등의 풀꽃에 모여 꿀을 빤다. 날개는 흰색이고 가장자리에 검은색 무늬가 있으며 크기는 39~52㎜이다. 흰색이나 황색 꽃에 잘 모여 들며 3~11월에 출현한다. 유충은 녹색이고 짧은 털과 긴 털이 촘촘하게 나 있으며 배추, 무, 양배추, 냉이, 갓 등을 갉아 먹고 산다. 마을 근처의 십자화과 식물 주변에서 번데기로 월동하며 연 4회 발생한다.

꿀을 빠는 모습

날개 윗면

대만흰나비(흰나비과)

낮은 산지나 농경지 주변을 날아다니며 냉이, 개망초, 엉겅퀴, 조이풀 등에서 꿀을 빤다. 날개는 전체적으로 흰색이고 검은색 점무늬가 있으며 크기는 37~46㎜이다. 생김새가 '배추흰나비'와 매우 비슷해 보이지만 검은색 점무늬가 날개 아래쪽까지 있어서 구별되며 4~10월에 출현한다. 제주도를 제외한 우리나라 전역에서 볼 수 있다. 유충은 나도냉이, 속속이풀을 갉아 먹고 산다. 겨울에 번데기로 월동하며 연 3~4회 발생한다.

나비는 꼬리명주나비처럼 암수가 서로 다른 색깔을 띠는 경우가 많다.

무리 지어 물을 먹는 모습

꿀을 빠는 모습

짝짓기

큰줄흰나비(흰나비과)

낮은 산지에서 엉겅퀴, 꿀풀, 큰까치
수염, 민들레, 냉이, 유채, 토끼풀 등
에 날아와서 꿀을 빤다. 날개에 줄무늬
가 뚜렷한 흰나비로 크기는 41~55㎜
이다. 개체 수가 많아서 쉽게 발견되
며 4~10월에 출현한다. 계곡 주변에
서 무리 지어 물을 먹는 모습을 볼 수
있으며 짝짓기를 마친 암컷은 수컷의
접근에 짝짓기 거부 행동을 한다. 유
충은 배추, 무, 냉이, 갓, 속속이풀 등
을 갉아 먹고 산다. 번데기로 월동하
며 연 2~3회 발생한다.

꿀을 빠는 모습

갈구리 모양 날개

갈구리나비(흰나비과)

낮은 산지, 농경지, 하천 주변의 풀밭
을 날아다니며 냉이, 민들레, 장대나
물, 유채 등의 꽃에 모여서 꿀을 빤다.
날개 윗면은 흰색이고 날개 끝 가장자
리는 황색을 띠며 크기는 43~47㎜이
다. 앞날개 끝부분이 갈고리처럼 휘어
져 있어서 이름이 지어졌으며 4~5월에
출현한다. 유충은 냉이, 나도냉이, 장
대나물, 꽃다지 등을 갉아 먹고 산다.
겨울이 되면 번데기로 월동하며 연 1회
발생하기 때문에 봄에만 볼 수 있다.

꿀을 빠는 모습

2형(흰색형 암컷)

노랑나비(흰나비과)

햇볕이 잘 드는 경작지, 산지, 하천 등
의 풀밭을 매우 빠르게 날아다니며 개
망초, 토끼풀, 유채, 민들레, 산국 등
의 꽃에 모여 꿀을 빤다. 날개는 황색
이고 가장자리에 검은색 무늬가 있으
며 크기는 38~50㎜이다. 개체 수가 많
아서 쉽게 볼 수 있는 나비로 3~11월
에 출현한다. 수컷은 황색을 띠지만
암컷은 황색형과 흰색형이 있다. 유충
은 자운영, 벌노랑이, 비수리, 싸리 등
을 갉아 먹고 산다. 번데기로 월동하
며 연 3~4회 출현한다.

짝짓기

꽃봉오리 끝에 앉은 모습

천적에게 공격당한 꼬리 부분

암먹부전나비(부전나비과)

산과 들, 농경지, 공원 등의 풀밭을 빠르게 날아다니며 민들레, 개망초, 토끼풀, 톱풀, 갈퀴나물 등의 꽃에 모여 꿀을 빤다. 날개 윗면이 수컷은 청색, 암컷은 검은색이며 크기는 17~28㎜이다. 암컷의 날개 윗면이 검은색을 띠기 때문에 이름이 지어졌으며 3~10월에 출현한다. 짝짓기를 마치면 먹이 식물의 꽃봉오리에 알을 낳는다. 유충은 매듭풀, 갈퀴나물, 광릉갈퀴 등을 갉아먹고 산다. 유충으로 월동하며 3~4회 발생한다.

꿀을 빠는 모습

땅 색깔과 비슷한 보호색

범부전나비(부전나비과)

산지의 활엽수림 가장자리를 날아다니며 개망초, 밤나무, 족제비싸리, 사철나무, 곰의말채나무, 파 등의 꽃에 모여 꿀을 빤다. 날개 아랫면은 갈색이고 윗면은 청보랏빛을 띠며 크기는 26~33㎜이다. 날개 아랫면에 있는 줄무늬가 범(호랑이) 무늬와 비슷하다고 해서 이름이 지어졌으며 4~9월에 출현한다. 유충은 고삼, 족제비싸리, 갈매나무, 등갈퀴나물 등의 꽃이나 새싹, 어린 열매를 갉아 먹고 산다. 연 2회 발생한다.

낙엽에 앉아 있는 모습

땅 색깔과 비슷한 보호색

쇳빛부전나비(부전나비과)

산지의 활엽수림 가장자리를 날아다니며 진달래, 조팝나무, 얼레지 등에 모여 꿀을 빤다. 날개는 어두운 검은색이고 크기는 25~27㎜이다. 날개가 '쇳빛'을 띠는 보호색을 갖고 있어서 이름이 지어졌으며 4~5월에 출현한다. 칙칙한 날개 빛깔 때문에 땅이나 낙엽에 앉아 있으면 쉽게 눈에 띄지 않는다. 유충은 조팝나무, 진달래, 철쭉 등을 갉아 먹고 산다. 축축한 땅에 앉아서 물을 빤다. 번데기로 월동하며 연 1회 발생한다.

액자 가장자리의 세모꼴 장식인 '부전'을 닮았다고 해서 '부전나비'라고 부른다. 조개를 닮아서 '바지락나비'라고도 부른다.

땅 색깔과 비슷한 보호색

잎에 앉아 있는 모습

흡수 행동(물을 먹는 모습)

뿔나비(네발나비과)

산지 계곡 주변의 활엽수림을 날아다니며 고마리, 버드나무 등의 꽃에서 꿀을 빤다. 날개 아랫면이 흑갈색으로 땅 색깔과 비슷해서 눈에 잘 띄지 않으며 크기는 32~47㎜이다. 머리의 아랫입술수염 부분이 뿔처럼 튀어나와서 이름이 지어졌으며 3~11월에 출현한다. 계곡 주변의 땅에 무리 지어 앉아 물을 먹는 모습을 볼 수 있다. 유충은 풍게나무, 팽나무, 왕팽나무 등을 갉아 먹고 산다. 성충으로 월동하고 연 1회 발생한다.

유충

꽃에 앉아 꿀을 빠는 모습

흡수 행동(물을 먹는 모습)

네발나비(네발나비과)

낮은 산지, 하천, 공원, 밭 등에 핀 엉겅퀴, 개요등, 산초나무 등의 다양한 꽃에 모여 꿀을 빤다. 낙엽과 비슷한 보호색의 날개를 가졌고 날개 아랫면에 C자 무늬가 특징이며 크기는 41~55㎜이다. 앞다리 2개가 퇴화되어 4개의 다리로 활동하기 때문에 이름이 지어졌으며 3~11월에 출현한다. 유충은 몸에 뾰족한 돌기가 많이 달렸으며 환삼덩굴, 삼 등을 갉아 먹고 산다. 성충으로 월동하고 연 2~4회 발생한다.

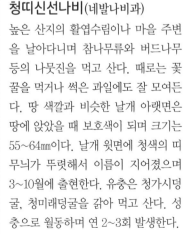

날개의 청색 띠무늬

땅 색깔과 비슷한 보호색

청띠신선나비(네발나비과)

높은 산지의 활엽수림이나 마을 주변을 날아다니며 참나무류와 버드나무 등의 나뭇진을 먹고 산다. 때로는 꽃꿀을 먹거나 썩은 과일에도 잘 모여든다. 땅 색깔과 비슷한 날개 아랫면은 땅에 앉았을 때 보호색이 되며 크기는 55~64㎜이다. 날개 윗면에 청색의 띠무늬가 뚜렷해서 이름이 지어졌으며 3~10월에 출현한다. 유충은 청가시덩굴, 청미래덩굴을 갉아 먹고 산다. 성충으로 월동하며 연 2~3회 발생한다.

네발나비 무리는 앞다리 2개가 퇴화되어 4개의 다리로만 활동하는 나비를 말한다.

수컷

풀잎에 앉아 있는 암컷

유충

멧팔랑나비(팔랑나비과)

참나무류가 많은 낮은 산지의 활엽수림을 날아다니며 제비꽃, 줄딸기 등의 흰색이나 분홍색 꽃에 잘 모여들어 꿀을 빤다. 날개는 전체적으로 갈색을 띠고 있으며 크기는 31~39㎜이다. 땅이나 낙엽 위에 앉아 일광욕을 하는 모습을 자주 볼 수 있으며 3~6월에 출현한다. 짝짓기를 마친 암컷은 참나무류의 새싹에 알을 낳는다. 유충은 떡갈나무, 졸참나무, 신갈나무 등을 갉아 먹고 산다. 유충으로 월동하며 연 1회 발생한다.

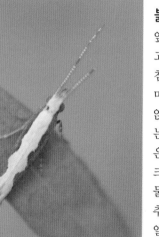

풀잎에 앉아 있는 모습

배추좀나방

붉은꼬마꼭지나방(감꼭지나방과)

앞날개와 앞가슴등판은 붉은색을 띠고 크기는 5.5㎜ 정도이다. 더듬이는 침 모양으로 매우 날카롭게 발달했으며 4~6월에 출현한다. 나뭇잎에 내려앉을 때 가운뎃다리를 위쪽으로 올리는 습성이 있다. **배추좀나방**(집나방과)은 날개 등면이 회색 또는 흰색이며 크기는 12㎜ 정도이다. 앞날개 양옆에 물결무늬가 있다. 유충은 케일, 무, 배추 등을 갉아 먹어 농작물에 피해를 일으킨다. 봄에 출현하는 소형 나방으로 4~5월에 출현한다.

풀잎에 앉아 있는 모습

야행성

감나무잎말이나방(잎말이나방과)

낮은 산지나 과수원 주변을 날아다니는 모습을 볼 수 있다. 날개는 주황색을 띠고 크기는 20~25㎜이다. 몸이 종 모양처럼 생겨서 '종나방(Bell moth)'이라고도 불리며 4~5월에 출현한다. 유충은 기다란 원통 모양으로 몸 길이가 18㎜ 정도이다. 유충은 사과나무, 배나무, 감나무, 버드나무류, 왕벚나무, 단풍나무류, 장미류 등 다양한 식물의 잎사귀를 둘둘 말아서 잎살을 갉아 먹고 산다. 밤에 불빛에 유인되어 날아온다.

팔랑나비는 몸에 비해 날개가 매우 짧아서 정신없이 팔랑거리며 날아다니기 때문에 이름이 지어졌다.

풀잎에 앉아 있는 모습

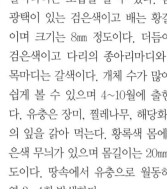

유충

짝짓기

장미등에잎벌(등에잎벌과)

산과 들, 해안가 주변의 풀밭 사이를 날아다니는 모습을 볼 수 있다. 몸은 광택이 있는 검은색이고 배는 황갈색이며 크기는 8㎜ 정도이다. 더듬이는 검은색이고 다리의 종아리마디와 발목마디는 갈색이다. 개체 수가 많아서 쉽게 볼 수 있으며 4~10월에 출현한다. 유충은 장미, 찔레나무, 해당화 등의 잎을 갉아 먹는다. 황록색 몸에 검은색 무늬가 있으며 몸길이는 20㎜ 정도이다. 땅속에서 유충으로 월동하며 연 3~4회 발생한다.

풀잎에 앉아 있는 모습

유충

허리(잘록하지 않다)

극동등에잎벌(등에잎벌과)

산과 들의 풀숲 사이를 날아다니는 모습을 쉽게 볼 수 있다. 몸과 다리는 광택이 있는 청람색을 띠며 크기는 9㎜ 정도이다. 더듬이는 검은색이고 끝부분이 넓적하며 4~9월에 출현한다. 유충은 가슴다리 3쌍, 배다리 5쌍, 꼬리다리 1쌍을 갖고 있다. 다 자란 유충은 25㎜ 정도가 되며 철쭉이나 진달래 등의 잎을 갉아 먹고 산다. '장미등에잎벌'과 생김새가 비슷해 보이지만 배가 황색이 아니라 검은색이어서 쉽게 구별된다.

풀잎에 앉아 있는 모습

유충

동그랗게 말린 유충

황호리병잎벌(잎벌과)

냇가, 논밭, 숲의 나무 사이를 빠르게 날아다니는 모습을 볼 수 있다. 몸은 황색이고 눈 부분은 검은색을 띠며 크기는 12㎜ 정도이다. 배는 황갈색이고 배 끝부분은 주홍색을 띤다. 몸이 호리호리하게 생겨서 이름이 지어졌으며 4~6월에 출현한다. 유충은 별꽃, 쇠별꽃 등의 풀잎을 갉아 먹으며 산다. 벌 무리 중에서 가장 원시적인 형태의 벌로 잎을 갉아 먹고 산다고 해서 '잎벌'이라고 이름이 지어졌다.

풀잎에 앉아 있는 모습   벌집(둥지)

뱀허물쌍살벌(말벌과)

산지의 숲 가장자리나 마을의 키 작은 나무에 무리를 지어 산다. 몸은 전체적으로 황색이고 암갈색 줄무늬가 많으며 크기는 13~18㎜이다. 뱀 허물 모양의 둥지를 지어서 이름이 지어졌으며 4~9월에 출현한다. 둥지 주변에 여러 마리가 함께 머물면서 유충을 돌본다. 비가 와서 둥지에 물이 들어가면 입으로 물을 빨아내서 습기를 없애고 무더위가 찾아오면 날갯짓해서 더위를 식혀 준다. 밤에 불빛에 유인되어 날아온다.

물을 먹는 모습   어리별쌍살벌

등검정쌍살벌(말벌과)

산지와 하천의 풀밭을 날아다니며 나비류 유충을 사냥하는 육식성 곤충이다. 몸은 전체적으로 검은색이고 크기는 19~26㎜이다. 앞가슴등판과 배에 황갈색 줄무늬가 있으며 다리는 황색이다. 쌍살벌류 중에서는 몸집이 매우 큰 편에 속해서 '말벌'이라고 착각하는 경우가 있으며 4~10월에 출현한다. **어리별쌍살벌**(말벌과)은 몸은 전체적으로 검은색이고 크기는 15㎜ 정도이다. 산지나 마을 주변을 날아다니며 나비류 유충을 사냥한다.

나무에 앉아 있는 모습   벌집(둥지)

왕바다리(말벌과)

마을, 농경지, 야산 등에 살며 집, 처마, 나뭇가지, 바위 아래 등에 삿갓 모양의 둥지를 짓고 산다. 몸은 검은색이고 배에 황색 줄무늬가 있으며 크기는 25~30㎜이다. 몸은 홀쭉하고 다리는 길며 4~10월에 출현한다. 초대형 벌집의 경우에는 육아방이 1,000개 이상 될 정도로 매우 크다. 여왕벌은 여름에서 초가을 사이에 수벌과 짝짓기를 하고 겨울에 월동한다. 왕바다리 유충을 사냥하는 천적은 장수말벌이다.

쌍살벌은 말벌과에 속하지만 산지에 둥지를 만드는 말벌과 달리 인가 근처에 둥지를 잘 만든다.

여왕개미

땅에서 기어가는 모습

결혼 비행을 준비하는 수개미

일본왕개미(개미과)

도시, 공원, 놀이터, 마을, 숲속에 햇빛이 잘 드는 땅속이나 돌 밑에 집을 짓고 산다. 몸은 검은색이고 광택이 거의 없으며 크기는 7~14㎜이다. 우리나라에서 크기가 가장 큰 개미로 여왕개미는 17~19㎜로 매우 크며 3~10월에 출현한다. 5~6월이 되면 장차 여왕이 될 공주개미는 수개미와 결혼 비행을 한다. 결혼 비행을 마친 여왕개미는 날개를 떼고 땅속에 들어가 알을 낳아 새로운 무리를 형성한다. 성충으로 땅속에서 월동한다.

땅에 떨어진 나무토막에 올라간 모습

땅에서 기어가는 모습

한국홍가슴개미(개미과)

숲속의 썩은 나무, 돌 밑, 땅속에 살면서 아무거나 잘 먹는 잡식성 곤충이다. 머리와 배는 광택이 있는 검은색이고 앞가슴등판과 배자루는 붉은색을 띠며 크기는 7~14㎜이다. 여왕개미는 검은색이며 광택이 매우 강하고 17~19㎜로 매우 크다. 풀잎이나 땅 위를 기어가거나 나무에 붙어 있는 모습을 볼 수 있으며 5~9월에 출현한다. 산지에 많이 살며 썩은 나무, 돌 밑, 땅속에 집을 짓는다. 결혼 비행은 6~8월에 이루어진다.

진딧물의 감로를 먹는 모습

풀잎에 앉아 있는 모습

사체(꽃매미)를 끌고 가는 모습

곰개미(개미과)

도시, 공원, 놀이터, 산지에서 햇볕이 잘 드는 땅속, 돌 밑, 풀밭에 집을 짓고 산다. 몸은 회색빛이 도는 검은색으로 크기는 5~9㎜이다. 풀 줄기를 오르내리며 진딧물의 배설물인 감로를 받아먹으며 5~10월에 출현한다. 몸이 곰처럼 전체적으로 검은색이어서 이름이 지어졌으며 곤충의 사체를 끌고 가는 모습을 자주 볼 수 있다. 여왕개미는 8~11㎜로 매우 크며 배에 검은색 줄무늬가 뚜렷하다. 6~7월에 결혼 비행을 한다.

봄에 만나는 곤충

벌목

가슴에 난 가시

여왕개미

길잡이페로몬을 따라 기어가는 모습

가시개미(개미과)

산길을 오를 때 땅에서 줄지어 기어다니는 모습을 볼 수 있다. 몸은 검은색이고 가슴과 배는 흑적색을 띠며 크기는 7~8㎜이다. 가슴과 배에 갈고리 모양의 돌기가 있으며 4~10월에 출현한다. 여왕개미는 크기가 10㎜ 정도로 약간 크며 몸 전체가 검은색을 띤다. 숲의 나무 밑동에 집을 짓고 모여 있으면 개미산 냄새가 진동한다. 결혼 비행은 10~11월에 이루어지며 성충으로 월동한다. 일본왕개미 군체에 기생한다.

무리 지어 모여 사는 개미집

유충과 번데기

주름개미(개미과)

마을이나 산지의 돌 아래나 돌 틈, 땅 속에 무리 지어 사는 모습을 흔하게 볼 수 있다. 몸은 연황색, 암갈색, 검은색 등으로 다양하고 몸 전체에 황색 털이 있으며 크기는 2.5~3.5㎜이다. 머리는 사각형이고 앞쪽에 깊은 세로 주름이 있다. 여왕개미는 크기가 6.5~7㎜로 매우 크다. 평지에 집을 지을 때 입구에 흙더미를 높이 올려 쌓는 모습을 볼 수 있으며 3~11월에 출현한다. 결혼 비행은 6~7월의 낮에 이루어진다.

나무를 오르는 모습

땅에서 기어가는 모습

검정꼬리치레개미(개미과)

산지의 썩은 나무에 집을 짓고 살며 특히 바닷가에서 많이 볼 수 있다. 몸은 검은색이고 크기는 2.5~4㎜이다. 여왕개미는 크기가 7㎜ 정도로 매우 크다. 배는 하트 모양이고 4~9월에 출현한다. 보통 여왕개미 1마리로 구성되지만 때때로 여왕개미 2마리가 함께 있는 경우도 있다. 위협을 느끼면 배를 위쪽으로 치켜세우고 독을 방출한다. 결혼 비행은 7~8월에 이루어진다. 유충은 진딧물과 깍지벌레의 배설물인 감로를 먹고 산다.

붉은색 배

꽃가루와 꿀을 먹는 모습

홍배꼬마꽃벌(꼬마꽃벌과)

산지 주변에 핀 꽃에 모여 꽃가루와 꿀을 모으는 모습을 볼 수 있다. 몸은 전체적으로 검은색이고 짧은 털로 덮여 있으며 크기는 8~10mm이다. 배 부분이 붉은색을 띠고 있어서 붉다는 뜻의 '홍'이 붙어서 이름이 지어졌으며 4~7월에 출현한다. 땅속에 둥지를 만들고 암컷과 수컷이 힘을 모아서 꽃가루와 꿀을 모은 후 알을 낳아 번식하는 단독 생활을 한다. 유충은 성충이 모아 놓은 꽃가루와 꽃꿀을 먹으며 성장한다.

꽃에 앉은 모습

꽃가루와 꿀을 먹는 모습

루리알락꽃벌(꿀벌과)

산과 들판에 피어 있는 다양한 꽃을 찾아 빠르게 날아다니며 꽃가루를 먹는 모습을 볼 수 있다. 몸은 전체적으로 검은색을 띠고 크기는 15mm 정도이다. 배 부분에 청색 줄무늬가 청보석(청옥)을 닮아서 '루리'에 알록달록하다는 뜻의 '알락'이 붙어서 이름이 지어졌으며 4~10월에 출현한다. 색깔이 매우 화려해서 꽃에 앉아 있으면 눈에 잘 띄어 쉽게 찾을 수 있다. 유충은 꽃가루와 꽃꿀을 먹으며 자라서 성충이 된다.

꽃에 앉은 모습

꽃가루와 꿀을 먹는 모습

수염줄벌(꿀벌과)

산지에 피어 있는 꽃을 찾아다니며 꽃가루와 꿀을 모으는 모습을 볼 수 있다. 몸은 검은색이고 털이 빽빽하게 있으며 크기는 12~14mm이다. 더듬이가 매우 길게 발달한 특징이 있어서 더듬이를 뜻하는 '수염'이 붙어서 이름이 지어졌다. 윙윙거리며 부지런히 꽃을 찾아 날아다니는 모습을 발견할 수 있으며 4~6월에 출현한다. 유충은 성충이 모아 온 꽃가루와 꿀을 먹으며 무럭무럭 성장한다.

꽃벌은 암컷과 수컷이 꿀과 꽃가루를 모아서 번식을 하는 단독 생활을 하기 때문에 여왕벌, 일벌, 수벌이 없다.

꽃가루를 몸에 묻혀서 모으는 모습

꿀을 빠는 모습

물을 먹는 모습

양봉꿀벌(꿀벌과)

산과 들에 핀 꽃을 찾아다니며 꽃가루와 꿀을 모은다. 날개는 투명한 막질로 되어 있어서 비행에 유리하며 크기는 10~17㎜이다. 뒷다리의 종아리마디에 꽃가루를 운반하거나 물을 먹는 모습을 볼 수 있으며 3~10월에 출현한다. 꽃가루받이(수분)를 해 주어 식물이 열매를 맺도록 돕는다. 2007년에 꿀벌집단실종현상(C.C.D)이 발생하여 많은 개체의 꿀벌이 한꺼번에 죽었다. 지금까지 개체 수가 회복되지 못해 식물의 꽃가루받이에 문제가 크다.

수컷

꽃에 앉은 암컷

꽃가루 모으기

호박벌(꿀벌과)

해바라기, 호박, 오이, 참깨, 팥, 자운영, 감나무, 물봉선, 고마리 등의 꽃에 모여서 꿀과 꽃가루를 모은다. 암컷은 몸이 검은색이고 수컷은 몸이 연황색을 띠며 크기는 12~23㎜이다. 배 끝부분은 암수 모두 주황색을 띤다. 산, 들판, 마을 주변, 공원 등 어디서나 흔하게 만날 수 있으며 4~10월에 출현한다. 붕붕 소리를 내며 빠르게 날아다니는 뚱뚱한 벌로 호박꽃에 파묻혀 있기를 좋아해서 이름이 지어졌다.

꿀을 빠는 모습

비행하는 모습

어리호박벌(꿀벌과)

산과 들에 핀 다양한 꽃에 날아와 붕붕 날갯짓 소리를 내는 모습을 볼 수 있다. 몸은 검은색이고 날개는 흑자색 광택이 나며 크기는 20~23㎜이다. 앞가슴등판은 털이 많으며 황색을 띤다. 생김새가 '호박벌'과 비슷해서 '어리'라는 말이 붙어서 이름이 지어졌으며 4~8월에 출현한다. 호박벌보다 훨씬 크고 뚱뚱해서 날아다니는 모습이 매우 위협적으로 느껴진다. 암컷과 수컷이 둥지를 짓고 꽃가루를 모으며 단독생활을 한다.

잎에 앉아 있는 모습 　　　　　　기다란 다리(옆면)

큰황나각다귀(각다귀과)

낮은 산지나 들판, 시냇가, 계곡 주변의 풀잎에 앉아 있는 모습을 볼 수 있다. 몸은 전체적으로 황색이고 날개와 다리는 갈색을 띠며 크기는 20㎜ 정도이다. 꼬리 끝부분이 뾰족하며 앞가슴등판에 3개의 검은색 세로줄 무늬가 있는 것이 특징이다. 매우 길게 발달한 다리로 풀잎이나 나무를 붙잡고 잘 매달려 있는 모습이 많이 관찰되며 5~7월에 출현한다. 유충은 다리가 없는 구더기 형태로 썩은 식물을 먹고 산다.

잎에 앉아 있는 모습 　　　　　　퇴화된 뒷날개(평행곤)

황각다귀(각다귀과)

산과 들의 풀밭이나 경작지를 날아다니며 풀잎에 앉아 있는 모습을 볼 수 있다. 몸은 황색이고 더듬이와 다리는 매우 가늘고 길며 크기는 12~14㎜이다. 몸이 호리호리하고 다리가 매우 길어 '왕모기'로 착각하는 경우가 많으며 5~7월에 출현한다. 퇴화된 뒷날개(평균곤, 평행곤) 1쌍이 앞날개 뒤쪽에 흔적으로 남아 있다. 퇴화한 뒷날개는 비행할 때 균형을 잡아 주어 비행에 도움을 준다. 유충은 썩은 식물을 먹고 산다.

잎에 앉아 있는 모습 　　　　　　긴 다리로 매달리는 모습

줄각다귀(각다귀과)

하천 변 풀밭에서 날아다니는 모습을 자주 볼 수 있다. 몸은 가늘고 날개는 매우 길며 크기는 12~16㎜이다. 날개에 줄무늬가 있어서 이름이 지어졌으며 5~10월에 출현한다. 도시와 인접한 하천에 많이 살아서 밤에 불빛에 유인되어 베란다로 포르르 날아오는 경우가 많다. 전체적인 생김새가 커다란 '모기'를 닮았지만 피를 빠는 모기류가 아니어서 인간에게 피해를 일으키는 위생 해충이 아니다. 유충은 썩은 식물을 먹고 산다.

각다귀는 전체적인 생김새가 모기와 닮아서 '왕모기'라고 부르지만 모기는 아니다. 모기에 비해 다리가 훨씬 더 길다.

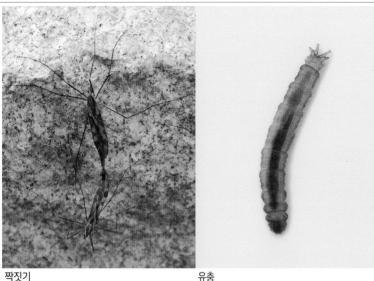

짝짓기　　　　　　　　　　　　유충

장수각다귀(각다귀과)

시냇가의 풀잎이나 바위에 기다란 다리로 매달려 있는 모습을 볼 수 있다. 몸은 전체적으로 갈색을 띠며 크기는 24~34㎜이다. 날개는 투명하고 회색을 띠며 검은색 줄무늬와 점무늬가 있다. 몸이 커다란 대형 각다귀로 냇물 주변에서 짝짓기하는 모습이 관찰되며 5~10월에 출현한다. 바위나 풀잎 어디든지 잘 매달려서 '벽걸이곤충(Hanging Fly)'이라고 부른다. 습기가 많은 땅에 알을 낳으며 유충과 번데기로 월동한다.

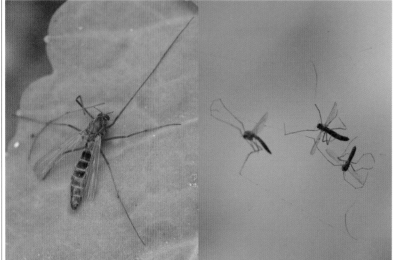

잎에 앉아 있는 모습　　　　거미줄에 걸린 모습

장수깔따구(깔따구과)

마을 주변의 하천이나 습지의 풀밭을 날아다니며 산다. 생김새가 '모기'와 매우 비슷하지만 모기와 달리 피를 빠는 기다란 주둥이가 없으며 크기는 6~7㎜이다. 깔따구류 중에서 크기가 매우 커서 이름이 지어졌으며 4~9월에 출현한다. 사람이 숨 쉴 때 나오는 이산화탄소를 좋아해서 하천 주변을 산책할 때 사람에게 몰려드는 경우가 많다. 비가 적게 오는 봄철에는 유충의 번식이 활발해져서 한꺼번에 대발생하기도 한다.

잎사귀에 붙어 있는 수컷　　　　　암컷

　　　　　　　　　　　　　　　유충

검털파리(털파리과)

계곡 주변의 산길이나 풀숲을 날아다니는 모습을 볼 수 있다. 몸은 전체적으로 검은색이고 길쭉하며 크기는 11~14㎜이다. 날개는 황갈색이고 다리는 광택이 있는 검은색을 띤다. 수컷은 겹눈이 크고 서로 붙어 있지만 암컷은 겹눈이 작고 서로 떨어져 있어서 구별된다. 땅이나 잎에서 짝짓기하는 모습이 자주 보이며 4~8월에 출현한다. 유충은 몸 전체에 털이 매우 많고 낙엽에 바글바글 무리 지어 모여서 월동한다.

　　　깔따구는 건조한 봄철에 하천 주변에 많이 발생하여 무리 지어 날아다닌다. 하루살이라고 잘못 부르는 경우가 많다.

날개를 편 모습

잎에 앉은 모습

겹눈

뒤영벌파리매(파리매과)

산길을 재빠르게 날아다니며 다른 곤충을 사냥하는 육식성 파리이다. 몸은 전체적으로 검은색을 띠고 길쭉하며 크기는 20~22㎜이다. 움켜잡을 수 있는 다리가 잠자리처럼 잘 발달해서 먹잇감을 낚아채서 사냥하는 데 매우 유리하다. 짧은 검은색 털로 촘촘하게 덮여 있으며 배 아래쪽은 검은색이고 위쪽은 주황색이다. 털이 수북한 생김새가 뒤영벌류(호박벌, 뒤영벌)와 비슷해서 이름이 지어졌으며 4~8월에 출현한다.

꿀을 빠는 모습

정지 비행

좀털보재니등에(재니등에과)

산지나 들판에 핀 꽃을 바쁘게 찾아다니며 꿀을 빤다. 몸은 검은색이고 연황색 털이 촘촘하게 덮여 있으며 크기는 10㎜ 정도이다. 꽃에 날아와서 기다란 주둥이로 꿀을 빠는 모습을 볼 수 있으며 4~5월에 출현한다. 꽃에 앉아 꿀을 빨아 먹기도 하지만 헬리콥터처럼 정지 비행을 하면서 꿀을 빠는 모습도 볼 수 있다. 이른 아침에는 밤 사이 낮아진 체온을 높이기 위해 바위 위에 내려앉아 일광욕을 한다.

꿀을 먹는 모습

짝짓기

돌에 앉아 있는 모습

빌로오도재니등에(재니등에과)

햇볕이 잘 드는 산과 들을 날아다니며 꽃에 모여 꿀을 빤다. 몸은 진갈색이고 크기는 7~12㎜이다. 몸 전체가 벨벳(빌로오드)처럼 부드러운 연황색 털로 빽빽하게 덮여 있어서 이름이 지어졌다. 공중에서 정지 비행을 하는 모습을 볼 수 있으며 4~6월에 출현한다. 수컷은 암컷에 비해 크기가 훨씬 더 작고 서로 반대 방향을 보며 짝짓기를 한다. 물가의 바위, 땅, 꽃, 풀잎에 잘 내려앉는다. 유충은 맵시벌 유충을 먹고 산다.

꽃가루 먹기

꽃에 앉은 모습

정지 비행

호리꽃등에(꽃등에과)

산과 들에 핀 다양한 꽃에 날아와서 꽃가루를 핥아 먹고 산다. 몸은 길고 배에 검은색 줄무늬가 많으며 크기는 8~11㎜이다. 몸이 매우 호리호리해서 이름이 지어졌으며 4~11월에 출현한다. 꽃에 날아와서 바로 내려앉지 않고 꽃 주변에서 정지 비행하며 공중에서 맴돌기 때문에 '호버플라이(Hover Fly)'라고 부른다. 맛을 정확히 감지하기 위해 앞다리를 비벼서 청소하는 모습도 볼 수 있다. 유충은 진딧물을 먹고 산다.

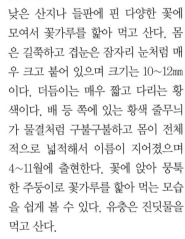

꽃에 앉은 모습

꽃가루 먹기

물결넓적꽃등에(꽃등에과)

낮은 산지나 들판에 핀 다양한 꽃에 모여서 꽃가루를 핥아 먹고 산다. 몸은 길쭉하고 겹눈은 잠자리 눈처럼 매우 크고 붙어 있으며 크기는 10~12㎜이다. 더듬이는 매우 짧고 다리는 황색이다. 배 등 쪽에 있는 황색 줄무늬가 물결처럼 구불구불하고 몸이 전체적으로 넓적해서 이름이 지어졌으며 4~11월에 출현한다. 꽃에 앉아 뭉툭한 주둥이로 꽃가루를 핥아 먹는 모습을 쉽게 볼 수 있다. 유충은 진딧물을 먹고 산다.

낙엽에 앉은 모습

검정넓적꽃등에

별넓적꽃등에(꽃등에과)

산과 들의 다양한 꽃에 모여서 꽃가루를 핥아 먹고 산다. 겹눈은 매우 크고 더듬이는 짧으며 크기는 8~10㎜이다. 몸이 넓적하고 배에 있는 둥근 황색 점무늬가 별(행성)을 닮아서 이름이 지어졌으며 4~9월에 출현한다. 햇볕이 좋은 땅이나 낙엽에 앉아 일광욕을 한다. 유충은 목화진딧물, 콩진딧물 등을 먹고 산다. 검정넓적꽃등에(꽃등에과)는 배마디에 흰색 줄무늬가 있으며 크기는 10~12㎜이다. 잎에 잘 내려앉으며 5~11월에 출현한다.

꽃가루를 핥아 먹는 꽃등에는 초당 날갯짓 횟수가 300회 이상이기 때문에 헬리콥터처럼 정지 비행을 할 수 있다.

암컷

꽃에 앉은 수컷   짝짓기

꼬마꽃등에(꽃등에과)

산과 들에 핀 꽃에 사뿐히 내려앉아 꽃가루를 먹고 산다. 몸은 검은색이고 매우 작고 가늘며 크기는 8~9㎜이다. 앞가슴등판은 구릿빛이 도는 검은색이고 광택이 나며 배는 주황색을 띤다. 수컷은 배마디에 줄무늬가 없지만 암컷은 줄무늬가 있어서 서로 쉽게 구별된다. 꽃이나 풀잎 위에 앉아서 짝짓기하는 모습을 흔하게 볼 수 있으며 4~11월에 출현한다. 유충은 풀 즙을 빨아 먹고 사는 진딧물을 잡아먹는다.

잎에 앉은 모습   루펠꽃등에

노란점곱슬꽃등에(꽃등에과)

숲속의 꽃밭에 모여서 꽃가루를 핥아 먹고 산다. 몸은 전체적으로 검은색이고 매우 길며 크기는 9~13㎜이다. 배에 황색 점무늬가 줄지어 있는 것이 특징이다. 고지대의 꽃밭에서 꽃가루를 먹고 있는 모습을 볼 수 있으며 5~10월에 출현한다. **루펠꽃등에**(꽃등에과)는 몸은 검은색이고 황색 줄무늬가 있으며 크기는 8㎜ 정도이다. 개체 수가 적은 편이며 7~8월에 출현한다. '꼬마꽃등에'와 생김새가 비슷하지만 배 부분이 짧고 넓어서 구별된다.

다리를 비벼서 청소하는 모습

잎에 앉은 모습   꽃가루를 먹는 모습

수중다리꽃등에(꽃등에과)

산과 들판, 도시와 공원 등의 꽃에서 빠르게 날아다니는 모습을 볼 수 있다. 몸은 검은색이고 황갈색 털로 덮여 있으며 크기는 12~14㎜이다. 겹눈은 잠자리 눈처럼 매우 크고 불룩 튀어나왔다. 뒷다리가 굵어서 몸이 붓는 병인 '수종(水腫)'을 의미하는 '수중'이 붙어서 이름이 지어졌으며 3~11월에 출현한다. 생김새가 벌과 닮았지만 앞다리를 비벼 대는 모습을 보면 꽃등에가 왜 '꽃파리'라고 불리는지 이해할 수 있다.

잎에 앉은 모습 · 땅에 앉은 모습

큰검정파리(검정파리과)

산과 들, 공원이나 도시에서 날아다니는 모습을 쉽게 볼 수 있다. 몸은 청색 광택이 나는 검은색이며 크기는 10~13㎜이다. 햇볕이 잘 드는 땅이나 돌에 잘 내려앉고 잎사귀에서도 볼 수 있는 대형 파리로 3~11월에 출현한다. 동물의 배설물이나 썩은 사체에 잘 모여들어 알을 낳아서 번식한다. 3~5월에 활동하다가 자취를 감추고 9월 말쯤 출현해서 11월까지 활동한다.

잎에 앉은 모습 · 꽃가루 먹기

금파리(검정파리과)

산과 들, 습지나 하천, 공원과 도시 어디서나 날아다니는 모습을 볼 수 있다. 몸은 황록색이고 반질반질한 광택이 나며 크기는 6~12㎜이다. 잎사귀나 꽃에 모이고 땅이나 돌 위에도 잘 내려앉으며 4~10월에 출현한다. 동물의 배설물이나 사체에 잘 모여서 알을 낳아 번식한다. 특히 사체 냄새를 매우 잘 맡고 모여들어 알을 낳기 때문에 살인 사건의 범인을 검거하기 위해 연구되는 '법의학 곤충'으로 유명하다.

잎에 앉은 모습 · 검정뺨금파리

연두금파리(검정파리과)

산과 들, 습지와 하천, 공원과 도시에서 볼 수 있다. 몸은 녹색이고 크기는 5~9㎜이다. 동물의 사체나 배설물에 잘 모이는 습성이 있으며 4~10월에 출현한다. 배설물에 내려앉았다가 밥상 위에 앉으면 병균을 옮기기 때문에 '위생 해충'이라고 부른다. 성충과 유충 모두 사체와 배설물을 먹고 산다. **검정뺨금파리**(검정파리과)는 머리는 붉은색이고 몸은 청록색이며 크기는 8~13㎜이다. 동물의 사체와 배설물을 먹고 살며 4~10월에 출현한다.

파리의 유충은 다리가 없는 구더기형 유충이다. 구더기는 몸을 늘였다가 줄였다가 하며 이동한다.

떨어진 열매에 앉은 모습

다리를 비벼서 맛 감지하기

짝짓기

검정볼기쉬파리 (쉬파리과)

썩은 음식물이나 쓰레기가 버려진 곳, 사람이나 동물의 배설물과 사체에 잘 모여든다. 몸은 회색이고 앞가슴등판과 배 등면에는 검은색 줄무늬가 있으며 크기는 7~13㎜이다. 온갖 더러운 곳을 찾아다니며 병균을 묻혀서 옮기는 위생 해충으로 4~10월에 출현한다. 인가 주변에 사는 쉬파리는 간장이나 된장에 모여 알을 낳는다. 알에서 부화된 유충(구더기)을 옛날 사람들이 '쉬'라고 불러서 이름이 지어졌다.

잎에 앉은 모습

배 부분에 북슬북슬 나 있는 털

뒷박털기생파리 (기생파리과)

산과 들의 키 작은 나무나 풀밭 사이를 재빠르게 날아다니다가 잎이나 풀줄기에 내려앉는 모습을 볼 수 있다. 몸은 흑갈색이고 배는 밝은 주황색이며 크기는 18~22㎜이다. 둥그렇게 생긴 뚱뚱한 배가 뒷박처럼 생겼고 털이 북슬북슬해서 이름이 지어졌으며 4~8월에 출현한다. 둥글고 볼록한 배에는 뾰족한 털이 매우 많고 여러 개의 검은색 줄무늬가 있다. 재빠르게 날아다니며 다른 곤충의 몸에 알을 낳아서 기생한다.

잎에 앉은 모습

꽃가루 먹기

노랑털기생파리 (기생파리과)

산지를 날아다니다가 꽃과 잎에 내려앉는 모습을 볼 수 있다. 몸은 황갈색이고 배는 매우 뚱뚱하고 크며 크기는 15㎜ 정도이다. 몸 전체에 황색 털이 복슬복슬하게 나 있어서 이름이 지어졌으며 4~10월에 출현한다. 꽃에 앉아서 꽃가루를 먹는 모습을 볼 수 있다. 암컷 성충은 나방류의 유충에 알을 낳아서 번식한다. 나방류 유충의 몸에서 부화된 기생파리의 유충은 나방류의 유충을 먹으며 자라서 성충이 된다.

잎에 앉은 모습   약충

어리흰무늬긴노린재(긴노린재과)

산과 들의 풀밭 사이나 땅 위를 '개미'나 '먼지벌레'처럼 빠르게 기어다니며 각종 식물의 즙을 빨아 먹고 산다. 몸은 전체적으로 진갈색을 띠고 길쭉하며 크기는 7~8㎜이다. 머리와 앞가슴등판 위쪽은 검은색을 띤다. 풀잎보다 식물 뿌리 근처의 땅 위를 기어다니는 모습을 자주 볼 수 있으며 3~10월에 출현한다. 아직 덜 자란 약충은 성충과 생김새가 비슷하지만 몸길이가 약간 짧고 날개가 생기지 않아서 쉽게 구별된다.

잎에 앉은 모습   땅 위를 기어가는 모습

큰흰무늬긴노린재(긴노린재과)

산과 들의 풀밭 사이나 땅 위를 빠르게 기어다니며 다양한 식물의 즙을 빨아 먹고 산다. 몸은 전체적으로 검은색을 띠고 길쭉하며 크기는 10~12㎜이다. 몸 전체에 짧은 털이 빽빽하게 나 있다. 몸이 '흰무늬긴노린재류' 중에서 가장 크고 앞날개 혁질부에 2개의 커다란 흰색 무늬가 있어서 이름이 지어졌다. 더듬이에도 흰색 무늬가 뚜렷하다. 풀밭의 잎사귀나 땅 위를 개미처럼 빠르게 기어다니며 4~10월에 출현한다.

땅 위를 기어가는 성충   약충(날개싹)

땅별노린재(별노린재과)

풀밭의 건조한 땅이나 돌 밑에서 식물 뿌리의 즙을 빨아 먹고 산다. 몸은 적갈색 또는 암갈색을 띠며 크기는 9㎜ 정도이다. 생김새가 '별노린재'와 매우 비슷하지만 다리 기부에 주황색 점무늬가 있고 배면에 주황색 줄무늬가 있어서 구별된다. 땅 위를 발 빠르게 기어다니는 모습을 볼 수 있으며 2~11월에 출현한다. 약충은 아직 날개가 생기지 않았고 장차 날개가 될 날개싹(시포)만 보인다. 성충으로 월동한다.

넓적배허리노린재(허리노린재과)

산과 들을 날아다니며 칡, 콩, 등나무, 감나무 등의 잎사귀와 줄기에 앉아 빨대 모양의 기다란 주둥이로 즙을 빨아 먹고 산다. 몸은 황갈색을 띠며 크기는 11~15㎜이다. 앞날개 혁질부 가운데에 2개의 검은색 점무늬가 있는 것이 특징이다. 배 가장자리가 매우 넓게 발달했고 허리가 약간 들어가 있는 모습 때문에 이름이 지어졌으며 4~10월에 출현한다. 약충은 몸이 전체적으로 녹색을 띠고 납작하며 배 부분은 둥글둥글하다.

약충

잎에 앉은 성충(수컷)

짝짓기

떼허리노린재(허리노린재과)

낮은 산지, 풀밭, 경작지에 모여서 장미류, 국화류, 마디풀류 등의 즙을 빨아 먹고 산다. 몸은 전체적으로 암갈색을 띠고 광택이 없으며 크기는 8~12㎜이다. 배 부분은 넓어서 날개 가장 자리 밖으로 튀어나와 있고 수컷 배 끝부분에는 2개의 돌기가 있다. 먹이 식물에 무리를 지어 모여 먹이도 먹고 짝짓기도 하기 때문에 이름이 지어졌으며 3~10월에 출현한다. 암컷은 수컷에 비해 몸집과 배가 더 커서 쉽게 구별된다.

짝짓기

잎에 앉은 성충(암컷)

무리 지어 모여 풀 즙 빨아 먹기

애허리노린재(허리노린재과)

산과 들판의 나무에 모여서 장미류, 국화류, 마디풀류 등의 즙을 빨아 먹고 산다. 몸은 암갈색이고 광택이 없으며 크기는 8~11㎜이다. 식물의 줄기에 무리를 지어 모여서 즙을 빨아 먹고 짝짓기하는 모습을 볼 수 있으며 3~10월에 출현한다. 주로 잎사귀에 앉아 있는 모습을 발견하지만 땅에서 진흙을 뒤집어쓰고 다니는 모습도 볼 수 있다. '떼허리노린재'와 생김새가 매우 비슷하지만 배 끝부분에 돌기가 없어서 구별된다.

잎에 앉은 수컷

암컷

노린재는 대부분 암컷이 수컷보다 크기가 크며 짝짓기할 때 서로 반대 방향을 보고 하는 것이 특징이다.

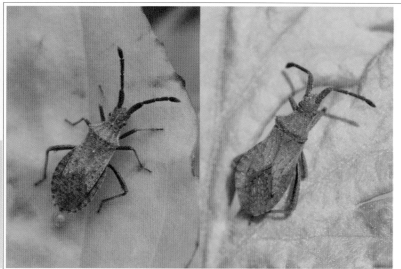

잎에 앉은 성충 　　　　　　　　　　　2형(갈색형)

양털허리노린재(허리노린재과)

산과 들의 건조한 풀밭에서 풀 즙을 빨아 먹으며 산다. 몸은 전체적으로 회색 또는 갈색을 띠며 크기는 7~9㎜ 이다. 뒷다리 넓적다리마디에는 4개의 기다란 가시가 달려 있다. 앞날개 막질부는 투명하고 갈색 점무늬가 있다. 짧고 부드러운 흰색 털이 빽빽하게 있는 모습이 마치 양털처럼 보여서 이름이 지어졌으며 2~10월에 출현한다. 전체적인 개체 수가 적은 편이어서 풀밭에서 활동하는 모습을 발견하기가 쉽지 않다.

잎에 앉은 성충 　　　　　　　　　　약충

짝짓기

우리가시허리노린재(허리노린재과)

산과 들, 논과 밭 등을 날아다니며 벼류, 마디풀류, 여뀌류 등의 즙을 빨아 먹고 산다. 몸은 전체적으로 진갈색을 띠며 크기는 9~13㎜이다. 앞가슴등판 양쪽에 가시 모양의 돌기가 잘 발달되어 있고 허리가 약간 들어가 있어서 이름이 지어졌으며 4~11월에 출현한다. 서로 반대 방향을 보고 짝짓기하는 모습을 발견할 수 있다. 약충은 크기가 작고 날개가 없어서 날지 못하고 풀 줄기를 기어다니며 식물의 즙을 빨아 먹는다.

약충

큰허리노린재(허리노린재과)

산과 들의 산딸기, 줄딸기, 엉겅퀴, 머위, 양지꽃, 짚신나물 등 다양한 식물의 즙을 빨아 먹고 산다. 몸은 진갈색이고 광택이 없으며 크기는 18~25㎜이다. 몸 전체에 미세한 털이 나 있고 앞가슴등판 가장자리가 뾰족하게 튀어나왔다. 배마디가 넓어서 가장자리가 날개 바깥까지 튀어나와 있다. 허리가 잘록하게 들어간 허리노린재류 중 대형 노린재여서 이름이 지어졌으며 4~11월에 출현한다. 약충은 크기가 작고 날개가 없어서 풀 줄기를 이동하며 즙을 빨아 먹는다.

잎에 앉은 성충 　　　　　　　　　　짝짓기

잎에 앉은 성충   약충

톱니 모양의 돌기가 발달한 뒷다리 넓적다리마디

톱다리개미허리노린재(호리허리노린재과)

산과 들, 밭과 과수원 등을 날아다니며 콩, 완두, 강낭콩, 벼, 피, 조, 과수 등의 즙을 빨아 먹고 산다. 몸은 진갈색을 띠며 크기는 14~17㎜이다. 굵게 발달된 뒷다리의 넓적다리마디에 톱니 모양의 돌기가 있어서 이름이 지어졌으며 1~12월 연중 출현한다. 콩, 벼, 과수의 즙을 빨아 먹어 피해를 일으키는 작물 해충이다. 약충은 생김새가 '개미'와 비슷한 모습으로 의태하여 천적의 공격을 피하며 살아간다.

잎에 앉은 성충   배 부분보다 기다란 투명한 날개

투명잡초노린재(잡초노린재과)

산과 들의 풀밭을 날아다니며 벼류, 국화류, 마디풀류 등의 다양한 식물에 모여서 즙을 빨아 먹고 산다. 몸은 적갈색 또는 진갈색을 띠고 크기는 5~7㎜이다. 앞날개 막질부가 투명하게 생겨서 이름이 지어졌으며 4~10월에 출현한다. 겹눈 사이에 황색 ㅗ자 무늬가 있다. 날개 끝이 매우 투명하고 배 부분보다 길다. 전국의 풀밭에 널리 사는 노린재로 농작물에 모여들어 즙을 빨아 먹는 작물 해충은 아니다.

잎에 앉은 성충   투명한 막질의 날개

호리잡초노린재(잡초노린재과)

산과 들에 자라는 십자화류, 국화류, 명아주류, 콩류 등 매우 다양한 식물에 모여서 즙을 빨아 먹고 산다. 몸은 전체적으로 연황색이고 배 부분은 검은색이며 크기는 6~7㎜이다. 투명한 앞날개 막질부 아래로 검은색 등면이 비친다. 풀밭을 날아다니며 사는 잡초노린재류 중에서 가장 호리호리하게 생겨 이름이 지어졌으며 4~8월에 출현한다. 크기가 작은 노린재여서 풀밭 사이를 자세히 보아야 발견할 수 있다.

잡초노린재는 산과 들에 자라는 다양한 풀을 먹고 살기 때문에 농작물에 피해를 주는 해충은 극히 드물다.

잎에 앉은 성충   약충

풀 즙을 빨아 먹는 모습

알락수염노린재(노린재과)

산과 들, 경작지의 풀밭에서 자라는 콩류, 국화류, 십자화류 등의 다양한 식물에 모여서 즙을 빨아 먹고 산다. 몸은 황갈색이나 적갈색으로 개체에 따라 체색 변이가 다양하며 크기는 10~14㎜이다. 작은방패판은 황색을 띠며 끝부분은 황백색이다. 황갈색과 검은색 줄무늬가 교대로 있는 더듬이가 알록달록해서 이름이 지어졌다. 산과 들판에서 가장 쉽게 만날 수 있는 대표적인 노린재로 3~11월에 출현한다.

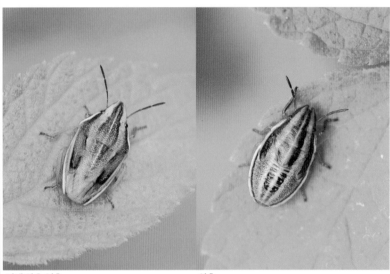

잎에 앉은 성충   약충

메추리노린재(노린재과)

산과 들, 경작지에서 콩, 보리, 호밀, 밀, 귀리 등의 즙을 빨아 먹고 산다. 몸은 전체적으로 연갈색을 띠고 머리는 삼각형으로 뾰족하며 크기는 8~10㎜이다. 더듬이는 붉은색을 띠고 작은방패판 끝부분은 둥글다. 머리부터 앞가슴등판까지 이어져 있는 세로줄 무늬가 '메추라기'와 닮아서 이름이 지어졌으며 3~11월에 출현한다. 약충은 크기가 작고 날개가 없어서 풀밭을 기어다니며 즙을 빨아 먹고 산다.

잎에 앉은 성충   약충

가시점둥글노린재(노린재과)

산과 들에 자라는 강아지풀, 뚝새풀 등의 다양한 식물에 모여서 즙을 빨아 먹고 산다. 몸은 갈색을 띠고 약한 광택이 있으며 크기는 4~7㎜이다. 작은방패판 좌우에 둥근 황백색 점무늬가 있는 것이 특징이다. 앞가슴등판 어깨에 가시 모양의 뾰족한 돌기가 뚜렷하게 튀어나와 있어서 이름이 지어졌으며 3~10월에 출현한다. 논에 자라는 벼과 식물에 잘 모여서 벼의 즙을 빨아 먹어 반점미를 유발하는 피해를 일으킨다.

노린재, 사마귀처럼 알에서 부화된 유충이 성충과 매우 비슷하게 생긴 것을 '약충'이라고 부른다.

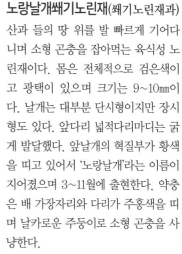

땅 위를 기어가는 모습　　　　　약충

노랑날개쐐기노린재(쐐기노린재과)

산과 들의 땅 위를 발 빠르게 기어다니며 소형 곤충을 잡아먹는 육식성 노린재이다. 몸은 전체적으로 검은색이고 광택이 있으며 크기는 9~10㎜이다. 날개는 대부분 단시형이지만 장시형도 있다. 앞다리 넓적다리마디는 굵게 발달했다. 앞날개의 혁질부가 황색을 띠고 있어서 '노랑날개'라는 이름이 지어졌으며 3~11월에 출현한다. 약충은 배 가장자리와 다리가 주홍색을 띠며 날카로운 주둥이로 소형 곤충을 사냥한다.

땅 위를 기어가는 모습　　　　미니날개애쐐기노린재

알락날개쐐기노린재(쐐기노린재과)

산과 들의 땅 위를 발 빠르게 기어다니며 소형 곤충을 잡아먹고 산다. 몸은 검은색을 띠고 크기는 6~7㎜이다. 앞다리 넓적다리마디가 굵게 발달해서 소형 곤충을 잘 포획하여 사냥한다. 앞날개 혁질부 위쪽과 다리는 주홍색이다. 날개 전체가 주홍색과 흰색으로 알록달록해서 이름이 지어졌으며 4~10월에 출현한다. **미니날개애쐐기노린재**(쐐기노린재과)는 몸은 암갈색이고 더듬이는 매우 가늘며 크기는 6~7㎜이다.

잎에 앉은 수컷　　　　　　암컷

암수다른장님노린재(장님노린재과)

산과 들의 풀밭에서 쑥 등의 풀 즙을 빨아 먹고 산다. 몸은 검은색이고 광택이 있으며 크기는 4~7㎜이다. 암컷과 수컷의 체형이 달라서 '암수다른'이 붙어 이름이 지어졌으며 4~6월에 출현한다. 암컷은 몸이 짧고 배가 둥글둥글하며 뚱뚱하지만 수컷은 몸이 길고 홀쭉해서 쉽게 구별된다. 수컷은 장시형만 있고 암컷은 장시형과 단시형이 모두 있다. 밤이 되면 불빛에 유인되어 날아오는 모습을 볼 수 있다.

쐐기노린재는 쐐기나방의 유충인 '쐐기'처럼 소형 곤충을 잡아먹는다고 해서 이름이 지어졌다.

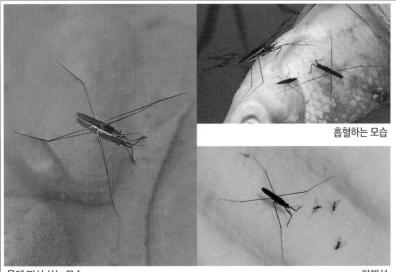

물에 떠서 사는 모습

흡혈하는 모습

야행성

소금쟁이(소금쟁이과)

하천, 저수지, 연못, 논 등의 고인 물에 모여서 물에 떨어진 사체나 수서곤충, 물고기의 체액을 빨아 먹고 산다. 몸은 전체적으로 암갈색을 띠며 크기는 11~16㎜이다. 죽은 물고기가 있으면 무리 지어 체액을 빨아 먹는 모습을 볼 수 있으며 4~10월에 출현한다. 소금쟁이가 물고기 사체를 흡혈하면 죽은 물고기가 썩어서 물이 오염되는 걸 막아 준다. 밤이 되면 불빛에 유인되어 날아오는 모습을 볼 수 있다.

물에 떠서 사는 모습

그림자 지는 모습

물에 떨어진 먹잇감에 모여 흡혈하는 모습

등빨간소금쟁이(소금쟁이과)

냇가와 하천, 저수지 등에서 물에 빠진 나방, 파리, 꿀벌 등의 사체에 모여서 체액을 빨아 먹고 산다. 몸은 흑갈색 또는 갈색을 띠며 크기는 10~15㎜이다. 등면이 전체적으로 붉은색을 띠고 있어서 이름이 지어졌으며 3~11월에 출현한다. 봄철에 냇가에서 무리를 지어 짝짓기하며 수면 위를 지치며 이동하는 모습을 볼 수 있다. 짝짓기할 때 위쪽에 올라간 몸집이 작은 개체가 수컷이고 아래에 있는 큰 개체가 암컷이다.

물에 떠서 사는 모습

약충

애소금쟁이(소금쟁이과)

논이나 연못, 저수지 등의 죽은 물고기나 물에 떨어진 곤충의 사체에 모여 체액을 빨아 먹고 산다. 몸은 암갈색을 띠며 8.5~11㎜이다. 물 위에 둥둥 떠 있다가 다리를 지치며 발 빠르게 이동하며 3~10월에 출현한다. 부엽식물이나 물가의 땅 위에 올라와서 쉬는 모습도 볼 수 있으며 밤에 불빛에 유인되어 날아온다. 약충은 몸과 다리가 매우 짧고 날개가 아직 발달하지 못해 날아다닐 수 없다.

물에 떨어진 나방을 흡혈하는 모습

소금쟁이는 염전에서 긴 막대기를 밀어 소금을 만드는 사람과 비슷한 모습을 하고 있어서 이름이 지어졌다.

줄기에 아슬아슬하게 앉아 있는 모습   풀 줄기에 앉은 옆면 모습

끝검은말매미충(매미충과)

산과 들에 자라는 다양한 식물의 즙을 빨아 먹고 산다. 몸은 황록색이고 머리와 앞가슴등판에 검은색 점무늬가 있으며 크기는 11~13.5mm이다. 날개 끝부분이 검은색이고 크기가 크다는 뜻의 '말'이 붙어서 이름이 지어졌으며 4~10월에 출현한다. 산길이나 풀밭에서 하늘을 날아다니거나 잎에 앉아 즙을 빨아 먹는 모습을 볼 수 있다. 겨울이 되면 나무껍질 밑에서 성충으로 월동하고 봄에 날아다니는 모습이 관찰된다.

잎에 앉은 수컷   암컷

끝동매미충(매미충과)

산과 들에 자라는 벼, 뚝새풀, 보리, 밀, 조, 피 등의 즙을 빨아 먹고 산다. 몸은 전체적으로 선명한 녹색을 띠며 크기는 4~6mm이다. 수컷은 배면이 검은색이고 암컷은 연황색을 띠며 4~8월에 출현한다. 수컷은 녹색 날개 끝부분이 검은색을 띠지만 암컷은 날개 끝부분이 연갈색이어서 서로 다르다. 벼, 보리 등의 벼과 식물의 즙을 빨아 먹어서 작물에 피해를 일으킨다. 약충으로 논둑이나 밭둑에서 월동하며 연 4~5회 발생한다.

잎과 줄기에 줄지어 붙어 있는 모습   무리 지어 모여 흡즙하는 모습

엉겅퀴수염진딧물(진딧물과)

산과 들에 핀 엉겅퀴 풀 줄기에 다닥다닥 줄지어 붙어서 즙을 빨아 먹고 산다. 몸은 녹색을 띠고 머리는 연갈색이며 크기는 2.5~3.5mm이다. 크기가 크고 작은 진딧물이 함께 붙어서 즙을 빨아 먹으며 4~9월에 출현한다. 봄에 출현한 진딧물은 날개가 없지만 다른 먹이 식물로 이동하기 위해 점차 날개 있는 유시충이 태어난다. 번식력이 왕성해서 연 23세대를 번식한다. 암컷이 홀로 새끼를 낳아 번식하는 단성생식을 한다.

117

잎에 앉은 모습

2형(2개의 검은색 점)

2형(점무늬 많음)

모메뚜기 (모메뚜기과)

평지의 풀밭부터 높은 산지까지 어디에서나 낙엽과 이끼류, 썩은 식물질을 갉아 먹고 산다. 몸은 갈색 또는 회색을 띠고 개체에 따라 무늬의 변이가 다양하며 크기는 8~13㎜이다. 크기가 매우 작아서 '작은메뚜기' 또는 '난쟁이메뚜기'라고도 불리며 굵은 뒷다리로 점프를 잘한다. 앞가슴등판이 마름모꼴로 각이 져 모가 난 것처럼 보여서 이름이 지어졌으며 1~12월 연중 출현한다. 약충이나 성충으로 월동한 후 초봄부터 나타나서 활동한다.

잎에 앉은 모습

2형(흰색 점무늬)

꼬마모메뚜기 (모메뚜기과)

습지, 논밭, 저수지 주변의 습한 환경에서 다양한 식물질을 갉아 먹으며 산다. 몸은 전체적으로 황갈색을 띠고 개체에 따라 무늬와 체색 변이가 다양하며 크기는 8~13㎜이다. 겹눈 사이의 간격이 좁고 날개가 긴 장시형이 더 흔하다. 우리나라에 사는 모메뚜기류 중에서 크기가 가장 작고 날씬해서 이름이 지어졌으며 1~12월 연중 출현한다. 추운 겨울이 되면 약충이나 성충으로 월동한다.

땅에 앉아 있는 모습

야행성

좁쌀메뚜기 (좁쌀메뚜기과)

물가, 논밭, 습지, 연못의 진흙이나 모래땅에서 조류나 식물의 부스러기를 먹고 산다. 몸은 검은색이고 광택이 있으며 크기는 4~5㎜이다. '좁쌀처럼 작은 메뚜기'라는 뜻으로 이름이 지어졌으며 1~12월 연중 출현한다. 뒷다리의 넓적다리마디가 굵어서 점프를 매우 잘한다. 크기가 '벼룩'처럼 작아서 북한에서는 '벼룩메뚜기'라고 부른다. 습기가 많은 땅에서 흔히 볼 수 있으며 추운 겨울이 되면 성충으로 월동한다. 연 1회 발생한다.

모메뚜기는 농작물을 갉아 먹는 메뚜기와 달리 죽은 작물을 먹고 살기 때문에 농작물에 피해를 주지 않는다.

풀잎에 앉아 있는 암컷
수컷
유충

물잠자리(물잠자리과)

수생식물이 풍부하게 자라는 청정 지역 하천에 산다. 몸은 전체적으로 청동색을 띠며 크기는 55~57㎜이다. 날개는 검은색이고 둥근 타원형이다. 암컷은 수컷과 달리 날개 끝에 흰색 점무늬(연문)가 있다. 물길을 따라서 날아다니는 모습을 볼 수 있으며 5~7월에 출현한다. 짝짓기를 마친 암컷은 식물의 줄기에 알을 낳는다. 유충은 수생식물이 많이 자라는 하천 상류의 물속에 산다. 겨울에는 유충으로 월동한다.

풀잎에 앉아 있는 암컷
겹눈이 불룩한 정면 모습

검은물잠자리(물잠자리과)

수생식물이 풍부한 하천 주변을 날아다니는 모습을 볼 수 있다. 몸은 전체적으로 검은색이고 크기는 60~62㎜이다. 몸과 날개의 빛깔이 검은색을 띠어서 청동색을 띠는 '물잠자리'와 구별된다. 물가 주변을 날아다니며 잎사귀나 땅에 앉은 모습을 볼 수 있으며 5~9월에 출현한다. 해 질 녘에 검은색 날개를 펄럭거리며 나는 모습을 보고 '귀신잠자리'라고도 부른다. 유충은 수생식물이 많이 자라는 하천 중류에 산다.

풀잎에 앉아 있는 수컷
암컷
유충

아시아실잠자리(실잠자리과)

하천과 습지, 연못과 저수지 주변을 날며 진딧물 등의 소형 곤충을 잡아먹고 산다. 몸은 암수 모두 녹색을 띠고 크기는 24~30㎜이다. 방금 성충이 된 미성숙 암컷은 붉은색을 띠지만 성숙하면 녹색으로 바뀐다. 개체 수가 많아서 쉽게 볼 수 있으며 4~10월에 출현한다. 수컷이 배 끝 부위로 암컷의 뒷머리나 목 부위를 잡고 짝짓기하면 하트 모양이 만들어진다. 짝짓기를 마친 암컷은 줄기 속에 알을 낳아 번식한다.

물잠자리와 실잠자리는 실잠자리 무리에 속하는 잠자리로 몸 위에 날개 4장이 한 장처럼 모아지는 특징이 있다.

풀잎에 앉아 있는 암컷   유충

등검은실잠자리(실잠자리과)

습지, 하천, 연못 주변을 날아다니며 소형 곤충을 잡아먹고 산다. 몸은 전체적으로 검은색이고 성숙하면 청색을 띠며 크기는 28~32mm이다. 물가 주변의 풀숲을 날아다니며 부엽식물에 알을 낳으며 4~9월에 출현한다. 등면이 전체적으로 검은색을 띠고 있어서 이름이 지어졌으며 연 2회 출현한다. 유충은 연못, 호수, 웅덩이 등과 평지하천의 물 흐름이 느린 곳에서 작은 수서곤충이나 무척추동물을 잡아먹고 산다.

풀잎에 앉아 있는 암컷   유충   짝짓기

쇠측범잠자리(측범잠자리과)

깨끗한 계곡 주변을 날아다니며 다른 곤충을 잡아먹고 산다. 몸은 검은색을 띠고 황색 무늬가 있으며 크기는 40~44mm이다. 배에 기울어진 황색 줄무늬가 범 무늬와 비슷하고 몸집이 작아 '쇠(소)'가 붙어 이름이 지어졌다. 봄에 냇가 주변의 돌, 나뭇잎, 풀잎에 붙어서 우화한 후 날개를 말리는 모습을 볼 수 있으며 4~6월에 출현한다. 유충은 몸이 매우 납작한 것이 특징이며 깨끗한 계곡이나 냇가의 모래 속에 산다.

풀잎에 앉아 있는 암컷   자루측범잠자리

검정측범잠자리(측범잠자리과)

연못이나 저수지, 정수성 하천을 날아다니며 다른 곤충을 사냥한다. 몸은 검은색을 띠고 가슴과 배에 황색 무늬가 많으며 크기는 42~46mm이다. '쇠측범잠자리'와 비슷하지만 배마디의 황색 무늬와 서식지가 다르며 4~7월에 출현한다. 유충은 연못과 저수지 등의 퇴적층에서 수서무척추동물을 잡아먹고 산다. **자루측범잠자리**(측범잠자리과)는 몸은 검은색이고 수컷의 제7~9배마디가 자루처럼 굵게 발달했으며 크기는 48~50mm이다.

냇가에 사는 측범잠자리류의 유충은 몸이 매우 납작해서 폭우가 오더라도 돌 틈새에 들어가 있어서 쉽게 떠내려가지 않는다.

대모잠자리(잠자리과)

서해안 일대의 퇴적물이 많이 쌓인 습지와 연못에서 다른 곤충을 잡아먹고 산다. 몸은 전체적으로 갈색을 띠고 크기는 38~43㎜이다. 날개에 3개의 흑갈색 무늬가 있고 제1~10배마디에 흑갈색 줄무늬가 있는 것이 특징이다. 이른 봄부터 출현하여 습지 주변을 날아다니는 모습을 볼 수 있으며 4~6월에 출현한다. 도시 개발로 개체 수가 많이 줄어들어 환경부 지정 멸종위기 야생생물 Ⅱ급으로 지정되었다.

풀잎에 앉아 있는 모습   날개를 편 모습

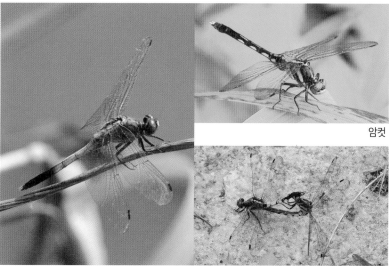

밀잠자리(잠자리과)

습지와 하천, 연못과 저수지, 논두렁 위를 빠르게 날아다니며 다른 곤충을 사냥한다. 몸은 전체적으로 연갈색을 띠고 크기는 48~54㎜이다. 수컷은 성숙하면 배가 청회색으로 변하지만 암컷은 변하지 않는다. 하늘을 날아다니다가 풀 줄기, 나뭇가지, 모래 바닥, 돌 위에 잘 내려앉으며 4~10월에 출현한다. 암컷은 습지, 저수지, 농수로에 타수산란을 한다. 유충은 환경 적응력이 뛰어나 오염이 심각한 웅덩이에서도 산다.

암컷

풀잎에 앉아 있는 수컷   짝짓기

배치레잠자리(잠자리과)

연못, 습지, 하천 등에 살면서 다른 곤충을 사냥한다. 몸은 전체적으로 황색을 띠고 크기는 34~38㎜이다. 수컷은 성숙하면 초기에는 흑갈색을 띠다가 완전히 성숙하면 청회색으로 변하지만 암컷은 변화가 없다. 잠자리류 중에서 특히 배가 넓적하다고 해서 이름이 지어졌다. 개체 수가 많아서 흔히 볼 수 있으며 4~9월에 출현한다. 유충은 수생식물이 풍부하고 유기퇴적물이 많이 쌓인 습지나 연못에 산다.

풀잎에 앉아 있는 수컷   암컷

잠자리 수컷은 성숙하면 물고기가 혼인색을 띠는 것처럼 색깔이 달라지는 경우가 많아서 암컷과 수컷의 색깔이 다른 경우가 많다.

알

풀잎에 앉아 있는 수컷

유충

칠성풀잠자리(풀잠자리과)

산과 들의 풀밭에서 성충이나 유충 모두 진딧물류, 응애류, 총채벌레류 등을 잡아먹고 산다. 몸은 전체적으로 녹색을 띠고 크기는 14~15㎜이다. 날개는 투명하고 녹색이며 넓적하다. 날개가 '잠자리'처럼 넓적하고 풀에 살아서 이름이 지어졌으며 5~8월에 출현한다. 주로 낮에 활동하지만 밤이 되면 불빛에도 잘 유인되어 모여든다. 타원형의 알을 무더기로 낳아서 가는 실 끝에 매달아 잎 뒷면이나 줄기에 20~30여 개를 붙인다.

풀잎에 앉아 있는 모습

날개를 편 옆면 모습

노랑뿔잠자리(뿔잠자리과)

햇볕이 잘 드는 산지나 풀밭을 날아다니며 소형 곤충을 잡아먹고 산다. 몸은 검은색이고 선명한 황색 무늬가 있으며 크기는 20~25㎜이다. 날아다니는 모습이 전체적으로 노랗게 보여서 이름이 지어졌다. 더듬이는 골프채처럼 끝부분이 부풀어 있는 것이 특징이다. 산지 주변을 날아다니는 모습이 '나비'처럼 보이며 4~7월에 출현한다. 마른 나뭇가지나 나뭇잎에 알을 낳는다. 겨울에 유충으로 월동하며 연 1회 발생한다.

풀잎에 앉아 있는 수컷

배 끝부분(꽁무니)이 들려 올라간 수컷 옆면 모습

참밑들이(밑들이과)

그늘진 숲속 주변을 날아다니며 소형 곤충, 꽃잎, 꽃가루, 열매, 이끼류 등을 먹고 산다. 수컷은 전체적으로 검은색을 띠고 암컷은 황색을 띠며 크기는 12~15㎜이다. 배 끝부분이 위쪽으로 높이 들려 올라가 있는 모습 때문에 '밑들이'라고 이름이 지어졌으며 5~8월에 출현한다. 수컷은 배 끝이 위쪽으로 들려 있지만 암컷은 곧게 뻗어 있다. 수컷이 암컷에게 먹이를 주고 암컷이 먹이를 먹는 동안 짝짓기를 끝낸다. 한국 고유종이다.

풀잠자리와 뿔잠자리는 막질의 날개가 잠자리를 닮아서 이름이 지어졌을 뿐 잠자리 무리가 아닌 풀잠자리 무리에 속하는 곤충이다.

땅 위에 앉아 있는 수컷

옆면

유충

주름물날도래(물날도래과)

산지의 깨끗한 계곡의 자갈이 많은 여울에서 수서곤충의 유충을 잡아먹고 산다. 몸은 연갈색이고 검은색 줄무늬가 있으며 크기는 25㎜ 정도이다. 갈고리처럼 생긴 발톱을 갖고 있어서 빠른 여울에서도 쉽게 이동할 수 있으며 5~8월에 출현한다. 유충은 몸이 길쭉하고 18~22㎜이다. 집을 만들어 사는 일반적인 날도래 유충과 달리 집이나 먹이망을 만들지 않고 돌 위를 기어다니며 작은 수생동물을 잡아먹고 산다.

돌 위를 기어가는 유충

번데기

긴발톱물날도래(긴발톱물날도래과)

깨끗한 계곡의 물 흐름이 완만한 여울에서 자갈 위를 기어다니며 주로 수서곤충을 잡아먹고 산다. 유충은 몸이 연청색 또는 갈색을 띠며 크기는 10~15㎜이다. 발톱이 매우 길어서 이름이 지어졌으며 5~8월에 출현한다. 돌이나 낙엽을 모아 둥근 집을 만드는 일반적인 날도래류와는 달리 집을 만들지 않고 둥둥 떠다니며 헤엄친다. 냇가의 돌 위에 작은 돌을 붙여 번데기가 된다. 늦봄과 여름에 성충이 되어 날아다닌다.

풀잎에 앉아 있는 모습

지붕 모양 날개의 옆면

굴뚝날도래(날도래과)

해발 고도가 높고 물이 깨끗한 상류나 고산 습지에 산다. 날개가 지붕 모양인 대형 날도래로 크기는 45㎜ 정도이다. 머리와 앞가슴등판, 더듬이, 다리가 모두 검은색이고 날개에 검은색 점무늬가 매우 많아서 이름이 지어졌다. 유충은 머리에 3개의 진갈색 줄이 있고 앞가슴등판에도 2개의 갈색 줄무늬가 있으며 5~8월에 출현한다. 물 흐름이 느린 냇가에서 나뭇잎 조각을 직사각형 모양으로 잘라 원통형의 집을 짓는다.

돌 위에 앉아 있는 성충 | 유충

한국큰그물강도래(큰그물강도래과)

수질이 매우 깨끗한 산림계류에 살며 자갈이 많고 물 흐름이 느린 여울이나 낙엽 등의 유기물이 쌓인 곳을 좋아한다. 몸은 전체적으로 검은색을 띠고 날개는 밝은 갈색을 띠며 크기는 50~55㎜이다. 우리나라 강도래류 중에서 크기가 가장 커서 '거인강도래(Giant Stonefly)'라고도 부르며 5~7월에 출현하는 한국 고유종이다. 유충은 몸이 길고 갈색 또는 진갈색이며 낙엽을 썰어 먹거나 부착조류를 먹고 산다.

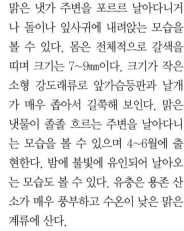

돌 위에 앉아 있는 성충 | 야행성

집게강도래(꼬마강도래과)

맑은 냇가 주변을 포르르 날아다니거나 돌이나 잎사귀에 내려앉는 모습을 볼 수 있다. 몸은 전체적으로 갈색을 띠며 크기는 7~9㎜이다. 크기가 작은 소형 강도래류로 앞가슴등판과 날개가 매우 좁아서 길쭉해 보인다. 맑은 냇물이 졸졸 흐르는 주변을 날아다니는 모습을 볼 수 있으며 4~6월에 출현한다. 밤에 불빛에 유인되어 날아오는 모습도 볼 수 있다. 유충은 용존 산소가 매우 풍부하고 수온이 낮은 맑은 계류에 산다.

풀잎에 앉아 있는 성충 | 냇가의 돌 위에 앉은 모습

꼬마강도래(꼬마강도래과)

숲의 맑은 계곡 주변을 날아다니는 모습을 볼 수 있다. 몸은 얇은 막대 모양으로 매우 길쭉하며 크기는 6~8㎜이다. 꼬마강도래류 중에서 크기가 매우 작아서 '꼬마'라고 이름이 지어졌으며 4~6월에 출현한다. 유충은 몸이 가늘고 긴 원통형이며 크기는 8㎜ 정도이다. 용존 산소가 매우 풍부한 수온이 낮은 계류에 산다. 유속이 느린 여울이나 낙엽이 쌓인 주변을 기어다니며 바닥에 퇴적된 낙엽을 썰어 먹거나 유기물을 먹고 산다.

강도래는 맑고 깨끗한 계류나 냇물에만 서식할 수 있기 때문에 맑은 물을 증명하는 수질지표종이다.

유충

한국강도래(강도래과)

수질이 매우 깨끗한 산림계류에 살아 가는 청정수계의 지표종이며 한국 고 유종이다. 몸은 전체적으로 황갈색을 띠고 크기는 25~30㎜이다. 겹눈은 둥 글고 홑눈은 3개가 있다. 냇가 주변의 잎사귀나 돌 위에 앉아서 연갈색의 투 명한 날개를 포개어 접고 있는 모습을 볼 수 있으며 5~8월에 출현한다. 유 충은 몸이 연갈색 또는 암갈색이고 머 리에 갈색의 M자 무늬가 있으며 하루 살이, 날도래 등의 수서곤충을 잡아먹 고 산다.

풀잎에 앉아 있는 성충   먹이 사냥

진강도래(강도래과)

수질이 깨끗한 계류나 평지하천에 사 는 청정수계 지표종으로 봄에 우화하 여 계곡 근처의 풀잎에 앉아 있는 모습 을 볼 수 있다. 몸은 전체적으로 진갈 색을 띠고 납작하며 크기는 25~30㎜ 이다. 갈색의 다리에 관절마다 검은색 줄무늬가 있고 더듬이는 실처럼 가늘 며 4~8월에 출현한다. 몸이 냇가의 돌 과 비슷해서 '스톤플라이(Stonefly)'라 고도 부른다. 유충은 갈색을 띠며 납 작하루살이류 등의 수서곤충 유충을 잡아먹고 산다.

풀잎에 앉아 있는 성충   유충

무늬강도래(강도래과)

수질이 깨끗한 계곡에 사는 청정수계 의 지표종으로 물가 주변을 날아다니 는 모습을 볼 수 있다. 몸은 전체적으 로 암갈색을 띠고 크기는 20~25㎜이 다. 날개 가장자리에 갈색 테두리가 있는 것이 특징이며 5~7월에 출현한 다. 유충은 몸이 길고 전체적으로 밝 은 갈색을 띤다. 물속에서 돌 위를 기 어다니며 하루살이 등의 수서곤충 유 충을 잡아먹고 산다. 물속에 녹아 있 는 산소가 부족하면 팔 굽혀 펴기 행 동을 한다.

돌 위에 앉아 있는 성충   유충

풀잎에 앉아 있는 성충   유충(유충 꼬리는 3개)

두갈래하루살이 (갈래하루살이과)

계곡이나 냇가 주변을 날아다니며 잎에 앉아 있는 모습을 볼 수 있다. 몸은 검은색 또는 진갈색을 띠며 크기는 10㎜ 정도이다. 꼬리 길이는 몸 길이의 2배 이상으로 매우 길며 4~6월에 출현한다. 배마디에 두 갈래로 나누어진 기관아가미가 있어서 이름이 지어졌다. 유충은 갈색 또는 연갈색을 띠며 몸 길이가 10㎜ 정도이다. 물 흐름이 빠른 냇가나 낙엽이 많이 쌓인 돌 위를 기어다니며 바닥에 퇴적된 유기물을 먹고 산다.

가는무늬하루살이 (하루살이과)

계곡이나 냇가 주변에 사는 한국 고유종으로 풀잎이나 나뭇잎에 앉아 있는 모습을 볼 수 있다. 몸은 전체적으로 갈색을 띠고 크기는 20㎜ 정도이다. 배 끝에 3개의 기다란 꼬리가 달려 있는 것이 특징이며 4~7월에 출현한다. 유충은 연갈색이고 성충처럼 3개의 꼬리를 갖고 있다. 모래와 자갈이 섞여 있는 물 흐름이 느린 냇가에 산다. 배를 위아래로 흔들며 헤엄치고 굴을 파고 숨으며 바닥에 퇴적된 유기물을 먹고 산다.

풀잎에 앉아 있는 성충   유충

무늬하루살이 (하루살이과)

냇가의 풀잎이나 나뭇잎에 앉아 있는 모습을 볼 수 있다. 몸은 황갈색을 띠고 크기는 20㎜ 정도이다. 배 끝에 3개의 기다란 꼬리가 달린 것이 특징이며 4~7월에 출현한다. 유충은 몸이 길고 갈색 또는 연갈색이며 3개의 꼬리가 달렸다. 모래와 자갈이 섞인 냇가에 굴을 파고 산다. 배를 위아래로 흔들며 헤엄치고 바닥에 퇴적된 유기물을 먹고 산다. 생김새가 '가는무늬하루살이'와 비슷하지만 배마디의 세로줄 무늬가 굵어서 구별된다.

풀잎에 앉아 있는 성충   유충

하루살이는 성충의 수명이 하루 또는 10여 일에 불과할 정도로 매우 짧아서 짧은 인생, 덧없는 인생에 비유하여 이름이 지어졌다.

동양하루살이(하루살이과)

하천이나 강, 저수지나 연못 주변을 날아다니는 모습을 볼 수 있다. 몸은 전체적으로 연황색을 띠며 크기는 20㎜ 정도이다. 날개는 투명하고 앞다리는 붉은색을 띤다. 한강 변에 대발생하여 가로등이나 빌딩 불빛에 날아들어 생활에 불편을 유발시키며 5~7월에 출현한다. 유충은 연갈색을 띠고 배 등면에 6개의 세로줄 무늬가 뚜렷하다. 물 흐름이 느린 하천이나 강, 저수지, 연못, 웅덩이 등의 고인 물에 살며 퇴적물을 먹고 산다.

풀잎에 앉아 있는 성충　　　　　유충

참납작하루살이(납작하루살이과)

계곡이나 냇가를 날아다니며 잎사귀나 돌에 앉아 있는 모습을 볼 수 있다. 몸은 진갈색이고 날개도 갈색을 띠며 크기는 10~15㎜이다. 수질이 맑은 냇가에 살며 4~6월에 출현한다. 유충은 몸이 갈색 또는 암갈색이고 납작하며 3개의 기다란 꼬리를 갖고 있다. 배마디에 나뭇잎 모양의 기관아가미가 있으며 전체적인 형태가 납작해서 이름이 지어졌다. 돌 밑에 있는 부착조류를 긁어 먹고 살기 때문에 냇가의 돌을 들추면 쉽게 발견할 수 있다.

돌 위에 앉아 있는 성충　　　　　유충

햇님하루살이(납작하루살이과)

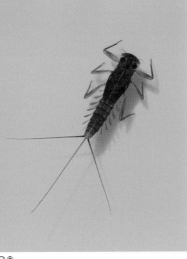

깨끗한 산지의 계곡이나 하천에 산다. 몸은 전체적으로 갈색을 띠고 날개는 투명하며 크기는 10~15㎜이다. 냇가와 하천을 날아다니며 풀잎이나 돌 위에 내려앉는 모습을 볼 수 있으며 봄부터 여름에 해당하는 4~7월에 출현한다. 유충은 배마디에 나뭇잎 모양의 기관아가미가 잘 발달되어 있는 것이 특징이다. 꼬리는 3개가 달려 있으며 몸길이보다 길다. 돌 밑을 기어다니며 돌에 붙어 있는 부착조류를 긁어 먹고 산다.

풀잎에 앉아 있는 성충　　　　　유충

8월 꽃꿀을 빨아 먹는 흰줄표범나비

여름에 만나는 곤충

뜨거운 햇볕이 쨍쨍 내리쬐는 여름이 찾아오면 강렬한 계절을
즐기는 듯 각양각색의 수많은 곤충이 모습을 나타낸다. 매미
소리가 울려 퍼지고 여름이 무르익은 울창한 숲속은 대형 곤충
들의 놀이터이다. 장수풍뎅이나 사슴벌레, 하늘소 같은 대형
딱정벌레와 산누에나방, 태극나방 등의 대형 나방들을 만날 수
있다. 여름에 활동하는 곤충 329종을 소개하였다.

땅에서 기어다니는 모습   짝짓기

꼬마길앞잡이(딱정벌레과)

산지의 산길이나 해안가 간척지 등에서 발 빠르게 기어다니는 모습을 볼 수 있다. 몸이 대체적으로 암녹색을 띠고 크기는 8~11㎜이다. 몸이 전체적으로 땅 색깔과 비슷해서 땅에 앉아 있으면 천적의 눈에 쉽게 띄지 않는다. 딱지날개에 가느다란 흰색 줄무늬가 멋지게 장식되어 있다. 수컷이 큰턱으로 암컷을 꽉 물고 짝짓기를 한다. 길앞잡이류 중에서 몸이 매우 작기 때문에 '꼬마'가 붙어서 이름이 지어졌으며 6~9월에 출현한다.

무녀길앞잡이(딱정벌레과)

서해안의 바닷가, 염전 지대, 간척지, 섬에서 땅 위를 발 빠르게 기어다니며 소형 곤충을 사냥한다. 몸은 전체적으로 녹갈색을 띠고 크기는 11~15㎜이다. 염전 지대나 간척지의 땅과 몸 빛깔이 비슷해서 눈에 잘 띄지 않는 보호색을 갖고 있다. 무당이 많이 있는 바닷가에서 흔하게 발견되기 때문에 이름이 지어졌으며 6~9월에 출현한다. 밤에 불을 켜 놓으면 불빛에 유인되어 무리 지어 날아오는 습성이 있다.

간척지 땅 위를 기어가는 모습   밤에 불빛에 무리 지어 모인 모습

땅에서 빠르게 기어가는 모습   구석에 숨기

홍단딱정벌레(딱정벌레과)

풀숲의 땅속이나 낙엽 밑에 숨어 있다가 밤이 되면 지렁이, 곤충 등을 빠른 발과 큰턱으로 덥석 물어 사냥하는 육식성 곤충이다. 몸은 붉은 구리빛이고 광택이 나서 매우 아름다우며 크기는 25~45㎜이다. 몸에는 여러 개의 올록볼록한 점각이 줄지어 있다. 산지의 풀숲을 매우 빠르게 기어다니는 모습을 볼 수 있으며 4~10월에 출현한다. 천적 등의 위기가 감지되면 풀숲 구석으로 몸을 숨기는 모습을 볼 수 있다.

땅에서 빠르게 기어가는 모습   구석에 숨기

검정칠납작먼지벌레(딱정벌레과)

산지의 산길이나 풀숲을 재빠르게 기어다니며 소형 곤충을 잡아먹고 사는 육식성 곤충이다. 몸은 검은색이고 다리는 황갈색이며 크기는 10~13㎜이다. 몸이 전체적으로 검은색이고 납작한 먼지벌레라고 해서 이름이 지어졌으며 5~10월에 출현한다. 산길이나 풀숲을 빠르게 기어다니다가 위험이 감지되면 풀숲 구석으로 머리를 들이밀고 숨는 모습을 볼 수 있다. 밤에 환하게 켜진 불빛에 모여들어 불빛에 모인 먹이를 사냥한다.

땅에서 빠르게 기어가는 모습   구석에 숨기

노랑무늬먼지벌레(딱정벌레과)

산과 들의 산길이나 풀숲을 발 빠르게 기어다니며 소형 곤충을 잡아먹고 산다. 몸은 길고 다리는 황색을 띠며 크기는 12~13㎜이다. 딱지날개의 아랫부분에 2개의 둥근 황색 점무늬가 있어서 이름이 지어졌으며 5~8월에 출현한다. 몸에 비해 다리가 길어서 매우 빠르게 기어 다닐 수 있다. 위험이 감지되면 걸음을 멈추고 구석으로 재빠르게 숨는다. 낮에는 풀숲에 숨어서 지내다가 밤이 되면 활동하는 야행성 곤충이다.

땅에서 빠르게 기어가는 모습

폭탄 방귀가 저장된 배

야행성

폭탄먼지벌레(딱정벌레과)

냇가 주변의 숲, 경작지 풀밭, 물이 축축한 습지 주변에서 죽은 곤충이나 동물의 사체를 먹고 산다. 몸은 전체적으로 황색이고 검은색 딱지날개 좌우에 2개의 황색 점무늬가 있으며 크기는 11~18㎜이다. 위험한 천적을 만나면 꽁무니에서 퍽 하는 소리와 함께 100도가 넘는 고열의 폭탄 방귀를 뀌어서 이름이 지어졌으며 5~9월에 출현한다. 위험을 느낄 때마다 여러 차례 연속적으로 방귀를 뀌어 자신을 보호한다.

밤에 활동하는 폭탄먼지벌레는 천적을 만나면 폭탄 방귀를 10여 차례 이상 연속적으로 발사하여 위기를 모면한다.

물에서 정지한 모습　　　　　　먹이 사냥

물방개(물방개과)

하천, 연못, 웅덩이에서 수서곤충과 작은 물고기를 잡아먹는 육식성 곤충으로 환경부 지정 멸종위기 야생생물 Ⅱ급으로 지정되어 있다. 몸은 녹흑색이고 크기는 35~40㎜이다. 타원형의 몸 가장자리에 황색 테두리가 있는 것이 특징이다. '물＋방(둥글다)＋개(접미사)'가 합쳐져 '물에 사는 둥근 곤충'이라는 뜻으로 이름이 지어졌으며 4~10월에 출현한다. 꽁무니의 딱지날개와 등판 사이에 공기를 저장해서 숨을 쉰다.

호흡

물에서 헤엄치는 모습　　　　헤엄치다 정지한 모습

검정물방개(물방개과)

연못, 저수지, 논, 늪 등에서 물속에 사는 수서곤충이나 작은 물고기를 잡아먹고 산다. 몸은 전체적으로 광택이 나는 검은색이고 타원형으로 둥글둥글하며 크기는 20~25㎜이다. 털이 수북하게 달린 뒷다리를 동시에 뻗어서 개구리처럼 헤엄치며 3~11월에 출현한다. 위협을 받으면 지독한 냄새를 풍기는 방어 물질을 분비하며 밤에 환한 불빛에 유인되어 날아온다. 겨울에 연못이나 저수지 바닥의 돌 밑에 숨어서 월동한다.

호흡

몸이 둥글게 생긴 성충　　　　유충

애기물방개(물방개과)

연못, 논, 웅덩이의 고인 물이나 평지하천, 강 등의 흐르는 물에서 빠르게 헤엄치며 작은 수서곤충이나 무척추동물을 잡아먹고 산다. 몸은 흑갈색이고 볼록한 긴 타원형이며 크기는 11~13㎜이다. 둥글둥글한 몸 가장자리를 따라서 연갈색 테두리가 있으며 3~11월에 출현한다. 겨울에 물속의 낙엽 아래에서 성충으로 월동한다. 밤에 환한 불빛에 유인되어 잘 날아온다. 유충은 갈색이고 물에 사는 수서곤충을 잘 잡아먹고 산다.

물속의 포식자 물방개는 개구리처럼 물속에서 다리를 동시에 뻗는 영법인 평영으로 헤엄을 치며 사냥한다.

물 위에 둥둥 떠 있는 모습 　　　호흡

꼬마줄물방개 (물방개과)

물풀이 많이 자라는 연못, 논, 웅덩이, 수로나 평지하천의 유속이 느린 구간에서 소형 수서곤충, 무척추동물, 작은 물고기를 잡아먹고 산다. 몸은 전체적으로 타원형이고 크기는 8~10㎜이다. 광택이 있는 황갈색 딱지날개에 검은색 세로줄 무늬가 있는 것이 특징이다. 물방개류 중에서 크기가 작아서 '꼬마'가 붙었고 딱지날개에 줄무늬가 많아서 이름이 지어졌으며 3~11월에 출현한다. 밤에 불빛에 유인되어 날아온다.

반질반질한 딱지날개와 몸

물 밖에서 기어가는 모습 　　　털이 없는 다리

물땡땡이 (물땡땡이과)

저수지, 웅덩이, 논 등의 고인물에서 물풀을 먹고 산다. 몸은 광택이 도는 검은색이고 길쭉한 타원형이며 크기는 35~40㎜이다. 반질반질한 딱지날개에는 4개의 세로로 된 홈줄이 있다. 더듬이로 공기를 흡입하며 가슴의 털에 담아 두고 숨을 쉬며 4~11월에 출현한다. 유충은 물속에서 물달팽이나 소형 수서곤충을 잡아먹고 산다. 겨울에 유충이나 성충으로 월동한다. 밤이 되면 환하게 켜진 불빛에 유인되어 날아온다.

땅에서 기어가는 모습 　　　몸에 붙은 진드기

배면

풍뎅이붙이 (풍뎅이붙이과)

산지의 동물 사체나 배설물에 모인 구더기를 잡아먹고 산다. 몸은 남색 빛이 도는 검은색이고 광택이 있으며 크기는 10㎜ 정도이다. 둥글고 납작하며 큰턱이 앞으로 튀어나왔다. 딱지날개가 배보다 짧아서 배마디 두 마디가 노출되었다. 동작이 빠르지 않아서 풀밭이나 땅에서 느리게 기어다니는 모습을 볼 수 있으며 5~8월에 출현한다. 전체적인 생김새가 풍뎅이류와 매우 비슷해서 닮았다는 뜻의 '붙이'가 붙어서 이름이 지어졌다. 겨울에 성충으로 월동한다.

유충

땅에서 기어가는 모습

지렁이를 먹는 모습

큰넓적송장벌레 (송장벌레과)

숲속의 동물 사체와 배설물을 먹기 위해 잘 모여 든다. 몸은 검은색이고 청색 광택이 나며 크기는 17~23mm이다. 딱지날개는 넓고 편평하며 한쪽에 4개의 융기된 세로줄 무늬가 있다. 배 끝부분이 딱지날개보다 더 길게 튀어나와 있는 것이 특징이다. 더듬이의 마지막 마디가 넓게 발달되어 있어서 냄새를 잘 맡을 수 있다. 주로 밤에 활동하지만 낮에도 볼 수 있으며 5~8월에 출현한다. 산길을 빠르게 기어가는 유충을 볼 수 있다.

땅에서 기어가는 모습

딱지날개에 있는 4개의 점무늬

넉점박이송장벌레 (송장벌레과)

숲속의 동물 사체에 모여서 사체의 아래쪽을 파서 땅속에 파묻고 그 속에 알을 낳아 번식한다. 몸은 광택이 있는 검은색이며 크기는 13~21mm이다. 주황색 딱지날개에 4개의 둥근 검은색 점무늬가 있어서 이름이 지어졌으며 6~9월에 출현한다. 동물의 사체를 땅속에 파묻어 장례를 잘 치러 준다고 해서 '장의사딱정벌레'라고도 부른다. 위험한 상황을 감지하면 잠깐 죽은 척하지만 곧 일어나 재빠르게 구석으로 숨는다.

잎에 앉아 있는 모습

짧은 딱지날개 (배를 덮지 못함)

홍딱지반날개 (반날개과)

숲속에서 낮에 활발하게 활동하면서 동물의 사체와 배설물을 먹고 산다. 몸은 광택이 있는 검은색이고 가늘고 길쭉하며 크기는 18mm 정도이다. 딱지날개와 배 끝마디는 황갈색을 띠며 큰턱이 잘 발달되어 있다. 보통의 딱정벌레목 곤충과 달리 딱지날개가 몸 전체를 뒤덮지 않고 반쪽만 덮는다 해서 '반날개'라는 이름이 지어졌으며 5~8월에 출현한다. 동물의 사체와 배설물을 분해시키는 생태계 분해자 역할을 한다.

송장벌레와 반날개는 동물 사체나 배설물을 분해하는 곤충이다. 분해자 곤충 덕분에 기름진 토양이 만들어져 식물이 잘 자랄 수 있다.

나무에 올라간 수컷

2형(소형 큰턱)

장수풍뎅이와의 결투

톱사슴벌레 (사슴벌레과)

참나무와 같은 활엽수가 많은 숲에서 나뭇진을 먹으며 산다. 몸은 흑갈색 또는 적갈색이고 크기는 수컷이 22~74㎜이고 암컷은 23~37㎜이다. 큰턱 안쪽에 톱니 모양의 돌기가 많아서 이름이 지어졌으며 6~9월에 출현한다. 크기가 작은 수컷은 큰턱이 매우 작은 경우도 있다. 수컷의 커다란 큰턱은 짝짓기를 위해 다른 수컷과 싸우거나 나뭇진을 차지하기 위해 싸울 때 사용된다. 밤에 불빛에 유인되어 날아온다.

나무에 올라간 수컷

암컷

유충

애사슴벌레 (사슴벌레과)

참나무 등의 활엽수가 자라는 숲에서 나뭇진을 먹고 산다. 몸은 검은색 또는 갈색이며 크기는 수컷이 17~53㎜이고 암컷은 12~30㎜이다. 우리나라에 사는 사슴벌레 중에서 크기가 작아서 '애'가 붙어서 이름이 지어졌으며 5~9월에 출현한다. 성충은 수명이 2년 정도이고 다양한 활엽수에 알을 낳기 때문에 가장 흔하게 볼 수 있는 사슴벌레이다. 밤에 환한 불빛에 유인되어 날아오며 겨울에 성충 또는 유충으로 나무속에서 월동한다.

나무에 올라간 수컷

암컷

번데기

왕사슴벌레 (사슴벌레과)

참나무가 자라는 숲속에서 나뭇진을 먹고 산다. 몸은 검은색이고 반질반질한 광택이 나며 크기는 수컷이 27~76㎜이고 암컷은 25~45㎜이다. 성충의 수명은 3년 이상으로 우리나라에 사는 사슴벌레 중에서 가장 오래 살며 6~9월에 출현한다. 수컷은 큰턱이 매우 크고 둥글게 안쪽으로 휘어졌다. 암컷은 딱지날개에 광택이 매우 강하고 뚜렷한 줄무늬가 많다. 밤이 되면 나뭇진에 모여 활동하지만 불빛에는 거의 모이지 않는다.

사슴벌레의 머리 앞쪽에 달린 집게 모양의 부위를 큰턱이라고 부른다. 사슴벌레는 다른 딱정벌레에 비해 큰턱이 매우 발달한 곤충이다.

나무에 올라간 수컷

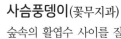

암컷

번데기

장수풍뎅이(장수풍뎅이과)

활엽수의 나뭇진에 모여서 먹이와 짝짓기를 위해 결투를 벌이는 야행성 곤충이다. 몸은 흑갈색 또는 적갈색을 띠고 뚱뚱하며 크기는 30~83㎜이다. 수컷은 이마와 앞가슴등판에 뿔이 나 있어서 뿔이 없는 암컷과 구별된다. 우리나라에 살고 있는 풍뎅이류 중에서 크기가 가장 크며 7~9월에 출현한다. 덩치가 크고 힘이 세서 군사를 거느리는 우두머리인 '장수'를 닮았다고 해서 이름이 지어졌다. 밤에 불빛에 유인되어 잘 날아온다.

나무에 올라간 수컷

암컷

사슴풍뎅이(꽃무지과)

숲속의 활엽수 사이를 잘 날아다니며 나뭇진을 먹고 산다. 수컷은 적갈색 또는 암갈색의 몸에 회백색 가루가 덮여 있으며 크기는 21~35㎜이다. 암컷과 수컷의 생김새가 장수풍뎅이나 사슴벌레처럼 크게 차이가 있어서 쉽게 구별된다. 수컷의 머리에 사슴 뿔 모양의 큰턱이 잘 발달되어 있어서 이름이 지어졌으며 5~7월에 출현한다. 암컷은 수컷과 달리 진갈색을 띠고 뿔이 없어서 다른 종류의 곤충처럼 보인다.

나무에 올라간 수컷

편평한 딱지날개와 포크 모양 더듬이

풍이(꽃무지과)

산지나 평지의 숲속에서 나뭇진에 여러 마리가 함께 모여서 나뭇진을 먹고 있는 모습을 볼 수 있다. 몸은 암녹색이나 반질반질한 광택이 있는 구리색이며 크기는 25~33㎜이다. 비행 능력이 탁월해서 날개를 펴자마자 붕 하고 재빠르게 날아서 이동하며 5~9월에 출현한다. 주로 나뭇진을 먹고 살지만 때로는 수박, 참외 등의 농익은 과일이나 쓰레기에 모여 있는 모습도 볼 수 있다. 유충은 썩은 나무나 볏짚을 먹고 산다.

장수풍뎅이와 사슴풍뎅이는 대부분의 곤충과 달리 암컷과 수컷의 생김새가 크게 달라서 암수를 구별하기가 쉽다.

땅을 기어가는 모습

2형(갈색형)

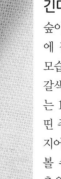

야행성

큰검정풍뎅이 (검정풍뎅이과)

밤에 숲이나 공원의 가로등이나 주유소 불빛에 잘 날아와서 땅 위를 기어다니는 모습을 볼 수 있다. 몸은 검은색 또는 갈색을 띠고 크기는 17~22㎜이다. 성충은 활엽수의 잎을 갉아 먹고 살며 4~9월에 출현한다. 우리 주변에 살기 때문에 밤에 산책을 하다 보면 쉽게 볼 수 있다. 유충은 식물의 뿌리를 갉아 먹고 산다. 유충인 굼벵이는 특히 텃밭 작물의 뿌리를 갉아 먹고 살아서 작물에 피해를 주는 해충으로 손꼽힌다.

땅을 기어가는 모습

야행성

긴다색풍뎅이 (검정풍뎅이과)

숲이나 도시의 밤에 가로등이나 불빛에 잘 날아와서 땅 위를 기어다니는 모습을 볼 수 있다. 몸은 광택이 있는 갈색이고 원통형으로 길쭉하며 크기는 12~15㎜이다. 몸이 길고 검은빛을 띤 주홍색(다색)을 띠고 있어서 이름이 지어졌다. 밤에 산지나 도시에서 쉽게 볼 수 있으며 5~8월에 출현한다. 유충은 C자 모양의 굼벵이형으로 땅속에서 식물의 뿌리를 갉아 먹고 산다.

풀잎에 앉아 있는 모습

2형(딱지날개 줄무늬 없음)

줄우단풍뎅이 (검정풍뎅이과)

산과 들에 자라는 활엽수의 나뭇잎이나 풀잎, 꽃 위에 붙어 있는 모습을 볼 수 있다. 몸은 황갈색이고 동글동글하며 크기는 6~8.5㎜이다. 앞가슴등판에 2개의 굵은 세로줄 무늬가 있는 것이 특징이지만 때로는 딱지날개에 줄무늬가 없는 개체도 있다. 몸에 비늘 같은 털이 수북하게 붙어 있는 모습이 '우단(벨벳)'처럼 보인다고 해서 이름이 지어졌으며 4~10월에 출현한다. 유충은 땅속에서 식물의 뿌리를 갉아 먹고 산다.

검정풍뎅이과의 풍뎅이 유충(굼벵이)은 뿌리를 잘 갉아 먹기 때문에 농작물의 뿌리에 피해를 주는 작물 해충이다.

풀잎에 앉은 모습

비행 준비

꽃가루 먹기

풍뎅이 (풍뎅이과)

강이나 냇가 주변의 풀밭에서 나뭇잎과 풀잎을 갉아 먹거나 꽃을 먹으며 산다. 몸은 녹색 광택을 띠고 크기는 15~23mm이다. 위기에 처하면 툭 하고 풀밭 아래로 추락하여 천적으로부터 자신을 보호하며 4~11월에 출현한다. 대부분의 풍뎅이류가 밤에 불빛에 유인되어 잘 날아오는 것과는 달리 불빛에 잘 모이지 않아서 밤에는 볼 수 없다. 유충(굼벵이)은 식물의 뿌리를 갉아 먹거나 부엽토를 먹고 살며 겨울에 땅속에서 월동한다.

풀잎에 앉은 모습

짝짓기

주둥무늬차색풍뎅이 (풍뎅이과)

상수리나무, 밤나무 등의 다양한 활엽수 잎을 잎맥만 남기고 모조리 갉아 먹고 산다. 몸은 적갈색이고 황백색 털로 덮여 있으며 크기는 9~14mm이다. 전체적인 모습이 기다란 타원형처럼 둥글둥글하고 길며 5~9월에 출현한다. 활엽수가 많은 숲에 살며 밤에 불빛에 유인되어 잘 날아온다. 성충으로 월동하고 5월에 출현하여 잎을 갉아 먹으며 살다가 토양 속에 알을 낳는다. 유충은 식물의 뿌리나 부식물을 갉아 먹으며 산다.

땅에서 기어가는 수컷

암컷

모가슴소똥풍뎅이 (소똥구리과)

산지의 풀밭에서 소와 말의 배설물을 먹고 사는 부식성 곤충이다. 몸은 검은색이고 둥글둥글하며 크기는 7~11mm이다. 앞가슴등판이 불룩하게 솟아 있어서 '모'가 나 있다고 이름이 지어졌으며 3~10월에 출현한다. 소똥풍뎅이류는 소똥구리류와 함께 모두 소똥구리과에 속하는 곤충이어서 배설물에 잘 모인다. 소똥구리는 멸종 위기에 처해서 쉽게 볼 수 없지만 소똥풍뎅이류는 숲속 산길에서 발견할 수 있다.

나무껍질을 닮은 성충   유충

소나무비단벌레(비단벌레과)

활엽수와 침엽수가 자라는 숲에 사는 대형 비단벌레이다. 몸은 진갈색이고 회황색 가루가 덮여 있으며 크기는 36~44㎜이다. 딱지날개에 불규칙하게 깊이 파인 홈이 있는 것이 특징이다. 나무껍질 색깔과 닮은 보호색을 갖고 있어서 나무에 앉아 있으면 쉽게 발견하기 힘들며 5~8월에 출현한다. 유충은 연황색이 도는 흰색으로 머리는 크고 배는 얇고 길다. 침엽수나 활엽수를 모두 먹고 살며 겨울에 나무 속에서 월동한다.

광택이 화려한 성충   불룩한 큰 겹눈

비단벌레(비단벌레과)

남부 지방의 팽나무, 참나무류, 서어나무 등을 먹고 산다. 몸은 전체적으로 녹색이고 붉은색 세로줄 무늬가 길게 나 있으며 크기는 30~40㎜이다. 반짝거리는 광택이 비단처럼 아름다워서 이름이 지어졌으며 7~8월에 출현한다. 우리나라 비단벌레류 중에서 가장 크기가 크다. 화려한 딱지날개로 만든 유물이 발견되어 문화적 가치가 높아 천연기념물 제496호로 지정되었다. 유충은 팽나무와 느티나무의 고사목을 먹고 산다.

반짝거리는 광택을 지닌 성충   배면

금테비단벌레(비단벌레과)

산지 활엽수림의 느릅나무 등에서 볼 수 있다. 몸은 청색 또는 암청색을 띠며 크기는 8~13㎜이다. 딱지날개는 녹색 바탕에 금빛 가루가 줄무늬를 이루며 반짝거리고 빛난다. 앞가슴등판부터 딱지날개까지 붉은색 테두리가 이어져 있는 모습 때문에 이름이 지어졌다. 벌채목 주변을 잘 날아다니는 모습을 볼 수 있으며 4~6월에 출현한다. 가슴 부분이 크고 둥근 유충은 썩은 느릅나무 속에서 나무를 갉아 먹으며 산다.

비단벌레는 광택이 뛰어난 종류도 있고 광택이 없는 종류도 있다. 크기도 종류마다 크고 작은 것이 천차만별이다.

노란무늬비단벌레 모습

노랑무늬비단벌레(비단벌레과)

숲속을 날아다니며 복숭아나무, 매화나무, 개살구나무의 잎을 먹고 산다. 몸은 길쭉하고 흑남색이며 크기는 13mm 정도이다. 겹눈은 회갈색이고 더듬이는 광택이 나는 검은색이며 짧은 털이 많이 나 있다. 딱지날개 아랫부분에 가로로 길쭉한 4개의 커다란 황색 점무늬가 있어서 이름이 지어졌다. 머리의 이마 부분에도 황색 점이 있다. 산지 주변을 빠르게 날아다니며 5~8월에 출현한다. 겨울에 유충으로 월동한다.

나무에 붙어 있는 모습   옆면

윤넓적비단벌레(비단벌레과)

숲속의 고사목이나 벌채목 주위를 날아다니는 모습을 볼 수 있다. 몸은 진갈색이고 광택이 있으며 크기는 10mm 정도이다. 납작한 몸이 전체적으로 넓적해서 이름이 지어졌으며 5~8월에 출현한다. 겹눈이 크고 딱지날개에 6개의 둥근 점무늬가 있다. 배면은 반질반질한 금속 광택이 반짝거린다. 유충은 고사목이나 벌채목을 갉아 먹고 산다. 겨울에 유충으로 월동한다.

나무껍질과 비슷한 모습   배면

황녹색호리비단벌레(비단벌레과)

산과 들에 자라는 칡의 잎을 갉아 먹고 산다. 몸은 길고 광택이 있는 녹색이며 크기는 6.5~8mm이다. 딱지날개 아랫부분에 검은색과 흰색 무늬가 있는 것이 특징이며 7~8월에 출현한다. 햇살이 몸에 비치면 비단처럼 반짝반짝거리며 몸이 매우 가늘어서 호리호리해 보인다고 해서 이름이 지어졌다. 낮은 산지의 칡덩굴이 있는 곳에서 날아다니는 것을 볼 수 있다. 유충은 칡덩굴 속을 파먹으며 산다. 겨울에 유충으로 월동한다.

잎에 앉아 있는 모습   비단처럼 반짝거리는 광택

검정테광방아벌레(방아벌레과)

낮은 산지 주변을 날아다니며 잎사귀에 앉아 있는 모습을 볼 수 있다. 몸은 전체적으로 황갈색이고 크기는 9~14㎜이다. 몸이 길쭉하고 가늘며 납작한 모양이다. 앞가슴등판 가운데와 딱지날개 양쪽 끝에 검은색 줄무늬가 있다. 몸 전체의 가장자리를 따라 검은색 줄무늬가 마치 테두리를 두른 것처럼 보여서 이름이 지어졌다. 더듬이는 약간 톱니 모양이며 7~8월에 출현한다. 겨울에 풀숲에서 성충으로 월동한다.

잎사귀 끝을 기어가는 모습   톱니 모양 더듬이

검정빗살방아벌레(방아벌레과)

숲속에서 활발하게 날아다니거나 잎사귀에 내려앉아 있는 모습을 볼 수 있다. 잎사귀 위에서 딱지날개를 펴고 날아가거나 땅 위를 기어다니는 모습도 자주 보인다. 몸은 검은색이고 크기는 17㎜ 정도이다. 톱니 모양의 더듬이가 빗살처럼 보여서 이름이 지어졌으며 5~7월에 출현한다. 천적으로부터 위협을 느끼면 몸을 뒤집어 툭 하고 튀어 올라 도망치기도 하고 다리와 더듬이를 움츠려 죽은 척하기도 한다.

잎에 앉아 있는 모습   비행 준비

청동방아벌레(방아벌레과)

밭 주변에서 나뭇가지에 앉아 있거나 땅을 기어다니는 모습을 볼 수 있다. 몸은 전체적으로 검은색이고 청동색 광택이 나며 크기는 15㎜ 정도이다. 텃밭이나 산지 가장자리에서 날아다니는 모습을 볼 수 있으며 5~6월에 출현한다. 감자꽃이 필 때 알을 낳는다. 알에서 부화된 유충은 감자나 다양한 식물의 뿌리를 먹으며 무럭무럭 자란다. 유충은 담갈색이고 광택이 나며 원통형으로 생겨서 '철사벌레'라고 부른다.

나뭇가지에 앉아 있는 모습   땅에서 기어가는 모습

방아벌레는 몸이 뒤집히면 방아를 찧는 것처럼 공중으로 뛰어올라 몸을 바로 잡는다고 해서 이름이 지어졌다.

논과 하천에서 만나는 수컷

암컷(발광마디)

발광 모습(수컷)

애반딧불이(반딧불이과)

하천이나 논에서 밤에 날아다니며 불빛을 반짝거린다. 주황색 앞가슴등판에 검은색 세로줄 무늬가 있으며 크기는 7~10㎜이다. 우리나라에 사는 반딧불이류 중 가장 작아서 '애가 붙어서 이름이 지어졌으며 6~8월에 출현한다. 수컷과 암컷 모두 비행할 수 있고 암컷은 축축한 이끼류에 알을 낳는다. 유충은 냇물이나 논에서 다슬기, 우렁이, 물달팽이 등을 먹고 산다. 전북 무주군 일원의 반딧불이는 천연기념물 322호로 지정되어 있다.

겹눈이 커다랗게 발달된 수컷

배면(발광마디)

발광 모습(수컷)

운문산반딧불이(반딧불이과)

숲속에서 불빛을 반짝거리며 날아다닌다. 딱지날개는 검은색이고 앞가슴등판은 주황색이며 크기는 8~9㎜이다. '애반딧불이'와 생김새가 비슷하지만 주황색 앞가슴등판에 세로줄 무늬가 없는 점이 서로 다르며 '파파리반딧불이'라고 불렸다. 우리나라에 사는 반딧불이류 중에서 불빛이 가장 밝으며 5~7월에 출현한다. 수컷은 2개, 암컷은 1개의 발광마디를 갖고 있다. 유충은 육상에 사는 작은 달팽이를 잡아먹고 사는 육식성이다.

늦여름에 출현하는 수컷

배면(발광마디)

유충

늦반딧불이(반딧불이과)

숲속에서 밤이 되면 불빛을 반짝거리며 날아다닌다. 몸은 흑갈색이고 앞가슴등판은 황색을 띠며 크기는 15~18㎜이다. 수컷은 날개가 있지만 암컷은 날개가 퇴화되어 날 수 없으며 7~9월에 출현한다. 민가에 날아와 개의 배설물에 앉아 수분을 먹는 모습을 보고 개똥에서 생겼다고 '개똥벌레'라고 불렀다. 유충은 달팽이를 잡아먹고 산다. 몸속에 '루시페린'이라는 발광 물질을 갖고 있어서 알, 유충, 번데기, 성충 모두 불빛을 낼 수 있다.

반딧불이는 육상생태계(늦반딧불이, 운문산반딧불이)와 수생태계(애반딧불이)가 건강하다는 것을 지표하는 친환경 청정지표종이다.

풀잎 사이를 기어가는 모습

집개미붙이

개미붙이(개미붙이과)

산과 들의 나무에서 나무좀 등의 소형 곤충을 잡아먹고 산다. 몸은 길쭉한 원통형 모양이고 크기는 7~10mm이다. 딱지날개에 굵은 줄무늬가 있어서 '체크무늬딱정벌레'라고도 불리며 4~8월에 출현한다. 나무 위를 바쁘게 기어다니는 모습이 '개미'와 무척 닮았다. **집개미붙이**(개미붙이과)는 몸은 전체적으로 갈색이고 크기는 10mm 정도이며 소형 곤충을 잡아먹고 산다. 나무에 살면서 6~8월에 출현한다.

잎에 앉은 모습

땅에서 기어가는 모습

긴개미붙이(개미붙이과)

산과 들의 나무에서 소형 곤충을 잡아먹고 산다. 몸은 전체적으로 갈색이고 길쭉하며 둥근 원통 모양이고 크기는 10~12mm이다. 몸 전체에 짧은 털이 복슬복슬하게 달려 있는 것이 특징이다. 몸이 길쭉하고 생김새가 '개미'와 비슷하게 닮아서 이름이 지어졌으며 6~9월에 출현한다. 땅에서 바쁘게 기어가는 모습을 볼 수 있다. 나무좀류를 잡아먹는 천적이다. 유충은 벌집이나 메뚜기의 알집, 나무좀 등을 먹으며 산다.

나무에서 기어가는 모습

나무껍질과 비슷한 보호색

고려나무쑤시기(나무쑤시기과)

숲속에 자라는 활엽수에 모여서 나뭇진을 먹고 산다. 몸은 전체적으로 흑갈색이고 납작하며 크기는 12~16mm이다. 딱지날개에 4개의 황색 점무늬가 있는 것이 특징이며 몸 전체에 반질반질한 광택이 흐른다. 나무껍질과 매우 비슷한 보호색을 띠고 있어서 나무에 붙어 있으면 쉽게 발견하기 힘들다. 사슴벌레나 말벌이 잘 모이는 나뭇진에 함께 붙어서 나뭇진을 먹는 모습을 볼 수 있으며 4~10월에 출현한다.

곤충 이름에 '붙이'가 들어가 있으면 원래의 곤충을 닮았다는 뜻이다. 개미붙이는 생김새가 개미를 닮았다고 해서 붙여진 이름이다.

잎에 앉은 모습

유충

짝짓기

큰이십팔점박이무당벌레(무당벌레과)

산지나 밭에서 감자, 가지, 토마토 등의 농작물과 까마중, 구기자 등의 가지과 식물을 갉아 먹고 산다. 몸은 황갈색이고 둥글둥글하며 크기는 7~8.5mm이다. 전체적인 모습이 바가지를 엎어놓은 것 같아서 '뒷박벌레'라고도 부른다. 딱지날개에 28개의 검은색 점무늬가 있어서 이름이 지어졌으며 4~10월에 출현한다. 성충과 유충 모두 농작물을 갉아 먹는 해충으로 유명하다. 유충은 황색이고 몸 전체에 뾰족뾰족한 가시가 돋아 있다.

잎에 앉은 모습

앞가슴등판에 있는 점무늬

중국무당벌레(무당벌레과)

산과 들에 자라는 계요등, 하늘타리 등을 갉아 먹고 산다. 몸은 전체적으로 검붉은색을 띠고 짧은 달걀 모양이며 크기는 4.5~5.6mm이다. 앞가슴등판에 기다란 검은색 점무늬가 있는 것이 특징이며 8~9월에 출현한다. 볼록한 딱지날개에는 10개의 검은색 점무늬가 있는 것이 특징이다. 우리나라 대부분의 무당벌레 종류가 진딧물 등을 잡아먹는 육식성 무당벌레인 것과는 달리 꼭두서니과의 식물을 먹고 사는 초식성 무당벌레다.

잎에 앉은 모습

딱지날개에 있는 19개의 점무늬

십구점무당벌레(무당벌레과)

바닷가의 연안 습지나 강가의 풀밭에서 진딧물, 벼멸구 등의 소형 곤충을 잡아먹고 산다. 몸은 전체적으로 황색이고 머리는 검은색이며 크기는 3.8~4.1mm이다. 딱지날개에 19개의 검은색 점무늬가 있어서 이름이 지어졌으며 5~7월에 출현한다. 앞가슴등판에는 6개의 검은색 점무늬가 있다. 잎사귀에 앉아 있으면 크기가 작아서 눈에 잘 띄지 않는다. 산과 들에 사는 무당벌레 종류와 달리 해안가에서 발견되는 특별한 무당벌레이다.

대부분의 무당벌레는 진딧물 등을 잡아먹는 육식성 무당벌레이지만 큰이십팔점박이무당벌레와 중국무당벌레처럼 초식성 무당벌레도 있다.

꽃에 앉아 있는 모습　꽁무니의 가시 꼬리

꽃벼룩(꽃벼룩과)

산과 들에 자라는 개망초, 찔레나무, 양지꽃 등의 다양한 꽃에 모여서 꽃가루를 먹고 산다. 몸은 길고 전체적으로 검은색을 띠며 크기는 5~6.5㎜이다. 배 끝부분이 가시처럼 뾰족하게 튀어나와서 '가시꼬리딱정벌레'라고도 부르며 5~7월에 출현한다. 꽃에 잘 모이고 인기척이 느껴지면 갑자기 꽃 아래로 다이빙을 하기 때문에 '텀블링 비틀(Tumbling beetle)'이라고 부른다. 풀숲에 떨어지면 천적이 발견하지 못해 살아남을 수 있다.

잎에 앉아 있는 모습

꽃에 앉은 모습

붉은산꽃하늘소(하늘소과)

산과 들, 도시의 가로수나 정원을 날아다니며 개망초, 쉬땅나무, 어수리 등의 다양한 꽃에 모여 꽃가루를 먹고 산다. 몸은 길쭉하고 머리는 검은색이며 크기는 12~22㎜이다. 온몸에 황색의 짧은 털이 가득하고 더듬이는 몸보다 짧다. 앞가슴등판과 딱지날개가 붉은색을 띠고 꽃에 잘 모인다고 해서 이름이 지어졌으며 6~8월에 출현한다. 짝짓기를 마친 암컷은 침엽수의 고사목에 알을 낳는다. 유충은 소나무 등의 침엽수나 고사목을 먹고 산다.

꽃에 앉아 있는 모습　알통처럼 굵은 뒷다리

알통다리꽃하늘소(하늘소과)

산과 들을 날아다니며 노린재나무나 신나무 등의 꽃에 모여 꽃가루를 먹고 산다. 머리와 앞가슴등판, 다리는 검은색을 띠며 크기는 11~17㎜이다. 딱지날개는 주황색을 띠고 10개의 검은색 점무늬가 있다. 수컷 뒷다리의 넓적다리마디가 알통처럼 굵게 발달해서 이름이 지어졌으며 5~7월에 출현한다. 암컷은 활엽수, 침엽수의 고사목에 알을 낳는다. 알에서 부화된 유충은 나무 속을 파고들어 목질부를 먹으며 산다.

나무에 앉아 있는 모습

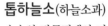

기다란 더듬이와 큰턱

버들하늘소(하늘소과)

울창한 활엽수 숲에서 참나무류의 나뭇진을 먹고 산다. 몸은 전체적으로 암갈색이며 크기는 32~60mm이다. 딱지날개에 2개의 융기된 줄무늬가 뚜렷하다. 수컷은 더듬이가 굵고 암컷보다 크기가 작으며, 암컷은 더듬이가 얇고 수컷보다 크기가 더 크다. 숲에서 가장 흔하게 볼 수 있는 하늘소로 6~8월에 출현한다. 밤에 불빛에 유인되어 잘 날아온다. 유충은 활엽수를 갉아 먹고 산다. 겨울에 유충으로 월동한다.

땅에 떨어진 나뭇가지 위를 기어가는 수컷

암컷

2형(갈색형)

톱하늘소(하늘소과)

숲속의 잡목림에서 나뭇진을 먹고 산다. 몸은 검은색 또는 갈색이고 가슴에 뾰족한 돌기가 있으며 크기는 18~45mm이다. 더듬이가 톱니 모양이어서 이름이 지어졌으며 6~9월에 출현한다. 수컷은 더듬이의 톱니 모양이 뚜렷하게 발달되었지만 암컷은 톱니 모양이 약하다. 뒷다리와 딱지날개를 마찰시켜 소리를 낸다. 밤에 불빛에 유인되어 잘 날아온다. 유충은 침엽수나 활엽수를 갉아 먹고 산다.

나무에 앉아 있는 모습

보호색

검정하늘소(하늘소과)

숲속의 잡목림에 널리 서식한다. 몸은 검은색이고 원통형이며 크기는 12~25mm이다. 큰턱이 잘 발달되어 있어서 나무 속을 잘 뚫고 다니며 7~9월에 출현한다. 보통의 하늘소류에 비해 더듬이가 매우 짧아서 하늘소처럼 보이지 않는다. 낮에는 나무껍질 틈에 숨어 있다가 주로 침엽수의 뿌리 근처에 알을 낳는다. 밤이 되면 침엽수의 벌채목에서 활동하며 밤에 불빛에 유인되어 잘 날아온다. 유충은 소나무, 삼나무 등을 먹고 산다.

나무에 앉아 있는 암컷

짝짓기

기다란 더듬이

벚나무사향하늘소(하늘소과)

벚나무의 나무껍질 위를 기어다니며 나뭇진을 먹고 산다. 몸은 흑남색이고 광택이 반질반질 흐르며 크기는 25~35㎜이다. 앞가슴등판 양쪽에 뾰족한 돌기가 있다. 수컷은 암컷에 비해 더듬이의 길이가 훨씬 더 길지만 몸의 크기는 암컷보다 작다. 건드리면 몸에서 은은한 사향 냄새를 풍기며 7~8월에 출현한다. 유충은 벚나무, 복숭아나무, 살구나무, 자두나무 등을 갉아 먹고 산다. 겨울에 유충으로 월동한다.

나무에 앉아 있는 암컷

옆면

기다란 더듬이와 큰턱

알락하늘소(하늘소과)

낮은 산지나 도시에서 나뭇잎에 앉아 있거나 땅 위를 기어다니는 모습을 볼 수 있다. 몸은 검은색이고 날개에 흰색 점무늬가 많으며 크기는 25~35㎜이다. 더듬이는 몸길이보다 길며 검은색과 흰색이 교대로 있어서 알록달록해 보인다. 활엽수가 많이 자라는 숲과 도시의 가로수와 정원수에서 자주 볼 수 있으며 6~8월에 출현한다. 양버즘나무, 버드나무 등에 알을 낳고 부화된 유충은 나무 속을 파먹으며 자란다. 겨울에 유충으로 월동한다.

나무에 앉아 있는 암컷

얼굴

땅에서 기어가는 모습

우리목하늘소(하늘소과)

참나무류가 많은 활엽수림에서 나뭇진을 먹고 산다. 몸은 연한 흑갈색이고 크기는 24~35㎜이다. 딱지날개에 2개의 넓은 가로띠 무늬가 있는 것이 특징이다. 전체적인 생김새가 나무껍질과 비슷한 보호색을 띠고 있어서 나무에 앉아 있으면 발견하기가 쉽지 않다. 다리 힘이 매우 강해서 돌을 잘 들어 올려서 옛날에는 '돌드레'라고 불렸으며 5~8월에 출현한다. 유충은 떡갈나무, 신갈나무, 상수리나무 등을 먹고 산다.

하늘소는 더듬이가 매우 길게 발달한 것이 특징이다. 하늘소 종류마다 다르지만 수컷의 더듬이가 암컷보다 긴 경우가 많다.

나무에 앉아 있는 암컷   옆면

참나무하늘소(하늘소과)

남해안의 활엽수림에서 나뭇진을 먹고 산다. 몸은 전체적으로 남색이고 회백색 가루로 덮여 있으며 크기는 40~52㎜이다. 앞가슴등판에 2개, 딱지날개에 10개의 흰색 무늬가 있는 것이 특징이며 5~7월에 출현한다. 우리나라에 사는 하늘소류 중에서 '장수하늘소' 다음으로 크기가 크다. 유충은 참나무류, 버드나무, 느릅나무, 호두나무, 뽕나무, 자작나무, 오리나무 등을 갉아 먹고 산다. 암컷은 나무의 줄기에 알을 낳는다.

나무에 앉아 있는 암컷   보호색

깨다시하늘소(하늘소과)

숲속에 자라는 활엽수의 벌채목이나 고사목에서 산다. 몸은 검은색이고 불규칙한 황갈색 털로 덮여 있으며 크기는 10~17㎜이다. 산지의 나무나 꽃에 잘 모이며 5~8월에 출현한다. 나무껍질과 비슷한 보호색을 갖고 있어서 벌채목에 앉아 있으면 쉽게 눈에 띄지 않는다. 밤에 불빛에 유인되어 잘 날아온다. 암컷은 다양한 활엽수 고사목의 표면에 알을 낳는다. 유충은 참나무류, 물푸레나무, 칡 등을 갉아 먹고 산다.

나무에 앉아 있는 암컷   보호색

흰깨다시하늘소(하늘소과)

활엽수나 침엽수의 고사목이나 벌채목에서 볼 수 있다. 몸은 갈색이고 딱지날개에 흰색 점 무늬가 많으며 크기는 10~18㎜이다. 개체 수가 많아서 전국적으로 쉽게 관찰되며 5~8월에 출현한다. 밤에 불빛에 유인되어 잘 날아온다. '깨다시하늘소'와 생김새가 매우 비슷하고 흰색 점무늬가 있어서 이름이 지어졌다. 암컷은 침엽수나 활엽수의 고사목에 알을 낳는다. 알에서 부화된 유충은 침엽수와 활엽수를 갉아 먹으며 산다.

나무에 사는 하늘소는 대부분 나무 색깔과 닮은 보호색을 띠고 있다. 곤충의 보호색은 천적으로부터 살아남는 비법이다.

풀잎에 앉아 있는 성충 | 2형(청색형)

금록색잎벌레(잎벌레과)

산과 들의 풀밭에서 쑥을 먹고 산다. 몸은 타원형으로 둥글고 녹색, 청색, 갈색, 붉은색 등 개체에 따라 체색 변이가 다양하며 크기는 3~4.5㎜이다. 앞가슴등판은 황색과 청색, 붉은색 등이 있고 다리는 적갈색~검은색이다. 여름에 가장 흔하게 볼 수 있는 잎벌레로 6~8월에 출현한다. 암컷은 8월 초에 알을 낳는다. 부화된 유충은 쑥, 국화, 딸기, 여뀌, 향유 등을 갉아 먹으며 무럭무럭 자란다. 겨울에 유충으로 월동하며 연 1회 발생한다.

풀잎에 앉아 있는 성충 | 2형(적동색형)

고구마잎벌레(잎벌레과)

하천이나 밭, 해안 습지에서 고구마, 메꽃, 갯메꽃 등을 갉아 먹는다. 몸은 볼록한 타원형으로 녹색, 청동색, 청색, 적동색 등 개체에 따라 체색 변이가 많으며 크기는 5.3~6㎜이다. 더듬이는 검은색이고 제2~5마디는 황갈색이다. 풀밭을 잘 날아다니며 잎사귀를 갉아 먹으며 5~8월에 출현한다. 알에서 부화된 유충은 땅속의 뿌리를 갉아 먹으며 산다. 특히 고구마의 괴경(덩이줄기)을 갉아 먹어서 농작물에 피해를 일으킨다.

꽃에 앉아 있는 성충 | 아슬아슬하게 풀 줄기를 기어가는 모습 | 의사 행동(죽은 척하기)

중국청람색잎벌레(잎벌레과)

산과 들이나 하천 변에서 박주가리, 고구마 등을 갉아 먹고 산다. 몸은 청람색, 초록색이고 둥글둥글하며 크기는 11~13㎜이다. 몸이 전체적으로 반질반질한 광택이 나서 보석처럼 아름답다. 우리나라에 살고 있는 꼽추잎벌레류 중에서 크기가 가장 크다. 풀 줄기를 아슬아슬하게 기어다니는 모습을 볼 수 있으며 5~8월에 출현한다. 박주가리, 고구마 등을 갉아 먹고 산다. 위험에 처하면 꼼짝 않고 죽은 척한다.

풀잎에 앉아 있는 모습   눈과 더듬이

일본잎벌레(잎벌레과)

연못이나 습지에서 마름, 순채, 쉽싸리, 눈여뀌바늘 등을 갉아 먹고 산다. 몸은 전체적으로 암갈색이고 납작하며 크기는 4.8~6㎜이다. 딱지날개의 테두리가 황색이며 앞가슴등판은 가운데 부분이 가장 넓다. 연못 주변의 풀 사이에서 성충으로 월동하며 4~8월에 출현한다. 봄이 되어 4월 말에 출현한 성충은 6~8월이 되면 잎 표면에 등황색의 둥근 알을 20개 정도 낳는다. 부화한 유충은 2주가 지나면 번데기가 되며 연 1회 발생한다.

풀잎에 앉아 있는 모습   알

왕벼룩잎벌레(잎벌레과)

활엽수림의 숲에 살며 개옻나무, 옻나무, 붉나무 등을 갉아 먹고 산다. 몸은 전체적으로 반구형으로 둥글고 적갈색을 띠며 크기는 9~13㎜이다. 딱지날개 전체에 흰색 무늬가 매우 많다. 굵은 뒷다리로 벼룩처럼 점프를 잘해서 이름이 지어졌으며 5~9월에 출현한다. 우리나라의 벼룩잎벌레류 중에서 크기가 가장 크다. 암컷은 옻나무에 황색의 알을 낳는다. 부화된 유충은 자신의 배설물을 등에 지고 다닌다. 연 1회 발생한다.

풀잎에 앉아 있는 모습   사각노랑테가시잎벌레

노랑테가시잎벌레(잎벌레과)

산과 들의 풀밭에서 머위, 쑥부쟁이, 산박하, 꿀풀, 벚나무, 졸참나무 등을 갉아 먹고 산다. 몸은 전체적으로 진갈색이고 납작하며 크기는 3.3~4.2㎜이다. 몸과 딱지날개에 불규칙한 가시가 달려 있어서 이름이 지어졌으며 4~11월에 출현한다. **사각노랑테가시잎벌레(잎벌레과)**는 몸은 검은색이고 사각형이며 크기는 4.5~5.6㎜이다. 날개는 울퉁불퉁하고 뾰족한 가시가 돋아 있다. 참나무 숲에서 졸참나무를 갉아 먹고 산다.

풀잎에 앉아 있는 모습 　　　　　남생이잎벌레붙이

남생이잎벌레(잎벌레과)

산과 들의 풀밭에 자라는 명아주, 흰 명아주, 근대, 비름 등을 갉아 먹고 산다. 몸은 연갈색이고 타원형으로 둥글 둥글하며 크기는 6.3~7.2㎜이다. 딱 지날개에 검은색 점무늬가 매우 많은 것이 특징이며 4~7월에 출현한다. 성 충으로 월동한 후 4월에 깨어나 활동 한다. 짝짓기를 마친 암컷은 5월 말에 15~20개의 알을 낳는다. **남생이잎벌 레붙이**(잎벌레과)는 생김새가 '남생이' 를 닮았으며 크기는 5㎜ 정도이다. 메 꽃과 고구마를 갉아 먹고 산다.

풀잎에 앉아 있는 모습 　　　　　유충

큰남생이잎벌레(잎벌레과)

활엽수가 많은 숲에서 좀작살나무, 새 비나무 등의 잎을 갉아 먹으며 산다. 몸은 전체적으로 무당벌레처럼 둥글 며 크기는 7.5~8.5㎜이다. 천연기념 물로 지정된 민물 거북 '남생이'를 닮 아서 이름이 지어졌으며 4~8월에 출 현한다. 유충은 자신을 보호하기 위해 배설물과 허물을 뒤집어쓰고 다닌다. 남생이잎벌레류 중에서 가장 흔하게 만날 수 있다. 겨울에 성충으로 월동하 고 4월 중순에 나타나서 알을 낳는다.

풀잎에 앉아 있는 모습 　　　　　배면

청남생이잎벌레(잎벌레과)

산과 들에 자라는 엉겅퀴, 터리풀 등 을 갉아 먹고 산다. 몸은 연녹색 또는 녹갈색이고 크기는 7~8.5㎜이다. 몸 빛깔이 잎사귀와 매우 비슷한 보호색 을 띠고 있어서 자세히 관찰하지 않으 면 찾아내기 힘들며 4~7월에 출현한 다. 겨울에 성충으로 월동한 후 4월에 깨어나서 5월에 잎 표면에 알을 낳고 배설물로 덮는다. 유충은 등에 허물과 배설물을 지고 다니다가 잎에서 번데 기가 된다. 연 1회 발생한다.

남생이잎벌레는 몸이 전체적으로 동그랗게 생겨서 무당벌레와 헷갈리지만 더듬이가 길어서 짧은 더듬이를 갖는 무당벌레와 구별된다.

여름에 만나는 곤충

딱정벌레목

풀잎에 앉아 있는 모습

구멍을 뚫어 알을 낳은 도토리

산란 후 가지째 잘라 떨어뜨린 참나무 가지

도토리거위벌레(주둥이거위벌레과)

참나무류가 자라는 숲속에 살며 갈참나무, 신갈나무 등의 도토리에 알을 낳아 번식한다. 몸은 검은색이고 황색 털이 빽빽하게 나 있으며 크기는 7~10.5㎜이다. 앞가슴등판과 딱지날개에 움푹 파인 홈이 많으며 6~9월에 출현한다. 산길에서 기다란 주둥이로 도토리에 구멍을 뚫고 알을 낳은 후 가지째 잘라 땅에 떨어뜨린 참나무류 가지를 볼 수 있다. 지구온난화로 기후가 변화하면서 환경에 잘 적응해서 개체 수가 늘어나고 있다.

잎에 앉아 있는 수컷

암컷

소바구미(소바구미과)

활엽수가 많은 숲속에서 때죽나무를 먹고 산다. 몸은 검은색이고 황갈색 털로 덮여 있으며 크기는 3.7~6.2㎜이다. 머리는 흰색 털로 덮여 있고 더듬이는 실 모양으로 매우 길며 눈은 불룩 튀어나왔다. 더듬이는 암컷에 비해 수컷이 훨씬 더 길다. 머리가 소의 얼굴을 많이 닮아서 이름이 지어졌으며 6~9월에 출현한다. 짝짓기를 마친 암컷은 때죽나무 열매에 상처를 내고 알을 낳는다. 유충은 때죽나무의 열매를 먹고 산다.

나뭇진을 먹는 모습

땅을 기어가는 모습

왕바구미(왕바구미과)

숲속에서 상수리나무 등의 나뭇진을 먹거나 벌채목에 앉아 있는 모습이 발견된다. 몸은 흑갈색이고 몸 전체가 울퉁불퉁하며 크기는 12~23㎜이다. 우리나라에 살고 있는 바구미 중에서 크기가 가장 크며 딱정벌레류 중 딱지날개가 가장 단단하다. 사슴벌레나 장수풍뎅이 옆에서 나뭇진을 먹고 있는 모습을 볼 수 있으며 5~9월에 출현한다. 밤에 불빛에 유인되어 모이며 땅을 기어다니는 모습을 볼 수 있다.

기후 변화로 도토리거위벌레가 늘어나면서 도토리가 줄어들어 도토리를 먹고 사는 다람쥐 등의 야생동물에게 피해가 발생하고 있다.

바위를 기어가는 모습   의사 행동(죽은 척하기)

극동버들바구미(바구미과)

활엽수가 많은 숲속에 모여 나뭇진을 먹으며 산다. 몸은 검은색이고 길쭉한 타원형이며 크기는 7~11㎜이다. 앞가슴등판과 딱지날개 끝부분은 흰색을 띤다. 전체적인 생김새가 새똥처럼 보여서 천적인 새로부터 자신을 보호하며 6~9월에 출현한다. 가죽나무에 무리 지어 모여 짝짓기하고 줄기나 굵은 가지의 나무껍질 속에 알을 낳는다. 유충은 나무를 먹으며 산다. 겨울에 성충으로 월동하며 연 1회 발생한다.

땅에 떨어진 나뭇가지 위를 기어가는 모습   2형(털이 벗겨짐)

길쭉바구미(바구미과)

산과 들의 풀잎에 앉아서 여뀌 등의 마디풀과 식물을 갉아 먹고 산다. 몸은 길쭉한 타원형이며 주둥이가 코끼리처럼 길며 크기는 10~12㎜이다. 날개 끝은 뾰족하고 더듬이는 꿀벌처럼 ㄱ자로 꺾여 있다. 몸이 적갈색 가루로 덮여 있지만 오랫동안 활동하면 털가루가 떨어지면서 흑갈색으로 보인다. 풀잎에 앉아 있다가 위험을 느끼면 잎 뒷면으로 재빠르게 돌아가 숨는다. 물가 주변의 풀밭에서 주로 발견되며 6~8월에 출현한다.

꽃가루 먹는 모습   버들깨알바구미

흰점박이꽃바구미(바구미과)

산과 들에 핀 꽃에 모여서 꽃가루를 먹고 산다. 몸은 검은색이고 딱지날개에 황백색 털이 있으며 크기는 4.8~5.6㎜이다. 꽃에 모여서 짝짓기하는 모습을 볼 수 있으며 5~9월에 출현한다. 몸에 흰점이 있어서 이름이 지어졌다. **버들깨알바구미**(바구미과)는 적갈색이고 주둥이가 길쭉하며 크기는 1.8~2.6㎜이다. 꽃에 모여서 꽃가루를 먹는 모습을 볼 수 있다. 깨알처럼 크기가 매우 작아서 이름이 지어졌으며 6~8월에 출현한다.

힘이 약한 바구미는 죽은 척하는 의사 행동을 통해 죽은 것은 잘 사냥하지 않는 천적으로부터 목숨을 지킨다.

잎에 앉아 있는 모습 　　　　꿀을 빠는 모습

남방노랑나비 (흰나비과)

산과 들을 날아다니며 개망초, 국화 등의 꽃에서 꿀을 빤다. 날개는 황색을 띠고 크기는 32~47㎜이다. 남부 지방에 사는 남방 계열 곤충이어서 '남방'이 붙어서 이름이 지어졌으며 5~11월에 출현한다. 지구온난화로 인한 기후 변화로 서식 범위가 확장되어 중부 지방에서도 관찰되는 기후변화 생물지표종이다. 유충은 비수리, 자귀나무, 차풀, 괭이싸리 등을 갉아 먹고 산다. 성충으로 월동하고 봄에 출현하며 연 3~4회 발생한다.

잎에 앉아 있는 모습 　　　　시가도귤빛부전나비

귤빛부전나비 (부전나비과)

낮은 산지의 나뭇잎에 앉아 있는 모습을 볼 수 있다. 날개는 귤색을 띠고 크기는 34~37㎜이다. 숲속을 날며 꿀을 빨고 5~8월에 출현한다. 유충은 상수리나무, 떡갈나무, 갈참나무 등을 갉아 먹고 산다. **시가도귤빛부전나비** (부전나비과)는 귤색 날개에 검은색 점무늬가 도시 거리(市街)처럼 보여서 이름이 지어졌다. 유충은 떡갈나무, 참나무 등 숲속에 자라는 나뭇잎을 갉아 먹고 산다. 두 나비 모두 알로 월동한다.

땅에 앉아 있는 모습 　　　　녹색 광택이 반짝이는 날개

산녹색부전나비 (부전나비과)

계곡이나 산길 주변을 날아다니며 사철나무, 개망초, 큰쥐똥나무 등의 꽃에서 꿀을 빤다. 땅에 앉으면 날개를 잘 포개어 접으며 크기는 31~37㎜이다. 수컷의 날개 윗면이 광택이 있는 녹색이고 참나무류가 많은 산지에 산다고 해서 이름이 지어졌으며 6~8월에 출현한다. 암컷은 날개 윗면이 흑갈색이다. 유충은 졸참나무, 신갈나무, 갈참나무의 잎을 갉아 먹고 살며 찐빵 모양을 닮았다. 알로 월동하고 연 1회 발생한다.

잎에 앉아 있는 모습　　　　　　　부처사촌나비

부처나비(네발나비과)

그늘진 숲속이나 숲 가장자리를 날며 꿀을 빤다. 날개는 전체적으로 갈색을 띠고 눈알 모양의 무늬가 있으며 크기는 37~48㎜이다. '부처'를 뜻하는 종명 'gotama'에서 이름이 유래되었고 4~10월에 출현한다. 유충은 벼, 억새, 바랭이, 주름조개풀 등을 갉아 먹고 살며 연 2~3회 발생한다. **부처사촌나비**(네발나비과)는 날개의 눈알 무늬가 '부처나비'와 닮았지만 줄무늬가 보라색을 띠어서 구별된다. 크기는 38~47㎜이고 연 2회 발생한다.

잎에 앉아 있는 모습　　　　　눈알 모양 무늬가 있는 날개

굴뚝나비(네발나비과)

산지나 평지의 풀밭을 날아다니며 엉겅퀴, 개망초, 꿀풀, 큰까치수염 등의 꽃에 모여서 꿀을 빤다. 날개는 전체적으로 검은색을 띠고 크기는 50~71㎜이다. 날개 빛깔이 굴뚝처럼 검게 생기고 흰색 무늬가 굴뚝의 연기 같아 보여서 이름이 지어졌으며 6~9월에 출현한다. 눈알 무늬가 뱀눈 같다고 해서 북한에서는 '뱀눈나비'라고 불린다. 유충은 벼과의 참억새, 새포아풀 등을 갉아 먹고 산다. 겨울에 유충으로 월동하고 연 1회 발생한다.

물을 먹는 모습

대왕나비(네발나비과)

참나무류가 많은 낙엽활엽수림의 계곡 주변에서 참나무류에 흐르는 나뭇진을 먹고 산다. 날개는 적황색이고 검은색 줄무늬가 많으며 크기는 63~75㎜이다. 종명 'princeps'가 '군주'나 '대왕'을 뜻해서 이름이 지어졌으며 6~8월에 출현한다. 이른 아침에 산길의 축축한 땅에 앉아 물을 먹고 동물의 배설물에도 잘 모인다. 유충은 굴참나무, 신갈나무, 졸참나무를 갉아 먹고 살며 3령 유충으로 월동한다. 연 1회 발생한다.

땅에 앉아 있는 모습　　　　　돌돌 말려 있는 주둥이

날개에 눈알 모양의 무늬를 갖고 있는 나비는 천적에게 몸을 더 크게 보이게 하는 효과가 있어서 천적으로부터 자신을 보호할 수 있다.

땅에 앉아 있는 모습

날개 아랫면

흡수 행동(물을 먹는 모습)

왕오색나비 (네발나비과)

낮은 산지나 마을 주변의 잡목림에서 참나무류의 나뭇진이나 동물의 배설물을 먹고 산다. 날개는 검은색이고 가운데에 진한 보라색 무늬가 있으며 크기는 71~101㎜이다. 수컷은 오전에 축축한 물가에 잘 모이고 오후에는 산꼭대기에서 암컷이 나타나면 뒤쫓는 텃세 행동을 한다. 우리나라에 사는 오색나비류 중 가장 크며 6~8월에 출현한다. 유충은 풍게나무, 팽나무를 갉아 먹고 유충으로 월동한다. 연 1회 발생한다.

땅에 앉아 있는 모습

날개 아랫면

은판나비 (네발나비과)

산지를 매우 빠르게 날아다니며 나뭇진을 빨아 먹고 산다. 햇빛을 받으면 날개의 은색 무늬가 반짝거려서 이름이 지어졌으며 크기는 71~89㎜이다. 중부 이북에 사는 한랭성 나비로 6~8월에 출현한다. 이른 아침에는 축축한 땅과 동물의 사체에 잘 모인다. 먹이 식물 주변에서 짝짓기를 하고 잎 위에 알을 하나씩 낳는다. 유충은 느릅나무, 참느릅나무, 느티나무를 갉아 먹으며 자란다. 겨울에 유충으로 월동하며 연 1회 발생한다.

꽃에 앉아 있는 모습

흰줄표범나비

큰흰줄표범나비 (네발나비과)

높은 산지를 날아다니며 엉겅퀴, 큰까치수염, 개망초 등의 꽃에 모여 꿀을 빤다. 날개는 갈색이고 크기는 58~69㎜이다. 뒷날개 아랫면에 흰색 줄무늬가 있고 표범의 점무늬를 갖고 있어서 이름이 지어졌으며 6~8월에 출현한다. 유충은 제비꽃류를 먹고 살며 알이나 유충으로 월동한다. 연 1회 발생한다. 흰줄표범나비 (네발나비과)는 '큰흰줄표범나비'와 생김새가 매우 비슷하다. 크기는 52~63㎜로 비슷하지만 6~10월에 출현하는 점이 다르다.

나비는 물속에 들어 있는 미네랄 성분을 섭취해야만 생체 대사가 원활하게 이루어질 수 있기 때문에 흡수 행동이 무엇보다 중요하다.

잎에 앉아 있는 모습   땅에 앉아 있는 모습

애기세줄나비(네발나비과)

산지나 마을 주변, 해안가의 상록수림 주변을 사뿐사뿐 날아다니며 산초나무, 국수나무, 싸리 등의 꽃에 모여 꿀을 빤다. 날개는 검은색이고 3개의 흰색 줄무늬가 있으며 크기는 42~55㎜이다. 높은 나무의 잎사귀나 땅에 앉아서 일광욕을 하는 모습이 많이 보이며 5~9월에 출현한다. 유충은 싸리, 칡, 비수리, 벽오동, 나비나물, 아까시나무 등을 갉아 먹고 자란다. 겨울에 유충으로 월동하며 연 2~3회 발생한다.

땅에 앉아 있는 모습   줄나비

세줄나비(네발나비과)

숲속의 활엽수림이나 단풍나무가 자라는 마을 주변에 산다. 날개는 검은색이고 크기는 54~65㎜이다. 날개에 3개의 흰색 줄무늬가 뚜렷해서 이름이 지어졌다. 계곡 주변의 땅에 내려앉아서 물을 먹거나 떨어진 과일의 즙을 먹고 살며 5~7월에 출현한다. 유충은 고로쇠나무, 단풍나무 등을 갉아 먹고 산다. 유충으로 월동하며 연 1회 발생한다. **줄나비**(네발나비과)는 날개에 흰색 줄무늬가 1개뿐이어서 '세줄나비'와 구별된다.

잎에 앉아 있는 모습   갈고리 모양 더듬이

왕자팔랑나비(팔랑나비과)

산지의 숲 가장자리나 마을 주변에 살며 엉겅퀴, 개망초, 꿀풀 등의 꽃에 모여 꿀을 빤다. 흑갈색의 날개에 흰색 점무늬가 줄지어 나 있으며 크기는 33~38㎜이다. 주변을 빙빙 돌며 날아다니다 재빠르게 날개를 펴고 잎에 앉았다가 금방 다른 곳으로 훌쩍 날아가며 5~9월에 출현한다. 축축한 물가나 새똥에도 잘 모여든다. 유충은 마, 단풍마, 참마 등을 갉아 먹고 산다. 겨울에 유충으로 월동하며 연 2~3회 발생한다.

더듬이 끝부분이 갈고리 모양으로 휘어져 있는 것이 팔랑나비의 가장 큰 형태적 특징이다.

풀숲에 날아온 모습

빗살 모양 더듬이

야행성

알락굴벌레나방 (굴벌레나방과)

밤에 활동하는 야행성 곤충으로 불빛에 유인되어 날아오는 모습을 볼 수 있다. 날개는 흰색이고 수많은 검은색 점무늬가 흩어져 있으며 크기는 40~70㎜이다. 날개에 검은색 점무늬가 많이 있고 가슴에도 4~6개의 검은색 점무늬가 있는 모습이 알록달록하다고 이름이 지어졌으며 7~8월에 출현한다. 수컷의 더듬이는 양빗살 모양이고 암컷은 실 모양이다. 유충은 나무 속에 굴을 파고 살며 2년 동안 자라야 성충이 된다.

잎에 앉아 있는 모습

유충

애모무늬잎말이나방 (잎말이나방과)

밤에 활동하는 야행성 곤충으로 불빛에 유인되어 날아오는 모습을 볼 수 있다. 날개는 황갈색이고 그물 모양의 갈색 줄무늬가 매우 많으며 크기는 14~24㎜이다. 잎말이나방류 중에서 개체 수가 많아서 어디서나 흔하게 볼 수 있으며 5~9월에 출현한다. 사과, 배 등을 재배하는 과수원에 피해를 일으키는 과수 해충으로 유명하다. 유충은 사과나무, 진달래, 땅콩 등의 잎사귀를 둘둘 말아서 갉아 먹고 산다.

잎에 앉아 있는 모습

앞흰점애기잎말이나방

네줄애기잎말이나방 (잎말이나방과)

산과 들에 자라는 환삼덩굴 등의 잎에 앉아 있는 모습을 볼 수 있다. 날개는 흑갈색이고 크기는 11~15㎜이다. 앞날개에 4개의 톱니 모양 줄무늬가 있고 잎말이나방류 중에서 크기가 작아 '애'가 붙어서 이름이 지어졌으며 4~8월에 출현한다. 유충은 환삼덩굴과 대마 등을 갉아 먹는다. **앞흰점애기잎말이나방**(잎말이나방과)은 앞날개 가장자리에 흰색 무늬가 있으며 크기는 21㎜ 정도이다. 유충은 벚나무, 산초나무 등을 먹고 살며 5~9월에 출현한다.

애기유리나방(유리나방과)

산과 들이나 과수원 주위를 날아다니는 모습을 볼 수 있다. 몸은 검은색이고 원통형으로 길며 크기는 16~20㎜이다. 날개는 투명하고 더듬이는 채찍 모양으로 굵으며 배마디에 3개의 황색 줄무늬가 있는 것이 특징이다. 5~8월에 출현한다. 유충은 감나무, 배나무 등을 갉아 먹고 산다. **복숭아유리나방**(유리나방과)은 전체적인 생김새가 '벌'을 닮아서 천적으로부터 자신을 지킨다. 유충은 복숭아나무, 벚나무 등을 갉아 먹고 산다.

나무 부스러기 위에 앉아 있는 모습　　복숭아유리나방

두점애기비단나방(애기비단나방과)

산과 들에 핀 다양한 꽃에 모여 있는 모습을 쉽게 볼 수 있다. 몸은 전체적으로 검은색이고 길쭉하며 크기는 11~14㎜이다. 앞날개 위쪽 좌우에 2개의 둥글고 커다란 황색 점무늬가 있고 앞날개 아래쪽 좌우에도 2개의 작고 둥근 황색 점무늬가 있는 것이 특징이다. 활발하게 날아다니며 꽃이나 잎사귀에 앉아 있는 모습을 볼 수 있으며 6~7월에 출현한다. 유충은 명아주를 갉아 먹고 산다. 겨울에 번데기로 월동한다.

꽃에 앉은 모습　　잎에 앉아 있는 모습

깜둥이창나방(창나방과)

산과 들에 핀 꽃밭에 날아와서 꽃이나 잎사귀에 앉는 모습을 볼 수 있다. 몸과 날개는 전체적으로 검은색이고 날개에 흰색 점무늬가 많으며 크기는 16~18㎜이다. 대부분의 나방류가 밤에 활동하는 야행성인 것과 달리 낮에 민첩하게 날아다니는 주행성 나방이다. 날개에 갈색과 흰색 점무늬가 얼룩덜룩하며 5~8월에 출현한다. 낮에 꽃밭에 앉아 있으면 나비라고 착각할 정도로 빛깔이 매우 화려한 나방이다.

잎에 앉아 있는 모습　　꽃에 앉은 모습

애기유리나방, 두점애기비단나방처럼 곤충 이름에 "애기" 또는 "애"가 붙어 있으면 다른 곤충에 비해 크기가 매우 작다는 뜻이다.

잎에 앉아 있는 모습　　　　포도들명나방

등심무늬들명나방(풀명나방과)

산과 들의 풀밭 사이를 빠르게 날아다니다가 재빠르게 풀숲에 내려앉는 모습을 볼 수 있다. 날개는 전체적로 황갈색이고 흑갈색 눈알 무늬가 있으며 크기는 25~27㎜이다. 몸이 전체적으로 이등변삼각형처럼 생겼으며 8~9월에 출현한다. 유충은 콩류, 마디풀류를 갉아 먹으며 산다. **포도들명나방**(풀명나방과)은 날개는 암갈색이고 황백색 점무늬가 많으며 크기는 23~28㎜이고 6~9월에 출현한다. 유충은 포도, 담쟁이덩굴을 먹고 산다.

밤에 불빛에 유인되어 날아온 모습　　　굵은띠비단명나방

노랑눈비단명나방(명나방과)

밤에 불빛에 잘 날아오는 색깔이 화려한 야행성 나방이다. 날개는 적황색으로 매우 화려한 빛깔을 띠며 크기는 26~33㎜이다. 날개 좌우에 2개의 황색 점무늬가 뚜렷하며 6~8월에 출현한다. 유충은 단풍나무, 양버즘나무, 갈참나무 등을 먹고 산다. **굵은띠비단명나방**(명나방과)은 날개가 연한 주황색이고 크기는 26~30㎜이다. 날개에 2개의 굵은 황색 띠무늬가 있어서 이름이 지어졌으며 7~8월에 출현한다. 유충은 녹나무, 옻나무를 먹고 산다.

집 안의 장판에 앉은 모습　　　옆면

화랑곡나방(명나방과)

곡물을 보관하는 저장 창고나 집 안에서 날아다니는 모습을 볼 수 있다. 앞날개 윗부분은 흰색이고 아랫부분은 갈색을 띠며 크기는 12~18㎜이다. 수확을 마친 쌀, 콩 등의 곡물이나 과자, 컵라면의 제과류, 말린 건과류에 모여서 알을 낳으며 5~9월에 출현한다. 유충은 쌀, 콩 등을 잘 갉아 먹기 때문에 저장 곡물 해충으로 손꼽힌다. 유충이 곡물을 갉아 먹으면 발열 반응이 생기면서 부패되고 곰팡이가 생겨서 곡물의 품질이 떨어진다.

명나방 유충(명충)은 식물의 줄기 속이 텅텅 비도록 마디마디를 갉아 먹어서 지어진 이름이다.

밤에 활동하는 모습

유충

빗살 모양 더듬이

뒤흰띠알락나방(알락나방과)

밤에 불빛에 유인되어 날아오는 모습을 볼 수 있다. 날개는 흑갈색이고 크기는 55mm 정도이다. 날개 뒤쪽에 흰색 띠무늬가 있어서 이름이 지어졌으며 6~8월에 출현한다. 머리는 붉은색을 띠고 더듬이는 빗살 모양이며 수컷은 암컷에 비해 빗살이 더 길다. 유충은 검은색이고 황색 사각형 무늬가 흩어져 있는 모습이 알록달록해서 눈에 잘 띈다. 노린재나무의 나뭇잎이 거의 없어질 정도로 모조리 갉아 먹고 산다. 연 1회 발생한다.

잎에 앉아 있는 암컷

수컷

짝짓기

여덟무늬알락나방(알락나방과)

산과 들을 날아다니며 꿀을 빨기 위해 꽃에 모여드는 모습을 볼 수 있다. 몸은 검은색이고 머리와 앞가슴등판은 진한 남색을 띠며 크기는 19~22mm이다. 더듬이는 채찍 모양으로 굵고 날개에 8개의 황색 점무늬가 있어서 이름이 지어졌으며 6~7월에 출현한다. 풀잎에 앉아 있으면 색깔이 너무 화려해서 '나비'라고 착각하기도 한다. 유충은 갈대, 억새를 갉아 먹고 산다. 잎에 타원형의 납작한 털 뭉치 모양의 고치를 만들고 번데기가 된다.

잎에 앉아 있는 모습

굴뚝알락나방

대나무쐐기알락나방(알락나방과)

산과 들을 날아다니며 활동하는 주행성 나방이다. 몸과 날개는 검은색이고 배는 청람색을 띠며 크기는 17mm 정도이다. 유충이 대나무류를 잘 갉아 먹어서 이름이 지어졌으며 5~8월에 출현한다. 유충 시기에는 무리 지어 살다가 자라면서 흩어진다. 잎사귀에 타원형의 납작한 갈색 고치를 만들고 번데기가 된다. **굴뚝알락나방**(알락나방과)은 몸이 전체적으로 검은색을 띠고 있어서 이름이 지어졌으며 크기는 10~12mm이고 5~6월에 출현한다.

여름에 만나는 곤충

나비목

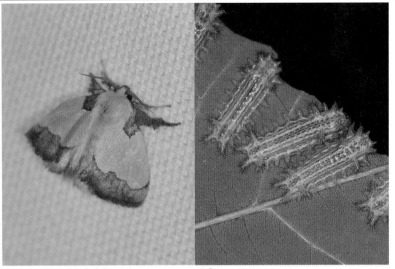

밤에 불빛에 유인되어 날아온 모습　유충

검은푸른쐐기나방(쐐기나방과)

밤에 활동하는 야행성 나방으로 불빛에 유인되어 날아오는 모습을 볼 수 있다. 날개는 전체적으로 선명한 녹색이고 크기는 21~25㎜이다. 정삼각형 모양이며 개체 수는 비교적 적은 편이고 5~8월에 출현한다. '쐐기'라고 불리는 유충은 연녹색을 띠며 뾰족한 가시가 달려 있다. 유충은 단풍나무, 느릅나무, 버즘나무, 버드나무류, 참나무류의 잎살을 갉아 먹고 산다. 겨울에 고치 속에서 유충으로 월동하며 연 2회 발생한다.

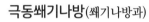

밤에 불빛에 유인되어 날아온 모습　유충

극동쐐기나방(쐐기나방과)

밤에 불빛에 유인되어 날아오는 모습을 볼 수 있다. 날개는 연한 회갈색이고 검은색 비늘가루가 흩어져 있으며 크기는 23~25㎜이다. 개체 수가 비교적 적으며 7~9월에 출현하며 연 1회 발생한다. 유충은 녹색이고 흰색 세로줄 무늬가 있으며 '쏘는 유충'이라고 해서 '쐐기'라고 부른다. 쐐기에 쏘이면 퉁퉁 붓고 통증을 일으키기 때문에 조심해야 된다. 유충은 단풍나무, 벚나무, 층층나무 등을 먹고 산다.

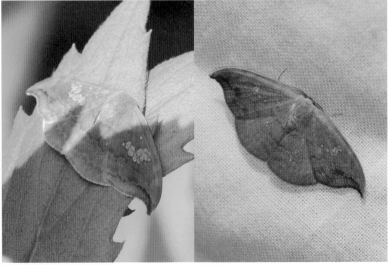

잎사귀에 앉아 쉬는 모습　야행성

참나무갈고리나방(갈고리나방과)

낮에는 날개를 펴고 풀숲에 앉아서 쉬고 밤이 되면 불빛에 유인되어 날아오는 모습을 볼 수 있다. 날개는 황갈색이고 가운데에 연갈색 점무늬가 있으며 크기는 27~35㎜이다. 날개의 끝부분이 갈고리처럼 휘어져 있고 참나무 숲에 살아서 이름이 지어졌으며 5~9월에 출현한다. 유충은 몸이 길고 긴 자루 같은 꼬리가 달려 있다. 유충은 참나무류를 갉아 먹고 살아서 참나무 숲에서 흔하게 관찰된다. 연 2회 출현한다.

유충

잎사귀에 날아온 모습

번데기

별박이자나방(자나방과)

그늘진 숲속을 천천히 날아다니며 산다. 날개는 흰색이고 크기는 32~47㎜이다. 흰색 날개에 검은색 점무늬가 있는 모습이 하늘에 별이 박혀 있는 것처럼 보인다고 해서 이름이 지어졌으며 6~7월에 출현한다. 더듬이는 톱날 모양이며 연 1회 출현한다. 몸을 구부려 기어다니는 유충은 옷감을 재는 것처럼 기어가서 '자벌레'라고 불린다. 유충은 광나무, 쥐똥나무, 물푸레나무 등을 갉아 먹고 살며 겨울에 유충으로 월동한다.

밤에 불빛에 유인되어 날아온 모습

톱날푸른자나방

흰줄푸른자나방(자나방과)

산지나 평지의 숲에 사는 나방으로 밤에 활동하며 불빛에 유인되어 잘 날아온다. 날개는 연녹색을 띠고 크기는 40~45㎜이다. 날개에 2개의 비스듬한 흰색 줄무늬가 있어서 이름이 지어졌으며 5~8월에 출현한다. 유충은 '자벌레'로 녹색을 띠며 밤나무, 신갈나무 등을 먹고 산다. **톱날푸른자나방**(자나방과)은 날개는 암녹색이고 크기는 43㎜ 정도이다. 앞날개 가장자리가 톱니 모양처럼 뾰족해서 이름이 지어졌으며 5~8월에 출현한다.

낮에 풀숲에서 쉬는 모습

배노랑물결자나방

홍띠애기자나방(자나방과)

낮에 풀숲의 잎사귀에 앉아 있는 모습을 볼 수 있다. 날개는 전체적으로 갈색이고 가운데에 붉은색 가로띠 무늬가 있으며 크기는 22㎜ 정도이다. 낮에 풀숲에서 쉬다가 잠깐 날아서 이동하는 모습을 볼 수 있으며 5~8월에 출현한다. 유충은 소리쟁이를 갉아 먹고 산다. **배노랑물결자나방**(자나방과)은 배가 황색이고 날개에 물결 모양 무늬가 있어서 이름이 지어졌다. 크기는 38~46㎜이고 6~8월에 출현한다. 유충은 담쟁이덩굴을 먹고 산다.

낮에 풀숲에서 쉬는 모습

황색 뒷날개

뒷노랑점가지나방 (자나방과)

낮에는 풀숲에 앉아서 쉬고 밤에 활발하게 날아다니며 불빛에 모여드는 모습을 볼 수 있다. 앞날개에 검은색 점무늬가 매우 많아서 검게 보이며 크기는 40~48mm이다. 뒷날개가 황색이고 검은색 점무늬가 많이 있어서 이름이 지어졌으며 5~8월에 출현한다. 더듬이는 수컷은 빗살 모양이고 암컷은 실 모양으로 서로 다르다. 넓은 지역에 폭넓게 살며 개체 수가 많아서 쉽게 볼 수 있다. 유충은 진달래, 철쭉 등을 먹고 산다.

낮에 풀숲에서 쉬는 암컷

수컷

양빗살 모양 더듬이

뿔무늬큰가지나방 (자나방과)

낮에는 숲에서 쉬다가 밤이 되면 불빛에 유인되어 날아오는 모습을 볼 수 있다. 날개는 갈색이고 크기는 48~56mm이다. 날개 가운데에 검은색 줄무늬가 있으며 작고 연한 점무늬가 많다. 수컷의 더듬이는 양빗살 모양이고 암컷은 실 모양이다. 전체적으로 나무껍질을 닮은 보호색을 띠고 있어서 나무에 붙어 있으면 쉽게 눈에 띄지 않으며 5~8월에 출현한다. 유충은 개암나무, 밤나무, 버드나무 등을 갉아 먹고 산다.

밤에 불빛에 유인되어 날아온 암컷

수컷

불회색가지나방 (자나방과)

밤에 불빛에 유인되어 날아오는 대형 나방이다. 몸과 날개는 회색빛이 도는 연갈색으로 크기는 50~70mm이다. 날개에 검은색 가로줄 무늬가 있고 가장자리는 붉은빛이 도는 갈색을 띠며 6~8월에 출현한다. 수컷의 더듬이는 빗살 모양이고 암컷은 실 모양이다. 유충은 느티나무, 아까시나무 등을 갉아 먹고 산다. 나무에 붙어 있는 유충이 나뭇가지처럼 보인다고 해서 '가지나방'이라고 이름이 지어졌다. 연 1회 발생한다.

가지나방의 유충은 자벌레형이다. 자벌레는 배다리 3쌍이 퇴화되어 총 10개(가슴다리 3쌍, 배다리 1쌍, 꼬리다리 1쌍)의 다리를 가진다.

낮에 풀숲에서 쉬는 모습

유충

고치

누에나방(누에나방과)

비단 옷감을 만들기 위해 기르는 나방이다. 몸과 날개는 회백색이고 더듬이는 빗살 모양이며 크기는 44~50㎜이다. 중국에서 5000년~1만 년 전에 야생종인 멧누에나방을 품종 개량하여 만든 사육종으로 5~11월에 출현한다. 멧누에나방과 달리 입이 퇴화되어 먹이를 먹을 수 없고 날아갈 힘도 없다. '누에'라고 불리는 유충은 뽕잎을 먹고 자라서 고치가 된다. 고치에서 명주실을 뽑아 만든 비단은 실크로드를 열었다.

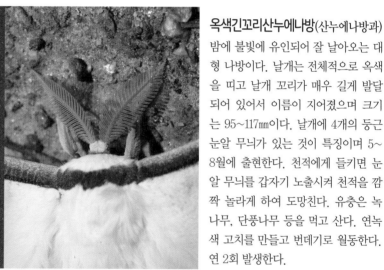

밤에 불빛에 유인되어 날아온 모습

빗살 모양 더듬이

옥색긴꼬리산누에나방(산누에나방과)

밤에 불빛에 유인되어 잘 날아오는 대형 나방이다. 날개는 전체적으로 옥색을 띠고 날개 꼬리가 매우 길게 발달되어 있어서 이름이 지어졌으며 크기는 95~117㎜이다. 날개에 4개의 둥근 눈알 무늬가 있는 것이 특징이며 5~8월에 출현한다. 천적에게 들키면 눈알 무늬를 갑자기 노출시켜 천적을 깜짝 놀라게 하여 도망친다. 유충은 녹나무, 단풍나무 등을 먹고 산다. 연녹색 고치를 만들고 번데기로 월동한다. 연 2회 발생한다.

밤에 불빛에 유인되어 날아온 수컷

암컷

고치

참나무산누에나방(산누에나방과)

참나무 숲에 서식하는 대형 나방으로 밤에 불빛에 유인되어 잘 날아온다. 날개는 붉은색이 도는 갈색으로 크기는 112~145㎜이다. 산누에나방류 중에서 가장 크기가 크다. 천적이 잡아먹으려고 하면 4개의 커다란 눈알 무늬를 노출시켜 깜짝 놀라게 만들어 도망치며 6~8월에 출현한다. 유충은 졸참나무, 상수리나무, 밤나무 등의 잎을 갉아 먹으며 자란다. 다 자란 유충은 질긴 실로 둥글고 길쭉한 고치를 만든다. 연 1회 발생한다.

산누에나방은 우리나라에 사는 나방류 중에서 가장 크기가 큰 대형 나방이다.

낮에 숲에서 쉬는 모습

야행성

녹색박각시(박각시과)

밤에 활동하는 야행성 나방으로 불빛에 유인되어 날아오는 모습을 볼 수 있다. 날개는 녹색이고 무늬가 아름다워서 눈에 매우 잘 띄며 크기는 62~81㎜이다. 성충이 된 후 시간이 지나면 털 가루가 떨어져서 색깔이 바랜다. 개체 수가 많아서 숲에서 흔하게 발견할 수 있으며 5~10월에 출현한다. 유충은 까치박달, 참느릅나무를 먹으며 산다. 다 자라면 흙 속에 들어가서 번데기가 되어 월동한다. 연 2회 발생한다.

땅에 앉아 있는 모습
야행성

물결박각시(박각시과)

밤에 활동하는 야행성 나방으로 밤에 불빛에 유인되어 잘 날아온다. 날개는 녹색빛이 도는 회색을 띠며 크기는 55~69㎜이다. 날개에 물결 모양의 가로줄 무늬가 있어서 이름이 지어졌으며 6~8월에 출현한다. 좌우 날개 중앙에 있는 흰색 점무늬가 특징이다. 평지나 산지 등에서 흔하게 볼 수 있으며 연 1회 발생한다. 유충은 배 등면에 사선으로 된 줄무늬가 있고 물푸레나무, 쥐똥나무 등을 갉아 먹고 산다.

밤에 불빛에 유인되어 날아온 모습
유충

콩박각시(박각시과)

숲이나 밭에 살며 밤에 불빛에 유인되어 잘 날아온다. 날개는 황색이 도는 연갈색으로 크기는 94~106㎜이다. 앞날개 가운데에 삼각형 무늬가 있는 것이 특징이며 6~8월에 출현한다. 유충은 꼬리 윗면에 뿔이 있어서 '뿔난벌레(Horn-Worm)'라고 부르며, 건드리면 휘청거리며 꾸물거리는 모습이 망아지가 뛰는 것 같아서 '깨망아지', '칡망아지'라고도 불린다. 유충은 콩, 아까시나무, 싸리, 참싸리 등의 잎을 갉아 먹고 산다. 유충으로 월동한다.

밤에 앉아 있는 모습

우단 느낌의 몸

우단박각시(박각시과)

밤에 활동하는 야행성 나방으로 불빛에 유인되어 잘 날아온다. 날개는 흑갈색이고 끝부분에 검은색의 작은 삼각형 무늬가 있으며 크기는 47~62㎜이다. 날개와 몸통에 있는 털이 폭신폭신한 '우단(벨벳)'을 닮아서 이름이 지어졌으며 5~8월에 출현한다. 우리나라 전역에 살며 개체 수가 많아서 어디서나 쉽게 볼 수 있다. 연 2회 발생한다. 유충은 봉선화, 흰솔나물 등의 잎을 갉아 먹고 산다. 겨울에 번데기로 월동한다.

낮에 숲에서 쉬는 모습

야행성

줄박각시(박각시과)

산과 들에 살며 저녁 무렵에는 꽃에 날아들기도 하고 밤에 불빛에 유인되어 잘 날아온다. 몸은 원통형으로 뚱뚱하며 크기는 55~69㎜이다. 날개에 황백색 줄무늬가 선명하게 있어서 이름이 지어졌으며 5~8월에 출현한다. 배 등면에도 흰색 줄이 있으며 머리 부분이 가장 굵고 꼬리 쪽으로 갈수록 얇아진다. 개체 수가 많아서 어디서나 쉽게 볼 수 있다. 유충은 토란, 담쟁이덩굴, 큰달맞이꽃 등의 잎을 갉아 먹고 산다.

낮에 숲에서 쉬는 모습

유충

주홍박각시(박각시과)

산과 들에 살며 낮에는 풀숲에서 쉬고 밤이 되면 불빛에 유인되어 날아온다. 몸과 날개가 주홍색을 띠는 아름다운 빛깔의 박각시로 크기는 57~63㎜이다. 앞날개에 2개의 비스듬한 띠무늬가 있으며 5~9월에 출현한다. 유충은 배마디마다 눈알 무늬가 줄지어 있어서 뱀처럼 보이고 스트레스를 받으면 몸을 좌우로 크게 흔드는 습성이 있다. 유충은 털부처꽃, 봉선화, 물봉선 등의 잎을 갉아 먹고 산다. 다 자란 유충은 번데기로 월동한다.

밤에 불빛에 유인되어 날아온 모습　　　　유충

검은띠나무결재주나방 (재주나방과)

밤에 불빛에 유인되어 잘 날아온다. 앞날개 가운데에 있는 검은색 가로띠가 나뭇결 무늬를 닮아서 이름이 지어졌으며 크기는 33~37㎜이다. 더듬이는 암수 모두 양빗살 모양이고 암컷은 수컷에 비해 빗살이 짧다. 개체 수는 적은 편이고 5~8월에 출현하며 연 2회 발생한다. 유충은 배 끝에 2개의 긴 꼬리가 있고 오리나무와 버드나무의 잎을 갉아 먹고 산다. 나뭇가지에 나무껍질 등을 붙여 고치를 만든다.

밤에 불빛에 유인되어 날아온 모습　　　　유충

밤나무재주나방 (재주나방과)

참나무류가 많이 자라는 숲에 살며 밤에 불빛에 유인되어 잘 날아온다. 날개는 흑갈색을 띠고 크기는 40~48㎜이다. 수컷의 더듬이는 양빗살 모양이고 암컷은 실 모양이어서 서로 다르다. 개체 수가 비교적 많아서 쉽게 볼 수 있고 4~9월에 출현하며 연 2회 발생한다. 유충은 머리와 배 부분은 갈색이고 가슴 부분은 녹색을 띠며 참나무류나 밤나무의 잎을 갉아 먹고 산다. 다 자란 유충은 땅속에 들어가 번데기가 된다.

유충

밤에 불빛에 유인되어 날아온 모습　　　　발향린

꽃술재주나방 (재주나방과)

숲속에 살며 밤에 불빛에 유인되어 잘 날아온다. 날개는 검은색이고 줄무늬가 많으며 가장자리는 톱니 모양의 돌기가 많다. 배 끝에 꽃술 모양의 털 뭉치가 달려 있으며 크기는 75~78㎜이다. 개체 수가 많아서 쉽게 볼 수 있으며 5~8월에 출현한다. 나무에 거꾸로 매달려 있는 유충이 재주를 부리는 것처럼 보여서 이름이 지어졌다. 유충은 신나무, 복자기, 단풍나무 등의 잎을 갉아 먹고 산다. 땅속에 고치를 만들고 월동한다.

재주나방은 빛깔과 무늬가 매우 독특하고 화려해서 의상이나 건축 등의 디자인에 활용 가치가 높다.

밤에 불빛에 유인되어 날아온 모습　　은빛 무늬 날개

은무늬재주나방(재주나방과)

숲속에 사는 야행성 나방으로 밤에 환한 불빛에 유인되어 잘 날아온다. 날개는 전체적으로 갈색을 띠고 크기는 38~45mm이다. 날개에 은색 비늘가루가 모여 있는 무늬가 줄지어 있어서 이름이 지어졌으며 6~8월에 출현한다. 특히 가운데에 위치한 삼각형 무늬가 가장 크다. 밤에 불빛에 날아오면 은색 무늬가 반짝거려 눈에 잘 띈다. 유충은 신갈나무, 상수리나무, 피나무 등의 나뭇잎을 갉아 먹고 산다.

밤에 불빛에 유인되어 날아온 모습　　**주름재주나방**

참나무재주나방(재주나방과)

울창한 참나무 숲에 살며 밤에 불빛에 유인되어 잘 날아온다. 날개는 광택이 있는 회색이고 검은색 줄무늬가 있으며 크기는 43~65mm이다. 앞날개 끝부분에 황색 무늬가 있고 6~8월에 출현하며 연 1회 발생한다. 유충은 상수리나무, 신갈나무, 떡갈나무 등을 갉아 먹고 살며 땅속에서 번데기로 월동한다. **주름재주나방**(재주나방과)은 날개에 줄무늬가 많아서 이름이 지어졌고 크기는 49~62mm이며 4~8월에 출현한다.

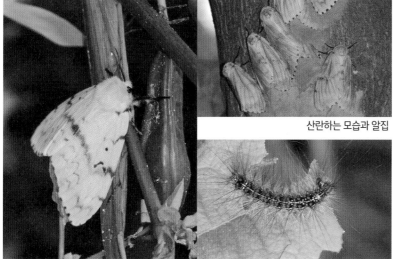

산란하는 모습과 알집

밤에 활동하는 모습　　　　　　　　　　유충

매미나방(독나방과)

숲에서 빠르게 날아다니는 모습을 볼 수 있다. 날개는 수컷은 흑갈색이고 암컷은 황백색을 띠며 크기는 42~70mm이다. 나무 위에 스펀지 모양의 알덩이를 산란하려고 무리 지어 모인 암컷을 쉽게 볼 수 있으며 7~8월에 출현한다. 연 1회 발생하며 개체 수가 많다. 유충은 털이 매우 길고 많으며 청색과 붉은색이 있어서 알록달록해 보인다. 참나무류, 버드나무, 느릅나무 등의 다양한 나뭇잎을 갉아 먹어 산림에 피해를 일으킨다.

밤에 불빛에 유인되어 날아온 모습　　유충

상제독나방(독나방과)

숲에 살며 밤에 불빛에 유인되어 잘 날아온다. 날개는 전체적으로 흰색이고 개체에 따라 희미한 점이 있으며 크기는 21~40㎜이다. 개체 수가 많은 편이어서 쉽게 만날 수 있고 5~8월에 출현하며 연 2회 발생한다. 유충은 몸 전체가 흰색이고 털이 매우 길고 복슬복슬하다. 산딸기에 모여서 잎사귀를 갉아 먹고 산다. 독나방 유충은 털에 독성이 있어서 직접 손으로 만지면 알레르기를 일으킬 수 있으므로 주의해야 한다.

밤에 불빛에 유인되어 날아온 모습　　유충

콩독나방(독나방과)

산과 들, 하천 등에 살며 밤에 불빛에 유인되어 잘 날아온다. 날개는 황갈색을 띠고 크기는 34~53㎜이다. 더듬이는 암수 모두 빗살 모양이지만 수컷은 빗살이 짧다. 6~8월에 출현하여 활동하며 연 3회 발생한다. 유충은 털이 매우 많고 앞가슴등판에 갈색 털 뭉치가 있는 것이 특징이며 크기는 35㎜ 정도이다. 돌콩, 등나무, 갈참나무, 상수리나무, 버드나무, 소리쟁이 등의 식물을 갉아 먹고 산다. 겨울에 유충으로 월동한다.

무늬독나방(독나방과)

숲속에 살면서 여름 밤에 불빛에 유인되어 날아오는 모습을 볼 수 있다. 날개는 전체적으로 황색을 띠고 크기는 17~39㎜이다. 날개에 커다란 갈색 무늬가 있으며 그 주변에도 2~5개의 작은 무늬가 있어서 이름이 지어졌으며 5~8월에 출현한다. 5~6월, 7~8월에 걸쳐 연 2회 발생한다. 유충은 붉은색, 선명한 황색의 경고색을 갖고 있으며 털이 매우 길다. 버드나무, 국수나무, 조록싸리 등의 잎을 갉아 먹으며 산다.

밤에 불빛에 유인되어 날아온 모습　　유충

점박이불나방(불나방과)

참나무가 많이 자라는 숲에서 산다. 날개는 회백색이고 크기는 42~47㎜ 이다. 날개에 검은색 점무늬가 많고 밤에 불빛에 잘 유인되어 날아오기 때문에 이름이 지어졌으며 6~8월에 출현한다. 연 1회 발생한다. 유충은 몸은 황색이고 머리와 배 끝은 주황색이다. 몸이 길쭉하고 기다란 털이 많이 나 있으며 참나무류의 잎사귀를 갉아 먹고 산다. 불나방류 유충은 모두 털이 수북하게 달려 있어서 보통 '송충이'라고 부른다.

밤에 불빛에 유인되어 날아온 모습　　유충

흰무늬왕불나방(불나방과)

숲에 살며 낮에는 잎사귀 뒷면에 숨어 지내다가 밤이 되면 불빛에 유인되어 잘 날아온다. 앞날개는 검은색이고 흰색과 황색 점무늬가 많으며 크기는 75~85㎜이다. 날개에 흰색 점무늬가 많고 불빛에 유인되어 잘 날아오는 대형 나방이어서 이름이 지어졌으며 5~8월에 출현한다. 더듬이는 수컷은 톱니 모양이고 암컷은 실 모양이다. 수컷은 암컷보다 크기가 약간 작으며 연 2회 발생한다. 유충은 여뀌, 고마리를 갉아 먹고 산다.

낮에 풀숲에서 쉬는 모습　　유충

흰제비불나방(불나방과)

숲에 사는 야행성 나방으로 밤에 불빛에 유인되어 잘 날아온다. 날개는 전체적으로 흰색을 띠며 크기는 60~72㎜이다. 앞다리 넓적다리마디와 종아리마디가 붉은색을 띤다. 뒷날개에 검은색 점무늬가 있기도 하고 없기도 하다. 자두, 복숭아 등의 과즙을 빨아 먹어 과수 농사에 피해를 일으키고 7~8월에 출현하며 연 1회 발생한다. 유충은 개망초, 갈퀴나물, 살갈퀴 등을 갉아 먹고 산다. 털이 수북하며 자극을 받으면 몸을 둥글게 만다.

밤에 불빛에 유인되어 날아온 모습　　유충

불나방은 밤에 켜진 환한 불빛에 잘 유인되어 날아온다는 의미로 이름이 지어졌다. 화려한 빛깔을 자랑하는 종류가 많다.

밤에 불빛에 유인되어 날아온 모습   유충

줄점불나방(불나방과)

숲에 사는 야행성 나방으로 밤에 불빛에 유인되어 잘 날아온다. 날개는 황회색이고 크기는 38~44㎜이다. 배는 붉은색을 띠고 더듬이는 실 모양이다. 날개에 검은색 점줄무늬가 줄지어 있어서 이름이 지어졌으며 5~8월에 출현한다. 개체에 따라서 날개 무늬의 변이가 많다. 유충은 몸 전체에 길고 뻣뻣한 털이 수북하게 나 있으며 나뭇잎에 붙어 있는 모습을 볼 수 있다. 유충은 버드나무, 벚나무, 여뀌 등을 갉아 먹고 산다.

꽃에 앉아 있는 모습   짝짓기

노랑애기나방(애기나방과)

산과 들을 날아다니며 낮에 활동하는 주행성 나방으로 꽃에 모여서 꿀을 빤다. 몸은 황색이고 검은색 줄무늬가 많으며 크기는 31~42㎜이다. 몸통은 매우 뚱뚱하고 날개는 검은색이며 흰색 점무늬가 있다. 몸이 전체적으로 황색을 띠고 있어서 이름이 지어졌으며 7~8월에 출현한다. 꽃이나 잎에 앉아서 서로 반대 방향을 보고 짝짓기하는 모습을 볼 수 있다. 수컷은 암컷보다 크기가 작고 암컷은 수컷보다 배가 더 크다.

밤에 불빛에 유인되어 날아온 모습   흰점멧수염나방

쌍복판눈수염나방(밤나방과)

참나무 숲에 많이 사는 야행성 나방으로 밤에 불빛에 유인되어 잘 날아온다. 날개는 어두운 회갈색을 띠며 크기는 46~56㎜이다. 날개 좌우에 있는 V자 무늬 또는 콩팥 무늬가 눈처럼 보여서 이름이 지어졌으며 6~8월에 출현한다. 유충은 참나무류의 잎사귀를 갉아 먹고 산다. **흰점멧수염나방**(밤나방과)은 날개가 갈색이고 크기는 29㎜ 정도이다. 날개 가운데에 흰색 줄무늬가 있고 좌우에 2개의 흰색 점무늬가 있으며 6~7월에 출현한다.

꽃처럼 알록달록해야 천적의 눈을 피할 수 있기 때문에 낮에 활동하는 나방은 노랑애기나방처럼 색깔이 화려하다.

밤에 불빛에 유인되어 날아온 모습   유충

붉은뒷날개나방(밤나방과)

참나무가 많은 숲에 살며 밤에 불빛에 유인되어 잘 날아온다. 앞날개는 전체적으로 진갈색을 띠며 크기는 65㎜ 정도이다. 뒷날개가 붉은색을 띠고 있어서 이름이 지어졌으며 7~9월에 출현한다. 그늘진 숲의 참나무류에 붙어 있으면 색깔이 나무껍질과 비슷해서 눈에 잘 띄지 않는다. 유충은 머리는 적갈색이고 몸은 갈색이며 털 뭉치가 볼록하게 솟아 있어서 나뭇가지처럼 보인다. 참나무류에 모여서 잎사귀를 갉아 먹고 산다.

밤에 불빛에 유인되어 날아온 모습   뒷날개의 붉은색 무늬

무궁화밤나방(밤나방과)

숲에 사는 야행성 대형 나방으로 밤에 불빛에 유인되어 잘 날아온다. 앞날개는 회갈색과 황갈색이 섞여 있고 더듬이는 갈색을 띠며 크기는 82~95㎜이다. 뒷날개 바깥쪽 테두리 부분이 붉은색을 띠는 것이 특징이며 5~8월에 출현한다. 감귤, 배, 복숭아, 사과 등의 과즙을 빨아 먹어 과일나무에 피해를 일으킨다. 유충은 밤나무, 졸참나무, 무궁화 등의 잎사귀를 갉아 먹고 산다. 무궁화를 갉아 먹어서 이름이 지어졌다.

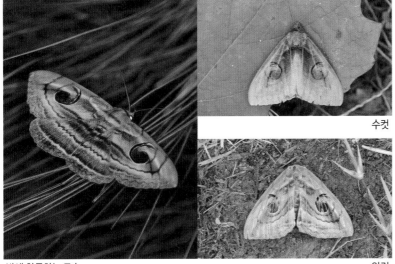

밤에 활동하는 모습   암컷
수컷

태극나방(밤나방과)

숲에 사는 야행성 나방으로 밤에 불빛에 유인되어 날아온다. 날개에 소용돌이처럼 둥근 태극무늬가 있어서 이름이 지어졌으며 크기는 60~72㎜이다. 북한에서는 '뱀눈밤나방', 일본에서는 '소용돌이나방'이라고 부른다. 자두, 포도 등의 과즙을 빨아 먹어 과일나무에 피해를 일으키며 5~8월에 출현한다. 겨울에 번데기로 월동하며 5~6월, 7~8월에 걸쳐 연 2회 발생한다. 유충은 자귀나무, 차풀 등을 갉아 먹고 산다.

꽃에 앉은 모습   왜무잎벌

흰입술무잎벌(잎벌과)

산과 들을 날아다니며 꽃에 모여드는 모습을 볼 수 있다. 머리는 검은색이고 앞가슴등판은 붉은색을 띠며 크기는 5.1~7.2mm이다. 풀밭 주변을 포르르 날아다니는 모습이 '파리'처럼 보이며 5~7월에 출현한다. 유충은 꼬리풀을 갉아 먹고 산다. 왜무잎벌(잎벌과)은 몸과 앞가슴등판은 주황색이고 머리와 날개는 검은색이다. 다리의 넓적다리마디는 주황색이며 크기는 7mm 정도이다. 유충은 냉이, 무, 배추 등의 십자화과 식물을 갉아 먹고 산다.

잎에 앉아 있는 모습   등면

등빨간갈고리벌(갈고리벌과)

숲속에 살며 풀잎이나 나뭇잎에 앉아 있는 모습을 볼 수 있다. 머리는 검은색이고 앞가슴등판은 붉은색을 띠며 크기는 9~11mm이다. 배는 끝부분이 뾰족하며 배 가운데 약간 위쪽에 흰색 줄무늬가 있다. 풀숲을 재빠르게 날아다니는 모습을 볼 수 있으며 7~10월에 출현한다. 앞가슴등판이 붉은색을 띠고 산란관이 갈고리처럼 휘어져 있다고 해서 이름이 지어졌다. 유충은 말벌류 유충이나 나비류 유충에 기생해서 산다.

잎에 앉아 있는 모습   굵은 뒷다리

무늬수중다리좀벌(수중다리좀벌과)

낮은 산지의 풀밭을 날아다니다가 나뭇잎이나 풀잎에 잘 내려앉는다. 몸은 전체적으로 검은색을 띠고 길이가 짧고 통통하며 크기는 5~7mm이다. 더듬이는 몸길이에 비해 무척 짧고 다리는 황색을 띤다. 다리에 황색 띠무늬가 있고 뒷다리의 넓적다리마디가 알통 모양으로 굵게 발달해서 이름이 지어졌으며 5~9월에 출현한다. 낮은 산지를 날아다니며 나비류와 파리류의 번데기에 알을 낳아 기생하는 기생벌이다.

   '좀'은 크기가 매우 작다는 뜻이다. 좀벌, 좀잠자리, 좀집게벌레 등은 모두 크기가 매우 작아서 이름이 붙여진 곤충이다.

잎에 앉아 있는 모습

송곳벌살이꼬리납작맵시벌

잎에 앉아 있는 모습

왜가시뭉툭맵시벌

잎벌 유충을 사냥하려고 접근하는 모습

흰줄박이맵시벌

단색자루맵시벌(맵시벌과)

산지의 풀숲을 활발하게 날아다니다가 잎 뒷면에 잘 붙는다. 몸은 황색이고 더듬이는 실 모양으로 길며 크기는 25㎜ 정도이다. 몸 빛깔이 황색으로 단색이고 배가 자루 모양으로 매우 길쭉해서 이름이 지어졌으며 5~7월에 출현한다. 배저녁나방 유충에 알을 낳아 기생한다. **송곳벌살이꼬리납작맵시벌**(맵시벌과)은 몸이 적갈색이고 불규칙한 황색 무늬가 있으며 크기는 40㎜ 정도이다. 나무에 사는 유충에 기생하며 6~7월에 출현한다.

누런줄뭉툭맵시벌(맵시벌과)

산과 들을 날아다니며 나비류의 몸에 알을 낳아 기생하는 기생벌이다. 몸은 흑갈색이고 크기는 11㎜ 정도이다. 더듬이는 연갈색이고 다리는 황색이며 제1~4배마디에는 황색 줄무늬가 있고 8~9월에 출현한다. 줄점팔랑나비 유충과 나방류 유충에 알을 낳아 기생한다. **왜가시뭉툭맵시벌**(맵시벌과)은 배에 황색 줄무늬와 점무늬가 있는 것이 특징이며 크기는 12~14㎜이고 4~7월에 출현한다. 나방류 유충의 몸에 알을 낳아 기생한다.

나방살이맵시벌(맵시벌과)

낮은 산지나 경작지를 날아다니며 나방류나 잎벌류 유충의 몸에 알을 낳는 기생벌이다. 몸은 검은색이고 크기는 14㎜ 정도이다. 더듬이 끝부분은 흰색을 띠고 배마디에 황색 줄무늬가 있는 것이 특징이다. 나방류 유충의 몸속에 알을 낳아서 이름이 지어졌으며 5~6월에 출현한다. **흰줄박이맵시벌**(맵시벌과)은 몸은 전체적으로 검은색이고 크기는 13~15㎜이며 5~7월에 출현한다. 나비류 유충의 몸에 알을 낳아 기생한다.

잎에 앉아 있는 모습   먹이 사냥

왕청벌(청벌과)

산과 들을 빠르게 날아다니거나 꽃에 앉아 꽃가루를 먹는 모습을 볼 수 있다. 몸은 전체적으로 청색이 도는 녹색이며 크기는 12~16㎜이다. 몸 전체가 금속 광택이 있어서 반짝거린다. 청벌류 중에서 대형종으로 몸이 통통하고 커서 '왕'이 붙어서 이름이 지어졌으며 7~9월에 출현한다. 빠르게 날아다니며 호리병벌의 둥지를 뜯어내고 산란하여 기생하기 때문에 '뻐꾸기말벌(Cockoo Wasp)'이라고 부른다.

잎에 앉아 있는 모습   육니청벌

먹사치청벌(청벌과)

산과 들을 빠르게 날아다니며 잎과 줄기에 앉는 모습을 볼 수 있다. 몸은 반짝거리는 광택이 있는 청람색으로 매우 화려하며 크기는 10㎜ 정도이다. 크기가 작아서 풀숲을 날아다니는 모습을 발견하기가 쉽지 않으며 6~9월에 출현한다. 꿀벌류 유충과 말벌류 유충의 몸에 알을 낳아서 기생한다. **육니청벌**(청벌과)은 몸은 전체적으로 녹색이며 크기는 9~13㎜이다. 배 끝부분에 6개의 이빨 모양 돌기가 있으며 5~9월에 출현한다.

꽃에 앉은 모습   긴배벌

배벌(배벌과)

산과 들에 핀 다양한 꽃에 모여 있는 모습을 볼 수 있다. 몸은 검은색이고 앞가슴등판에 황갈색 털이 많으며 크기는 19~33㎜이다. 배마디에는 흰색 줄무늬가 있으며 5~8월에 출현한다. 몸에 비해서 배가 매우 길어서 이름이 지어졌다. 풍뎅이 유충의 몸에 알을 낳아 기생한다. **긴배벌**(배벌과)은 몸은 검은색이고 크기는 21~30㎜이다. '배벌'과 비슷하게 닮았지만 배 부분이 더 길고 호리호리해서 구별되며 5~8월에 출현한다.

땅에 앉아 있는 모습

꽃가루 먹기

대모벌(대모벌과)

산지나 들판을 매우 빠르게 날아다니며 거미를 사냥한다. 몸은 전체적으로 검은색이고 다리와 더듬이는 황색을 띠며 크기는 22~25㎜이다. 풀숲의 잎이나 꽃에 앉았다가 금방 다른 곳으로 재빠르게 이동하며 활발하게 움직이는 모습을 볼 수 있으며 7~9월에 출현한다. '거미'를 마취시켜서 사냥한 후 마취 상태로 끌고 가서 그 위에 알을 낳아 번식한다. 알에서 부화된 유충은 마취된 거미를 먹으며 자라서 성충이 된다.

돌 위에 앉아 있는 모습

홍허리대모벌

왕무늬대모벌(대모벌과)

산과 들을 매우 빠르게 날아다니며 거미를 사냥하는 벌이다. 몸은 검은색이고 흑갈색 털이 많으며 크기는 13~25㎜이다. 대모벌류 중에서 크기가 크고 제2배마디 등면에 황색 띠무늬가 있어서 이름이 지어졌으며 6~8월에 출현한다. 황닷거미 등의 거미를 마취시켜 둥지로 끌고 가서 알을 낳아 번식한다. **홍허리대모벌**(대모벌과)은 몸은 검은색이고 크기는 9㎜ 정도이다. 배에 적갈색 띠무늬가 있는 것이 특징이고 6~9월에 출현하며 거미류를 사냥한다.

거미를 마취해서 사냥하는 모습

사냥한 먹잇감을 끌고 가는 모습

별대모벌(대모벌과)

산과 들에 핀 다양한 꽃에 모여 거미를 사냥하는 육식성 벌이다. 몸은 전체적으로 검은색을 띠고 크기는 10~20㎜이다. 더듬이는 검은색이고 날개는 반투명하며 가장자리는 암갈색을 띤다. 성충은 산과 들에 사는 거미류를 마취시켜서 사냥하며 7~9월에 출현한다. 자신보다 훨씬 더 큰 거미를 마취시켜서 끌고 가는 모습을 볼 수 있다. 마취된 거미의 몸에 알을 낳아서 번식한다. 거미의 몸에서 부화된 유충은 거미를 먹으며 자란다.

배회성 거미를 잘 사냥하는 대모벌은 땅이나 풀숲에서 기어다니는 거미를 사냥하기 위해 매우 낮고 빠르게 비행한다.

땅을 기어가는 모습   흰색 다리

구주개미벌(개미벌과)

숲속의 땅 위를 부지런히 기어다니는 모습을 볼 수 있다. 몸은 전체적으로 검은색이고 뚱뚱하며 크기는 11~13㎜이다. 온몸에 광택이 반질반질하다. 앞가슴등판은 흑갈색을 띠고 둥근 배에는 흰색 무늬가 있으며 다리는 흰색을 띤다. 땅에서 기어다니는 모습이 '개미'를 닮아서 '개미벌'이라고 이름이 지어졌으며 6~8월에 출현한다. 개미처럼 보이지만 개미와 달리 꽁무니의 산란관으로 쏠 수 있다. 뒤영벌류 등의 벌류에 기생한다.

잎에 앉아 있는 모습   배에 있는 황색 점무늬

점호리병벌(말벌과)

산과 들을 날아다니며 꽃이나 잎사귀에 앉아 있는 모습을 볼 수 있다. 몸은 검은색이고 황색 무늬가 많으며 크기는 10~13㎜이다. 배자루가 길고 황색 줄무늬가 있으며 제2배마디 가운데 좌우에 황색 점무늬가 있어서 이름이 지어졌으며 7~9월에 출현한다. 성충은 호리병 모양의 둥지를 만들고 나방류 유충을 사냥해서 저장한 후 알을 낳아 번식한다. 알에서 부화된 유충은 둥지에 저장되어 있는 나방류 유충을 먹고 자란다.

잎에 앉아 있는 모습   꽃가루 먹기

줄무늬감탕벌(말벌과)

산지나 들판에 피어 있는 꽃과 잎에 잘 모여든다. 몸은 전체적으로 검은색이고 크기는 18㎜ 정도이다. 배 부분에 2개의 황색 줄무늬가 뚜렷하게 있어서 이름이 지어졌으며 6~9월에 출현한다. 진흙을 모아 둥지를 만들고 잎말이나방류, 명나방류, 밤나방류의 유충을 사냥해서 저장한다. 둥지에서 부화된 유충은 저장되어 있는 나방류 유충을 먹으며 무럭무럭 자란다. 번데기를 거쳐 성충이 되면 둥지를 뚫고 나와 활동한다.

나무에 만든 집에 드나드는 모습　　　밤에 불빛에 유인되어 날아온 모습

말벌(말벌과)

산과 들, 마을 주변을 빠르게 날아다니며 곤충을 사냥한다. 몸은 흑갈색이고 크기는 21~29㎜이다. 배 부분에 물결 모양의 황색 줄무늬가 있으며 앞가슴등판의 어깨 부위와 제1배마디가 적갈색을 띤다. 주변에 있는 양봉장에 날아가서 꿀벌을 매우 잘 사냥하기 때문에 '꿀벌 해적'이라고 불리며 4~10월에 출현한다. 땅속이나 나무 구멍에 둥지를 짓고 나뭇진이나 사냥한 곤충을 먹고 산다. 밤에 불빛에 유인되어 잘 날아온다.

벌집(둥지 초기 형태)

썩은 나무 주변을 기어가는 모습　　　겨울나기(여왕벌)

좀말벌(말벌과)

숲속에 살면서 나뭇진이나 곤충을 사냥한다. 몸은 전체적으로 흑갈색이고 배에는 황색 줄무늬가 뚜렷하며 크기는 23~29㎜이다. 썩어 가는 나무를 모아서 둥지를 짓고 살며 4~10월에 출현한다. 처음에는 여왕벌이 혼자서 둥지를 짓기 시작한다. 삿갓 모양의 둥지는 점차 조롱박 모양이 된다. 일벌이 태어나서 개체 수가 많아지면 조롱박 모양의 둥지는 점차 공 모양으로 둥글게 바뀐다. 8월 말이면 개체 수가 최대가 된다.

나무 데크(인공 구조물)에 앉아 있는 모습　　　떨어진 감을 먹는 모습

장수말벌(말벌과)

숲속에서 곤충을 사냥하고 나뭇진이나 떨어진 과일을 먹고 산다. 몸은 검은색이고 머리는 황색이며 배에는 황색 줄무늬가 있고 크기는 27~44㎜이다. 우리나라에 살고 있는 말벌류 중에서 크기가 가장 크고 힘이 센 벌로 독성이 매우 강하며 4~10월에 출현한다. 땅속이나 나무 구멍에 둥글고 층이 겹겹이 쌓인 둥지를 짓고 산다. 나뭇진을 먹기 위해 참나무류에 잘 모인다. 다른 말벌류까지 사냥할 정도로 최고로 강한 육식성 벌이다.

'말'은 크다라는 뜻으로 몸이 큰 곤충에게 붙여지는 이름이다. 말벌, 말매미, 말매미충 등은 비슷한 곤충 중에서 몸집이 크다는 뜻이다.

땅에 있는 모습 　　　　　옆면

등검은말벌(말벌과)

산과 들을 빠르게 날아다니며 곤충을 사냥하거나 참나무류에 모여 나뭇진을 먹고 산다. 몸은 전체적으로 검은색이고 배 끝부분은 황색을 띠며 크기는 16~28㎜이다. 나무의 높은 곳에 둥지를 짓고 살며 4~11월에 출현한다. 배 등면이 전체적으로 검은색을 띠고 있어서 이름이 지어졌다. 동남아시아의 열대 지역에서 유입된 외래종 말벌로 2003년 부산에 유입되었다. 현재는 중부 지방에서까지 발견된다.

밤에 불빛에 유인되어 날아온 모습 　　　잘록한 배자루마디

검정말벌(말벌과)

참나무류가 많이 자라는 숲속에 살며 나뭇진을 먹는 모습을 볼 수 있다. 몸은 전체적으로 검은색이고 크기는 25㎜ 정도이다. 활발하게 날아다니며 곤충을 사냥하는 육식성 곤충으로 4~10월에 출현한다. '말벌', '좀말벌'과 비슷하지만 배마디가 검은색이어서 쉽게 구별된다. 참나무류의 나뭇진에는 검정말벌 외에도 다양한 말벌류가 모여든다. 장수말벌, 땅벌, 별쌍살벌, 왕바다리 등 여러 종류의 벌이 함께 모여서 산다.

풀잎에 앉은 모습 　　　　　극동가위벌

장미가위벌(가위벌과)

산과 들을 날아다니며 장미의 잎을 가위처럼 잘 오려서 둥근 모양의 둥지를 만든다. 몸은 전체적으로 검은색이고 앞가슴등판은 갈색을 띠며 크기는 12~13㎜이다. 6~9월에 출현한다. 유충은 꽃가루와 꽃꿀을 먹고 산다. **극동가위벌**(가위벌과)은 몸은 전체적으로 검은색이고 황갈색 털로 덮여 있으며 크기는 12㎜ 정도이다. '꿀벌'이나 '꽃등에'처럼 꽃에 잘 모여들며 5~8월에 출현한다. 유충은 꽃가루와 꽃꿀을 먹고 산다.

기후 변화로 외래종인 등검은말벌의 분포 지역이 점점 북쪽으로 넓어지고 있으며 개체 수도 크게 불어나서 흔하게 관찰된다.

풀잎에 앉아 있는 모습   뽀족한 배

야노뽀족벌(가위벌과)

산과 들을 날아다니며 생활하는 모습을 볼 수 있다. 몸은 전체적으로 검은색이고 크기는 10~15㎜이다. 더듬이는 검은색이고 머리와 앞가슴등판에 황갈색 털이 가득하다. 배는 검은색이고 끝부분으로 갈수록 뽀족하게 생겨서 '뽀족벌'이라는 이름이 지어졌으며 6~8월에 출현한다. '야노(矢野)'는 일본어로 '들판을 날아다니는 화살처럼 뽀족하다'는 뜻으로 들판을 날아다니는 배 끝부분이 뽀족한 벌이라는 뜻이다.

꽃가루를 먹는 모습   구리빛 광택

구리꼬마꽃벌(꼬마꽃벌과)

산과 들을 부지런히 날아다니며 꽃에 모여서 꽃가루와 꿀을 모은다. 몸이 전체적으로 구리빛 광택이 나서 이름이 지어졌으며 크기는 8㎜ 정도이다. 들판에 핀 다양한 꽃을 찾아 날아다니는 모습을 볼 수 있으며 8~9월에 출현한다. 꽃가루는 뒷다리에 수북하게 붙여서 모으고 꿀은 주둥이로 빨아 몸속의 꿀주머니에 모은다. 땅에 만든 둥지에 꿀과 꽃가루를 모은 후 알을 낳는다. 부화된 유충은 꽃가루와 꿀을 먹으며 자란다.

꽃에 앉은 모습   꼬마광채꽃벌

꼬마알락꽃벌(꿀벌과)

산과 들에 핀 다양한 꽃에 모여 꽃가루를 먹는 모습을 볼 수 있다. 몸은 전체적으로 적갈색이고 날개는 투명하며 크기는 10㎜ 정도이다. 크기가 작고 몸에 검은색 줄무늬가 많으며 배에 황색 무늬가 있는 모습이 알록달록해 보여서 이름이 지어졌으며 5~8월에 출현한다. **꼬마광채꽃벌**(꿀벌과)은 몸은 광택이 있는 검은색이고 배에 연황색 줄무늬가 있으며 크기는 7㎜ 정도이다. 꽃에 모여 꽃가루를 먹고 살며 7~8월에 출현한다.

잎에 앉아 있는 모습   대모각다귀

밑들이각다귀(각다귀과)

숲속에서 날아다니다가 잎사귀에 내려앉는 모습을 볼 수 있다. 몸은 길고 연갈색을 띠며 크기는 9㎜ 정도이다. 날개는 투명하고 다리는 몸에 비해 매우 길게 발달했다. 배 끝부분이 위쪽으로 올라가 있는 모습이 숲속에 사는 '밑들이'를 닮았다고 해서 이름이 지어졌으며 6~8월에 출현한다. 유충은 썩은 식물을 먹고 산다. **대모각다귀**(각다귀과)는 몸은 검은색이고 크기는 13~17㎜이다. 냇가와 논밭에 살며 5~9월에 출현한다.

화장실 벽에 붙어 있는 모습   배면

나방파리(나방파리과)

무더운 여름철에 화장실, 보일러실, 하수도 주변, 창고 주변을 날아다니는 모습을 흔하게 볼 수 있다. 날개는 회백색으로 반투명하며 크기는 1.5~2㎜이다. 몸에 비해 날개가 매우 넓적해서 '소형 나방'처럼 보인다고 해서 이름이 지어졌다. 여름철에 재래식 화장실에서 많이 발생하지만 1년 내내 출현하기 때문에 집 주변 어디서나 날아다니다가 벽에 붙는 모습을 볼 수 있다. 유충은 축축한 곳이나 물이 고인 곳에 산다.

잎에 앉아 있는 모습   피를 빨아 먹는 암컷

풀 즙을 먹는 수컷

흰줄숲모기(모기과)

산과 들, 도시 주변에서 날아다니며 암컷은 사람의 피를 빨아 먹고 수컷은 각종 식물의 즙을 먹고 산다. 몸은 검은색이고 크기는 4.5㎜ 정도이다. 다리에 흰색 줄무늬가 있어서 이름이 지어졌으며 6~9월에 출현한다. 숲에 많이 살아서 '산모기'라고 불리고 다리의 흰색 줄무늬가 운동화 로고를 닮아서 '아디다스 모기'라고도 부른다. 최근 아파트와 주택을 숲 주변에 많이 짓기 때문에 집 안에 들어오는 비율이 높아져서 자주 물린다.

흔히 '산모기'라고 불리는 흰줄숲모기는 뎅기열과 지카바이러스를 매개할 수 있어서 주의해야 할 위생 해충이다.

잎에 앉아 있는 모습 | 2형(녹색형)

꼬마동애등에 (동애등에과)

산과 들을 날아다니다가 잎사귀에 앉는 모습을 볼 수 있다. 몸은 청록색이고 광택이 나며 크기는 4~5㎜이다. 겹눈은 적갈색이고 앞가슴등판 무늬가 사람의 얼굴처럼 보인다. 동애등에류 중에서 크기가 매우 작기 때문에 '꼬마'가 붙어서 이름이 지어졌으며 6~8월에 출현한다. 크기는 작지만 선명한 녹색 광택이 있기 때문에 잎에 앉아 있으면 쉽게 발견할 수 있다. 몸빛깔은 개체에 따라 약간씩 다른 체색 이형도 있다.

잎에 앉아 있는 모습 | 범동애등에

히라야마동애등에 (동애등에과)

산과 들을 날아다니는 모습을 볼 수 있다. 몸은 검은색이고 몸 전체가 짧은 금색 털로 덮여 있으며 크기는 10~13㎜이다. 겹눈은 잠자리처럼 매우 크며 더듬이는 꺾여 있다. 배는 편평하고 넓적하며 날개는 투명하고 몸 길이보다 길며 5~7월에 출현한다. 유충은 썩은 물질을 먹고 산다. **범동애등에**(동애등에과)는 몸은 연녹색이고 배에 물결 모양의 검은색 줄무늬가 있으며 크기는 10~13㎜이다. 냇가, 논밭, 풀밭에 살며 6~9월에 출현한다.

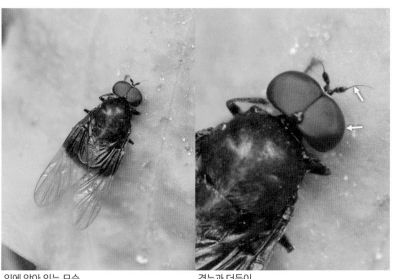

잎에 앉아 있는 모습 | 겹눈과 더듬이

방울동애등에 (동애등에과)

산과 들을 잘 날아다니는 모습을 볼 수 있다. 몸은 검은색이고 광택이 있으며 크기는 7~9㎜이다. 겹눈은 적갈색이고 둥글고 크며 더듬이는 매우 짧다. 다리는 흑갈색이고 종아리마디는 황백색이다. 날개가 몸 길이보다 훨씬 더 길게 발달한 것이 특징이다. 들판을 날아다니다가 잎사귀에 잘 내려앉는 모습을 볼 수 있으며 6~7월에 출현한다. '동애등에'나 '아메리카동애등에'에 비해 몸길이가 매우 짧고 통통하다.

겹눈이 매우 크고 더듬이가 짧은 동애등에는 머리 부위가 잠자리와 매우 많이 닮았다.

잎에 앉아 있는 모습　　　　겹눈과 더듬이

황등에붙이(등에과)

논밭과 마을, 냇가의 풀밭, 가축을 기르는 축사에서 날아다니는 모습을 볼 수 있다. 몸은 황갈색이고 크기는 12~14㎜이다. 겹눈은 황색으로 잠자리 겹눈보다 더 크고 둥글둥글하며 6~9월에 출현한다. 암컷은 '모기'처럼 알을 많이 낳기 위해서 축사에 모여 가축의 체액을 빨아 먹고 산다. 수컷은 풀밭의 꽃에 모여 꽃가루를 먹고 산다.

잎에 앉아 있는 모습　　　　야행성

소등에(등에과)

산과 들이나 축사에서 날아다니는 모습을 볼 수 있다. 몸은 전체적으로 회갈색이고 크기는 17~29㎜이다. 겹눈이 잠자리처럼 매우 크고 더듬이는 매우 짧으며 6~9월에 출현한다. 소를 찔러서 체액을 빨아 먹으면 소는 꼬리로 엉덩이를 찰싹 때려 내쫓는다. 소의 등에 잘 올라타서 한자어 '등(螢)'과 접미사 '에'가 붙어 '등에'라는 이름이 지어졌다. 옛날에 우리나라에서는 '쇠파리', 유럽에서는 '말파리'라고 불렀다.

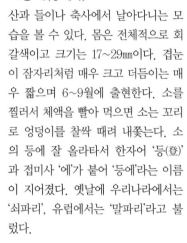

잎에 앉아 있는 모습　　　　옆면

얼룩점밑들이파리매(밑들이파리매과)

산과 들을 재빠르게 날아다니며 곤충을 사냥한다. 몸은 전체적으로 검은색이고 크기는 20㎜ 정도이다. 겹눈은 잠자리 눈처럼 둥글게 튀어나왔고 더듬이는 짧다. 앞가슴등판에 황색 점무늬가 있는 모습이 얼룩덜룩한 점이 있는 것 같아 보여서 이름이 지어졌으며 5~6월에 출현한다. 재빠르게 날아다니며 공중에서 먹잇감을 낚아채는 사냥 솜씨가 뛰어나다. 풀숲을 빠르게 날아다니며 활동하기 때문에 포착하기 힘들다.

파리류는 먹이가 다양해서 피를 빨아 먹는 경우도 많다. 가축의 피를 빨아 먹는 파리는 소등에, 사람의 피를 빨아 먹는 파리는 모기이다.

암컷

나무에 앉아 있는 수컷

먹이 사냥

파리매(파리매과)

산과 들을 재빠르게 날아다니며 곤충을 사냥한다. 몸은 검은색이고 다리의 종아리마디는 붉은색을 띠며 크기는 23~30㎜이다. 다리는 잠자리의 다리처럼 소쿠리 모양이고 가시털이 있어서 어떤 먹잇감도 잘 포획할 수 있게 발달되어 있다. 재빠르게 먹잇감을 낚아채서 사냥하는 모습이 맹금류 '매'를 닮아서 이름이 지어졌으며 6~8월에 출현한다. 수컷은 배 끝부분에 털 뭉치가 달려 있어서 털 뭉치가 없는 암컷과 구별된다.

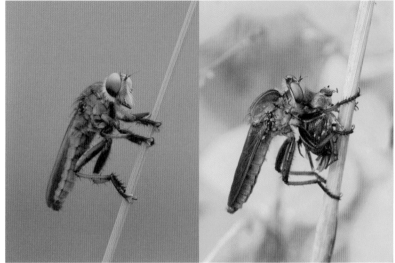

풀 줄기를 붙잡고 앉은 모습

먹이 사냥

왕파리매(파리매과)

산지의 계곡 주변이나 풀밭 등을 빠르게 날아다니며 나방, 꿀벌, 풍뎅이 등을 사냥하는 육식성 곤충이다. 몸은 적갈색이나 황갈색이고 겹눈은 청록색을 띠며 크기는 20~28㎜이다. 겹눈은 잠자리 겹눈처럼 매우 크고 청록색 광택이 있다. 공중에서 재빠르게 날아다니며 먹잇감을 낚아채서 사냥하는 솜씨가 뛰어나며 6~8월에 출현한다. 한 번 사냥한 먹잇감은 다 먹을 때까지 기다란 다리로 감싸서 붙잡고 날아다닌다.

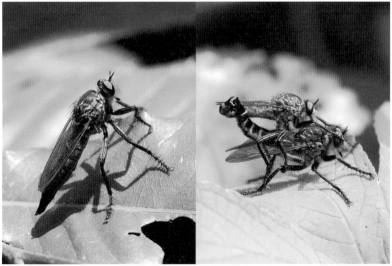

풀잎에 앉은 모습

짝짓기

검정파리매(파리매과)

낮은 산지나 들판에서 날아다니며 다양한 곤충을 공중에서 낚아채서 사냥하는 솜씨가 뛰어나다. 몸은 전체적으로 검은색을 띠고 크기는 22~25㎜이다. 겹눈은 잠자리 겹눈처럼 크고 붙어 있다. 개체 수가 많아서 가장 쉽게 볼 수 있으며 6~9월에 출현한다. 나방, 나비, 파리 등을 사냥한 후 풀잎이나 땅에 잘 내려앉는다. 사냥한 먹잇감에 소화액을 내뿜어 녹여서 먹는다. 잎사귀에 앉아서 짝짓기하는 모습도 자주 볼 수 있다.

매처럼 비행하며 사냥하는 파리매는 부리부리한 겹눈과 잘 움켜잡을 수 있는 다리로 먹잇감을 노리는 최고의 사냥꾼이다.

꿀을 먹는 모습

퇴화된 뒷날개(평형곤)

짝짓기

스즈키나나니등에(재니등에과)

산과 들에 핀 다양한 꽃에 모여서 꿀을 빨아 먹는 모습을 볼 수 있다. 머리와 앞가슴등판은 검은색이고 배는 갈색을 띠며 크기는 20㎜ 정도이다. 겹눈은 몸에 비해 둥글고 크며 다리는 '각다귀'처럼 매우 길다. 배 부분이 매우 가늘고 길어서 '나나니'와 매우 비슷해 보이며 8~9월에 출현한다. 뒷날개가 퇴화되어 1쌍의 날개로 날아다닌다. 암수가 짝짓기를 하면서 함께 비행하며 꽃에 모여드는 모습을 볼 수 있다.

풀잎에 앉은 수컷

암컷

장다리파리(장다리파리과)

산길을 걷다 보면 풀숲 사이를 날아다니다가 잎에 내려앉는 모습을 볼 수 있다. 몸은 녹색이고 반질반질한 광택이 나며 크기는 5~6㎜이다. 겹눈은 둥글고 붉은색을 띤다. 몸에 비해 다리가 매우 길어서 이름이 지어졌으며 6~9월에 출현한다. 나뭇잎 위에 앉아 있으면 햇볕에 녹색 광택이 반짝거려서 쉽게 눈에 띈다. 수컷과 암컷 모두 광택이 있지만 수컷은 배 끝부분이 좁고 암컷은 둥글고 넓어서 서로 구별된다.

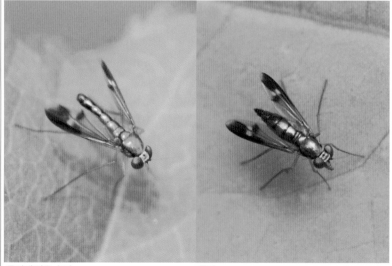

풀잎에 앉은 수컷

암컷

얼룩장다리파리(장다리파리과)

산과 들을 날아다니다가 나뭇잎이나 풀잎에 앉는 모습을 볼 수 있다. 몸은 전체적으로 녹색이고 광택이 있으며 크기는 6㎜ 정도이다. 겹눈은 붉은색이고 더듬이는 검은색이며 주둥이는 황색이다. 날개에 얼룩덜룩한 검은색 무늬가 있어서 이름이 지어졌으며 6~9월에 출현한다. '장다리파리'와 비슷하게 닮았지만 날개에 검은색 무늬가 있고 날개가 약간 더 길어서 구별된다. 잎사귀에 앉았다가 금방 훌쩍 날아간다.

꽃가루를 먹는 모습 / 땅에 앉아 있는 모습

어리대모꽃등에(꽃등에과)

산지에 핀 꽃을 찾아 날아다니며 꽃가루를 먹고 산다. 몸은 광택이 있는 검은색이고 배 부분이 매우 뚱뚱하며 크기는 16~18㎜이다. 겹눈은 잠자리 겹눈처럼 매우 크며 배 부분에 굵은 흰색 띠무늬를 갖고 있는 것이 특징이다. 5~9월에 출현한다. 뒷날개 2개가 퇴화되어 날개가 2장뿐이지만 매우 잘 날아다닌다. 유충은 벌의 사체를 먹고 산다. 기후 변화로 인해 북쪽으로 서식지가 이동하고 있어서 기후 변화를 알려 주는 곤충이다.

꽃에 앉은 모습 / 꽃가루를 먹는 모습

장수말벌집대모꽃등에(꽃등에과)

산지에 핀 다양한 꽃을 찾아 날아다니며 꽃가루를 먹고 산다. 몸은 전체적으로 검붉은색이고 배 부분은 청람색을 띠며 크기는 15~16㎜이다. 땅벌, 황말벌, 말벌, 장수말벌의 둥지에서 발견되며 7~9월에 출현한다. 특히 장수말벌집에서 자주 발견되어서 이름이 지어졌다. 말벌류 둥지 근처를 비행하다가 말벌의 사체 위에 알을 낳아 기생한다. 부화된 유충은 말벌 사체를 먹으며 무럭무럭 자라서 성충이 된다.

잎에 앉은 모습 / 개미의 공격을 받는 모습

이나노대모꽃등에(꽃등에과)

숲에 피는 다양한 꽃에 날아와서 꽃가루를 먹거나 나무에 모여 나뭇진을 먹고 산다. 몸은 검은색이고 배에 황색 무늬가 있으며 크기는 14㎜ 정도이다. 최근 '넓은이마대모꽃등에'로 이름이 바뀌었다. 더듬이는 매우 짧고 다리는 황색을 띤다. 숲에 사는 뒤영벌이나 말벌류 둥지에 알을 낳아 기생하며 6~8월에 출현한다. 알에서 부화된 유충은 벌류의 사체를 먹으며 자란다. 둥지에서 죽은 벌류의 사체를 잘 먹어 치우기 때문에 자연 생태계의 청소부 역할을 한다.

'대모'는 검은색의 대모거북(매부리바다거북)을 뜻하는 말로 이름에 대모가 들어간 꽃등에는 몸에 검은색이 발달해 있다.

잎에 앉아 있는 수컷   암컷

노랑배수중다리꽃등에(꽃등에과)

산과 들에 피는 꽃에 모여서 꽃가루를 핥아 먹고 산다. 몸은 전체적으로 검은색이고 배 부분에 황색 무늬가 있으며 크기는 10~14㎜이다. 배가 황색이고 뒷다리가 굵게 발달해서 이름이 지어졌으며 5~8월에 출현한다. 암컷과 수컷은 생김새가 비슷하지만 배 등판의 무늬가 서로 달라서 구별된다. 굵은 뒷다리가 '수중다리꽃등에'와 비슷하지만 앞가슴등판의 세로줄 무늬가 다르고 제2, 3배마디에 황색 무늬가 있어서 구별된다.

잎에 앉아 있는 수컷   암컷

배세줄꽃등에(꽃등에과)

산과 들을 날아다니며 꽃에 모여서 꽃가루를 먹고 산다. 몸은 전체적으로 검은색이고 날개 위쪽은 연갈색을 띠며 크기는 11~13㎜이다. 배는 처음 시작 부분이 약간 좁고 배마디에 3개의 황색 줄무늬가 있어서 이름이 지어졌으며 5~7월에 출현한다. 수컷은 암컷과 생김새가 매우 비슷하지만 암컷이 수컷에 비해 배가 더 넓고 불룩하게 커서 구별된다. 비교적 잘 보전된 깨끗한 숲에서만 살기 때문에 발견하기가 쉽지 않다.

꽃에 앉아 있는 수컷   암컷

알락허리꽃등에(꽃등에과)

산지나 하천의 들판에 핀 꽃에 날아와서 꽃가루를 먹고 산다. 몸은 전체적으로 검은색이고 길쭉하며 크기는 10~11㎜이다. 뒷다리 넓적다리마디가 알통처럼 굵게 발달되어 있는 것이 특징이며 5~8월에 출현한다. 수컷과 암컷은 생김새가 비슷하지만 뒷다리의 넓적다리마디가 수컷은 검은색이고 암컷은 주홍색을 띠고 있어서 서로 구별된다. 앞다리와 가운뎃다리도 수컷은 연황색이고 암컷은 주홍색을 띤다. 유충은 썩은 물질을 먹고 산다.

꽃등에는 암수의 생김새가 매우 비슷하게 생겼지만 자세히 관찰하면 배, 다리, 무늬 등이 약간씩 다르다는 것을 확인할 수 있다.

잎에 앉아 있는 모습

짝짓기

벌붙이파리(벌붙이파리과)

산지 주변을 날아다니다가 잎사귀에 앉는 모습을 볼 수 있다. 몸은 전체적으로 흑갈색이고 크기는 14~15㎜이다. 배에 황색 줄무늬가 있는 모습이 '벌'과 비슷해서 닮았다는 의미인 '붙이'가 붙어서 이름이 지어졌으며 4~8월에 출현한다. 머리가 앞가슴등판이나 배에 비해서 큰 편이며 머리 앞쪽은 황색을 띤다. 수컷이 암컷 위에 올라타서 짝짓기하고 있는 모습을 볼 수 있다. 유충은 벌류나 파리류를 먹고 산다.

잎에 앉아 있는 모습

꽃가루 먹기

조잔벌붙이파리(벌붙이파리과)

산과 들의 꽃밭을 날아다니다가 꽃이나 잎사귀에 잘 내려앉는 모습을 볼 수 있다. 몸은 전체적으로 검은색이고 크기는 10㎜ 정도이다. 머리는 몸에 비해 크고 얼굴은 황색이며 겹눈은 꽃등에나 잠자리처럼 크다. 배에 황색 줄무늬가 '벌'을 닮았고 꽃에 모이는 통통한 꽃등에와 달리 말라 보인다고 해서 빼빼 말랐다는 뜻의 '조잔'이 붙어서 이름이 지어졌으며 8~9월에 출현한다. 유충은 벌류를 먹고 사는 육식성이다.

잎에 앉아 있는 모습

옆면

왕벌붙이파리(벌붙이파리과)

산지를 날아다니며 다양한 꽃에 모여드는 모습을 볼 수 있다. 몸은 전체적으로 적갈색이고 크기는 16~20㎜이다. 머리가 몸에 비해 매우 크며 겹눈은 잠자리나 꽃등에처럼 불룩하다. 배자루가 길고 잘록한 모습이 '벌'처럼 보이고 우리나라에 살고 있는 '벌붙이파리류' 중에서 크기가 가장 커서 '왕'이 붙어서 이름이 지어졌으며 6~8월에 출현한다. 산지의 꽃밭에 잘 날아오지만 개체 수가 적어서 보기 힘들다. 유충은 벌류를 먹고 산다.

보호색

잎에 앉은 모습

다리 청소하기

알락파리(알락파리과)

산지의 들판에 산다. 몸은 황갈색이고 가슴등판에 검은색 세로줄 무늬가 있으며 크기는 11㎜ 정도이다. 날개는 몸에 비해 작은 편이다. 날개에 진갈색 무늬가 많이 있는 모습이 얼룩덜룩해 보여서 이름이 지어졌으며 7~8월에 출현한다. 몸이 전체적으로 얼룩덜룩해서 어디에 앉아 있어도 잘 눈에 띄지 않는 보호색을 갖고 있다. 앞다리로 맛을 보기 때문에 다리를 열심히 청소한다. 밤에 환한 불빛에 유인되어 날아온다.

잎에 앉은 모습

나무껍질을 닮은 보호색

날개알락파리(알락파리과)

산지를 날아다니다가 잎사귀나 나무에 잘 내려앉는 모습을 볼 수 있다. 몸은 광택이 있는 검은색이고 머리는 주황색을 띠며 크기는 10㎜ 정도이다. 날개가 몸 길이보다 훨씬 더 길고 날개에 검은색 줄무늬가 많아서 얼룩덜룩해 보여서 이름이 지어졌으며 6~7월에 출현한다. 나무껍질과 비슷한 보호색 덕분에 나무에 앉아 있으면 천적으로부터 자신을 보호할 수 있다. 동물의 배설물이나 썩은 물질을 먹고 산다.

돌에 앉아서 쉬는 모습

잎에 앉은 모습

야행성

뿔들파리(들파리과)

햇볕이 잘 드는 산지나 하천의 풀밭 사이를 빠르게 날아다니는 모습을 볼 수 있다. 몸은 푸른빛이 도는 검은색을 띠고 매우 길쭉하며 크기는 9~11㎜이다. 머리 앞쪽으로 향하는 더듬이가 뿔처럼 보인다고 해서 이름이 지어졌다. 풀숲 곳곳을 빠르게 날아다니며 다양한 꽃에 모여서 꽃가루도 먹고 돌에 앉아서 쉬기도 하며 4~8월에 출현한다. 밤에 불빛에 유인되어 잘 날아온다. 유충은 연못, 호수, 하천, 습지 등의 물속에 산다.

노랑초파리(초파리과)

산과 들이나 집 주변, 집 안에서 쉽게 볼 수 있는 소형 파리다. 몸은 주홍색을 띠고 배에는 검은색 줄무늬가 있으며 크기는 2.5㎜ 정도이다. 과일이나 땅에 떨어진 열매에 잘 모여들어 '과일파리'라고 부르며 3~10월에 출현한다. 여러 마리가 무리를 지어 떨어진 과일이나 집 안에 있는 과일에 모여 알을 낳아 번식한다. 유충은 9~10일이면 번데기를 거쳐 성충이 된다. 번식력이 뛰어나서 대발생하는 경우가 많다.

감에 무리 지어 모인 모습

떨어진 과일에 앉아 있는 모습

번데기

검정큰날개파리(큰날개파리과)

산지를 날아다니며 풀잎이나 나뭇잎에 앉는 모습을 볼 수 있다. 몸은 전체적으로 검은색이고 크기는 5㎜ 정도이다. 머리는 검은색이고 더듬이는 매우 짧고 황갈색을 띤다. 날개는 투명하고 몸 길이보다 훨씬 더 길다. 몸이 검은색이고 날개가 몸 길이보다 훨씬 더 크고 길어서 이름이 지어졌으며 5~8월에 출현한다. 수컷이 암컷 위에 올라타서 짝짓기하는 모습을 볼 수 있다. 수컷이 암컷보다 크기가 작아서 쉽게 구별된다.

잎에 앉아 있는 모습

짝짓기

표주박기생파리(기생파리과)

산과 들에 핀 꽃이나 잎에 앉는 모습을 볼 수 있다. 몸은 검은색이고 크기는 8㎜ 정도이다. 대부분의 기생파리류가 몸이 뚱뚱한 것과 달리 몸이 매우 가늘고 배 등면에 긴 털이 많다. 가슴과 배 사이가 홀쭉하게 들어간 모습이 표주박 같아서 이름이 지어졌으며 6~9월에 출현한다. 노린재류의 몸에 알을 낳아 기생한다. **검정수염기생파리**(기생파리과)는 몸은 검은색이고 크기는 15~19㎜이다. 곤충의 몸에 알을 낳아 기생하며 6~9월에 출현한다.

잎에 앉아 있는 모습

검정수염기생파리

초파리는 사람에게 질병을 일으키는 유전자의 70% 정도를 가지고 있기 때문에 질병을 치료하는 의약품을 만드는 데 큰 공헌을 하고 있다.

잎에 앉아 있는 모습　　　　　　약충

짝짓기

실노린재(실노린재과)

산과 들에 자라는 다양한 식물의 꽃과 잎에 잘 모여서 식물의 즙을 빨아 먹고 산다. 몸은 전체적으로 연황색을 띠고 크기는 6~7㎜이다. 몸, 다리, 더듬이가 모두 실처럼 매우 가느다란 형태를 갖고 있어서 이름이 지어졌으며 3~10월에 출현한다. 몸 전체가 가늘어서 풀잎이나 나뭇잎에 앉아 있으면 잘 눈에 띄지 않아 발견하기는 쉽지 않다. 약충은 연녹색이고 다리에 검은색과 황색 줄이 있으며 식물의 즙을 먹고 산다.

꽃에 앉아 있는 모습　　　　꽃의 즙을 빨아 먹는 모습

대성산실노린재(실노린재과)

산과 들의 풀밭을 활발하게 날아다니며 다양한 꽃에 모여 즙을 빨아 먹는 모습을 볼 수 있다. 몸은 전체적으로 갈색을 띠며 크기는 8㎜ 정도이다. 다리의 넓적다리마디 끝부분이 부풀어 있어서 '실노린재'와 쉽게 구별된다. 몸이 실처럼 매우 가늘고 얇아서 '모기'나 '각다귀'로 착각하는 경우가 많다. 평양에 있는 대성산에서 처음 발견되어서 이름이 지어졌으며 3~10월에 출현한다. 우리나라에만 사는 고유종이다.

잎에 앉아 있는 모습　　　　약충

꽈리허리노린재(허리노린재과)

낮은 산지나 경작지의 잎사귀나 줄기에 앉아 있는 모습을 볼 수 있다. 몸은 전체적으로 암갈색이나 검은색을 띠며 크기는 10~14㎜이다. 몸의 가운데 허리 부위가 잘록하게 들어가고 뒷다리의 넓적다리마디가 굵게 발달된 것이 특징이다. 꽈리의 즙을 빨아 먹고 살아서 이름이 지어졌으며 5~10월에 출현한다. 경작지의 꽈리, 고추, 가지, 감자, 고구마 등에 모여서 즙을 빨아 먹고 산다. 약충은 크기가 작고 날개가 없다.

실처럼 가느닿게 생긴 실노린재는 물에 사는 노린재목 곤충인 소금쟁이와 생김새가 매우 비슷하다.

땅에 앉아 있는 모습 　　　　약충

참나무노린재(참나무노린재과)

참나무가 자라는 숲에서 참나무류의 즙을 빨아 먹고 산다. 몸은 녹색 또는 연황색을 띠며 크기는 12㎜ 정도이다. 앞가슴등판과 앞날개 둘레를 따라 황색 테두리가 이어져 있고 등면 전체에 검은색 점각이 많다. 몸이 참나무류 잎과 비슷한 보호색을 갖고 있으며 5~10월에 출현한다. 약충도 성충처럼 참나무의 즙을 빨아 먹는다. '작은주걱참나무노린재'와 닮았지만 배의 기문(숨구멍) 색깔이 검은색이어서 서로 구별된다.

땅에 앉아 있는 모습 　　　　약충

작은주걱참나무노린재(참나무노린재과)

참나무가 자라는 숲에서 참나무류의 즙을 빨아 먹고 산다. 몸은 전체적으로 녹색이고 크기는 11~13㎜이다. 등면 전체에 검은색 점각이 흩어져 있고 더듬이는 몸 길이보다 길며 5~10월에 출현한다. 몸 빛깔이 참나무류의 잎과 비슷한 보호색을 띠고 있어서 잎사귀에 앉아 있으면 발견하기가 쉽지 않다. 수컷의 생식기에 막대 모양의 돌기가 있는 것이 특징이다. 개체 수가 많아서 참나무노린재류 중 비교적 쉽게 볼 수 있다.

잎에 앉아 있는 모습 　　　　무리 지어 먹는 모습

희미무늬알노린재(알노린재과)

산과 들의 풀밭에서 여뀌류 등에 모여 식물의 즙을 빨아 먹고 산다. 몸은 전체적으로 검은색을 띠고 광택이 있으며 크기는 3~4㎜이다. 작은방패판에 2개의 매우 작은 황백색 점무늬가 있지만 때로는 없는 경우도 있다. 몸이 둥글둥글해서 알 모양이고 희미한 황백색 점무늬가 있어서 이름이 지어졌으며 4~10월에 출현한다. 몸이 둥글게 생겨서 각이 져 있는 노린재보다 무당벌레나 잎벌레로 착각하는 경우가 많다.

참나무의 즙을 빨아 먹고 사는 참나무노린재는 방귀 냄새도 참나무 향이 난다.

잎에 앉아 있는 모습   풀 즙을 먹는 모습

무당알노린재(알노린재과)

산과 들의 풀밭에 모여 칡 등의 콩과 식물의 즙을 빨아 먹으며 산다. 몸은 황록색이고 흑갈색 점이 많이 있으며 크기는 4~6㎜이다. 몸이 둥글둥글하게 생겨서 '무당벌레'라고 착각하는 경우가 많다. 뾰족뾰족하게 각이 져 있는 노린재와 달리 둥글게 생겨서 '알노린재'라고 이름이 지어졌으며 4~10월에 출현한다. 성충과 약충 모두 칡, 등(나무) 등의 콩과 식물의 즙을 먹고 살기 때문에 주변에서 쉽게 발견할 수 있다.

잎에 앉아 있는 모습   2형(녹색형)

어깨에 뿔 모양의 돌기

등빨간뿔노린재(뿔노린재과)

층층나무, 벚나무, 참나무류 등의 활엽수가 자라는 숲에서 나무의 즙을 빨아 먹고 산다. 몸은 회갈색 또는 청록색이고 다리는 연녹색 또는 황갈색이며 크기는 14~19㎜이다. 앞가슴등판 양쪽 어깨에 뿔 모양의 돌기가 튀어나왔고 등면의 작은방패판이 붉은색을 띠어서 이름이 지어졌으며 4~10월에 출현한다. 수컷은 붉은색의 배 끝 돌기가 가위 모양처럼 튀어나와서 암컷과 구별된다. 겨울에 성충으로 월동한다.

잎에 앉아 있는 모습   약충

생식돌기(가위 모양)

긴가위뿔노린재(뿔노린재과)

층층나무, 산딸나무 등의 활엽수에 모여 빨대 모양의 기다란 주둥이로 즙을 빨아 먹고 산다. 몸은 선명한 녹색이고 다리는 연녹색을 띠며 크기는 18㎜ 정도이다. 더듬이는 암갈색이고 앞가슴등판 양쪽 어깨에 붉은색 돌기가 뾰족하게 뿔처럼 튀어나왔으며 4~10월에 출현한다. 수컷은 배 끝부분의 생식돌기가 가위 모양이지만 암컷은 밋밋해서 서로 구별된다. 암컷은 약충이 알에서 부화되어 2령이 될 때까지 보호하는 습성이 있다.

주로 나무의 즙을 빨아 먹고 사는 뿔노린재는 앞가슴등판 가장자리가 뿔 모양으로 불룩 튀어나와서 이름이 지어졌다.

잎에 앉아 있는 모습　　　　　　　넓은남방뿔노린재

남방뿔노린재(뿔노린재과)

산지에서 두릅나무류에 모여 나무의 즙을 빨아 먹고 산다. 몸은 녹색이고 앞가슴등판과 작은방패판은 검붉은색을 띠며 크기는 7~9㎜이다. 앞날개에 붉은색 X자 무늬가 뚜렷하며 8~11월에 출현한다. 앞가슴등판에 뿔 모양의 돌기가 튀어나왔고 남부 지방에 많이 사는 노린재여서 이름이 지어졌다. **넓은남방뿔노린재**(기생파리과)는 몸은 녹색이고 앞날개는 붉은색을 띠며 크기는 8~10㎜이다. 독활과 시호 등의 즙을 빨아 먹으며 7~9월에 출현한다.

잎에 앉아 있는 수컷　　　　　　　풀 즙 빨아 먹기

암컷

푸토니뿔노린재(뿔노린재과)

산지의 활엽수에서 나무의 즙을 빨아 먹고 산다. 몸은 연갈색을 띠고 광택이 반질반질하며 크기는 7~10㎜이다. 작은방패판 가운데는 적갈색이나 암갈색을 띠고 앞가슴등판 어깨의 돌기가 약하게 튀어나왔다. 개체 수가 많아서 뿔노린재류 중에서 비교적 흔하게 발견되며 5~10월에 출현한다. 수컷은 적갈색을 띠지만 암컷은 황갈색~적갈색까지 체색 변이가 많다. 암컷은 알에서 2령이 될 때까지 약충을 보호하는 습성이 있다.

잎에 앉아 있는 모습　　　　　　　어깨에 뿔 모양의 돌기

하트 무늬

에사키뿔노린재(뿔노린재과)

산초나무, 초피나무, 층층나무, 말채나무 등에 모여 나무의 즙을 빨아 먹고 산다. 몸은 황록색이고 크기는 11~13㎜이다. 앞가슴등판 위쪽은 황색을 띠며 작은방패판에 흰색 또는 연황색 하트 무늬가 있는 것이 특징이며 4~11월에 출현한다. 일본인 곤충학자 '에사키(Esakii)'에서 유래되어 이름이 지어졌다. 암컷은 약충이 알에서 부화되어 2령이 될 때까지 보호하는 습성이 있어서 모성애가 강한 곤충으로 꼽힌다.

땅을 기어가는 모습　　　　　야행성

땅노린재(땅노린재과)

산과 들의 땅 위를 기어다니며 식물의 뿌리나 열매의 즙을 빨아 먹으며 산다. 몸은 둥글고 검은색 또는 갈색을 띠며 크기는 7~10㎜이다. 검은색 몸 전체에 반질반질한 광택이 있다. 풀이나 나무에 사는 대부분의 노린재류와 달리 땅에 살아서 이름이 지어졌으며 5~9월에 출현한다. 앞다리와 가운뎃다리는 흙을 파헤치기에 알맞게 발달되어서 땅속으로 쉽게 파고 들어갈 수 있다. 밤에 환한 불빛에 유인되어 잘 날아온다.

땅을 기어가는 모습　　　　　약충

장수땅노린재(땅노린재과)

숲속의 땅 위를 기어다니며 식물의 뿌리나 열매와 씨앗의 즙을 빨아 먹고 산다. 몸은 광택이 있는 검은색이고 둥글둥글하며 크기는 14~20㎜이다. 몸 전체에 점각이 많고 흙 속을 파헤치기에 알맞게 다리에 뾰족한 가시털이 발달되었다. 땅노린재류 중에서 크기가 가장 커서 '장수'라는 이름이 지어졌으며 4~10월에 출현한다. 생김새가 물에 사는 수서노린재 '물자라'와 닮았다. 성충으로 낙엽 아래에서 월동한다.

땅을 기어가는 수컷　　　　　암컷

참점땅노린재(땅노린재과)

땅에서 활발하게 기어다니며 다양한 식물 뿌리나 씨앗의 즙을 빨아 먹고 산다. 몸은 전체적으로 검은색을 띠고 광택이 반질반질하며 크기는 3~6㎜이다. 둥근 몸 둘레를 따라서 흰색 테두리가 있으며 6~10월에 출현한다. 암컷은 앞날개 혁질부 좌우에 2개의 흰색 점무늬가 있지만 수컷은 없어서 구별된다. 크기도 암컷에 비해 수컷이 약간 더 크다. 앞날개 혁질부에 흰색의 점무늬가 있어서 이름이 지어졌다.

장수땅노린재는 물에 사는 노린재류 곤충인 물자라와 생김새가 매우 많이 닮았다.

2형(주홍색 무광택형)

잎에 앉아 있는 모습

약충

광대노린재(광대노린재과)

숲속의 등나무류, 노린재나무, 때죽나무 등에 모여 즙을 빨아 먹으며 산다. 몸은 광택이 있는 황록색이고 주황색 줄무늬가 많으며 크기는 16~20㎜이다. 때로는 흑녹색에 주홍색 줄무늬를 갖고 있는 체색 변이도 있다. 몸 빛깔이 광대의 화려한 옷을 연상시켜서 이름이 지어졌으며 5~11월에 출현한다. 약충은 몸이 둥글둥글하고 늦가을에 무리 지어 모여 있는 경우가 많다. 낙엽 밑이나 나무껍질 속에서 5령 약충으로 월동한다.

2형

잎에 앉아 있는 모습

약충

큰광대노린재(광대노린재과)

회양목 등에 모여 식물의 줄기나 꽃에 기다란 주둥이를 찔러서 즙을 빨아 먹고 산다. 몸은 금속 광택이 있는 황록색이고 주황색 줄무늬가 있으며 크기는 16~20㎜이다. 작은방패판이 크게 발달해서 배 전체를 거의 덮고 있으며 5~11월에 출현한다. '광대노린재'와 비슷하지만 몸이 더 크고 광택도 훨씬 많아서 구별된다. 약충은 둥글고 날개가 없으며 반질반질한 광택이 난다. 낙엽 밑이나 나무껍질 아래에서 약충으로 월동한다.

2형(회색형)

잎에 앉아 있는 모습

톱니 모양 배

톱날노린재(톱날노린재과)

호박, 수박, 참외 등의 박과 식물에 모여 기다란 주둥이로 즙을 빨아 먹고 산다. 몸은 갈색 또는 암회색을 띠고 있으며 크기는 12~16㎜이다. 앞가슴등판 위쪽에는 뿔처럼 생긴 뾰족한 삼각형 돌기가 발달되어 있다. 앞날개 막질부에 그물 모양의 날개맥이 있다. 배가 몸에 비해 매우 크고 가장자리가 시계 톱니 모양으로 생겨서 이름이 지어졌으며 6~10월에 출현한다. 땅속이나 돌 밑에 잘 숨으며 우리나라에는 1종만 기록되어 있다.

잎에 앉아 있는 모습   날개(반시초)   먹이 사냥

주둥이노린재(노린재과)

산과 들에 살면서 빨대 모양의 기다란 주둥이로 나비류 유충을 찔러서 체액을 빨아 먹는 육식성 노린재이다. 몸은 전체적으로 갈색 또는 암갈색을 띠며 크기는 12~16㎜이다. 앞가슴등판 어깨에 가시 모양의 돌기가 뾰족하게 튀어나왔으며 개체에 따라 뾰족한 정도의 차이가 있다. 나비류 등의 다양한 곤충을 사냥하며 3~11월에 출현한다. 약충도 날카로운 주둥이로 나비류 유충을 찔러서 체액을 빨아 먹고 산다.

땅에 앉아 있는 모습   2형(무광택형)   약충

왕주둥이노린재(노린재과)

숲에서 날카로운 주둥이로 나비류 유충을 찔러서 체액을 빨아 먹고 산다. 몸은 녹색 또는 갈색을 띠고 금속 광택이 있으며 크기는 18~23㎜이다. 개체에 따라 녹색 광택이나 적갈색 광택이 많은 다양한 체색 변이가 있다. 앞가슴등판 어깨의 돌기가 뾰족하게 튀어나왔고 앞날개 막질부가 배 끝보다 길다. 주둥이노린재류 중에서는 크기가 매우 크기 때문에 '왕'이 붙어서 이름이 지어졌으며 4~10월에 출현한다.

잎에 앉아 있는 모습   약충

남색주둥이노린재(노린재과)

산과 들, 습지, 밭에서 나방류 유충이나 잎벌레류 유충을 찔러서 체액을 빨아 먹고 산다. 몸은 청람색을 띠고 광택이 반질반질하며 크기는 6~8㎜이다. 풀숲을 빠르게 이동하는 모습을 볼 수 있으며 3~9월에 출현한다. 주둥이노린재류 중에서는 크기가 작은 편이다. 약충은 전체적으로 붉은색을 띠며 무리 지어 모여 있는 모습을 볼 수 있다. 약충은 성충과 마찬가지로 활발하게 움직이며 날카로운 주둥이로 찔러 사냥한다.

날카롭게 발달된 주둥이를 갖고 있는 주둥이노린재는 다른 곤충을 찔러서 체액을 빨아 먹고 사는 육식성 노린재이다.

잎에 앉아 있는 모습

약충

풀 즙을 빨아 먹는 모습

가시노린재 (노린재과)

산과 들에서 국화과, 미나리과, 마디풀과, 장미과 등의 다양한 식물의 즙을 빨아 먹고 산다. 몸은 갈색이고 광택이 있으며 크기는 8~10㎜이다. 앞가슴등판 어깨의 돌기가 가시처럼 뾰족하게 생겨서 이름이 지어졌으며 5~10월에 출현한다. 어깨의 뾰족한 돌기 때문에 뿔노린재류로 착각하기도 한다. 개체 수가 많아서 풀숲에서 흔하게 볼 수 있는 대표 노린재이다. 약충은 동글동글하고 날개가 없어서 날아다니지 못한다.

잎에 앉아 있는 모습

약충

더듬이 청소하기

다리무늬두흰점노린재 (노린재과)

활엽수가 많은 숲에서 나무의 즙을 빨아 먹고 산다. 몸은 흑갈색 또는 황갈색으로 매우 다양하고 광택이 없으며 크기는 16~17㎜이다. 다리는 검은색을 띠고 종아리마디에 황백색 줄무늬가 있으며 발목마디도 흰색을 띤다. 앞가슴등판 어깨의 돌기가 약간 튀어나왔고 겹눈은 공 모양으로 둥글다. 작은방패판 좌우에 2개의 황백색 점무늬가 특징이며 3~9월에 출현한다. 개체 수가 적어서 흔하게 만날 수는 없다. 연 2회 발생한다.

잎에 앉아 있는 모습

왕노린재

대왕노린재 (노린재과)

활엽수가 많이 자라는 숲에 사는 대형 노린재로 나무의 즙을 빨아 먹고 산다. 몸은 녹색 또는 청록색이고 크기는 23~25㎜이다. 몸에 금속 광택이 반짝거려서 화려한 빛깔을 자랑한다. 앞가슴등판 양쪽 어깨의 돌기가 크게 튀어나왔고 많이 휘어져 있으며 5~8월에 출현한다. **왕노린재** (노린재과)는 몸은 녹색 또는 청록색이고 크기는 22~24㎜이다. 앞가슴등판 어깨의 돌기가 약간 돌출되고 덜 휘어져서 '대왕노린재'와 구별되며 6~8월에 출현한다.

약충

잎에 앉아 있는 모습

비행 준비

홍줄노린재(노린재과)

들판에 자라는 궁궁이, 왜당귀, 땅두릅 등의 꽃과 열매에 모여 즙을 빨아 먹고 산다. 몸은 광택이 있는 검은색이고 주홍색 세로줄 무늬가 있으며 크기는 9~12㎜이다. 세로줄 무늬가 적갈색 또는 황갈색을 띠는 개체도 있다. 앞가슴등판이 위로 불룩 솟아 있고 작은방패판은 배 끝까지 넓게 발달해 있는 것이 특징이며 5~10월에 출현한다. 약충은 몸이 둥글고 날개가 없으며 성충과 마찬가지로 주홍색 세로줄 무늬가 있다.

땅 위를 기어가는 장시형

2형(단시형)

붉은등침노린재(침노린재과)

산과 들을 천천히 기어다니며 날카로운 주둥이로 곤충을 찔러서 체액을 빨아 먹고 산다. 머리와 다리, 작은방패판, 앞날개는 검은색을 띠며 크기는 10~12㎜이다. 앞가슴등판, 앞날개 가장자리, 배 가장자리는 붉은색을 띤다. 앞가슴등판에 십자(X자)무늬 홈이 파여져 있는 것이 특징이다. 등면이 전체적으로 붉은색을 띠고 있어서 이름이 지어졌으며 4~11월에 출현한다. 개체에 따라 날개가 긴 장시형과 날개가 짧은 단시형이 있다.

잎에 앉아 있는 모습

낙엽 위를 기어가는 모습

우단침노린재(침노린재과)

산과 들을 기어다니며 날카로운 주둥이로 곤충이나 소형 절지동물을 찔러서 체액을 빨아 먹고 사는 육식성 노린재다. 몸은 전체적으로 반질반질한 광택이 있는 흑남색을 띠고 배 부분은 붉은색을 띠며 크기는 11~14㎜이다. 흑남색의 몸이 고운 털이 촘촘히 있는 '우단(벨벳)'처럼 보인다고 해서 이름이 지어졌으며 4~10월에 출현한다. 낙엽이나 식물 뿌리 근처에서 사냥하기 위해 땅 위를 기어가거나 사냥하는 모습을 볼 수 있다.

잎에 앉아 있는 수컷　　　　　　　암컷

민날개침노린재 (침노린재과)

산지나 들판의 식물 뿌리와 나무에서 날카로운 주둥이로 곤충을 찔러 체액을 빨아 먹고 산다. 몸은 전체적으로 검은색을 띠며 크기는 15~19㎜이다. 겹눈은 구슬 모양으로 둥글며 더듬이는 실 모양으로 가늘다. 앞날개와 뒷날개가 모두 없기 때문에 '민날개'라는 이름이 지어졌으며 5~10월에 출현한다. 수컷과 암컷이 비슷하지만 수컷은 배가 홀쭉하고 암컷은 배가 넓적해서 구별된다. 개체 수가 적은 편이어서 발견하기가 쉽지 않다.

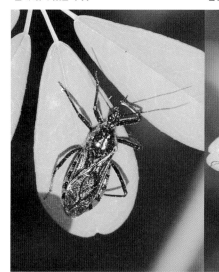

잎에 앉아 있는 모습　　　　　　날카롭고 기다란 주둥이(옆면)

배홍무늬침노린재 (침노린재과)

산지나 들판을 날아다니며 날카로운 주둥이로 곤충을 사냥해서 체액을 빨아 먹고 사는 육식성 노린재이다. 몸은 전체적으로 광택이 있는 검은색이며 크기는 13~15㎜이다. 머리와 다리는 전체적으로 검은색을 띤다. 앞가슴등판과 배 옆 가장자리가 붉은색이어서 마치 붉은색 테두리가 있는 것처럼 보인다. 배 가장자리에 홍색 무늬가 있고 침처럼 날카로운 주둥이로 찔러서 사냥한다고 이름이 지어졌으며 4~11월에 출현한다.

약충

잎에 앉아 있는 모습　　　　　　먹이 사냥

다리무늬침노린재 (침노린재과)

산이나 풀밭 곳곳을 돌아다니며 날카로운 주둥이로 곤충을 찔러서 체액을 빨아 먹고 산다. 몸은 전체적으로 검은색을 띠고 연황색과 흰색 무늬가 있으며 크기는 13~16㎜이다. 배 가장자리는 넓게 발달해서 검은색과 황백색 무늬가 교대로 나타난다. 다리에 검은색 줄무늬가 많아서 '다리 무늬'라는 이름이 지어졌으며 4~10월에 출현한다. 약충은 크기가 작고 날개가 없지만 다리와 배마디의 줄무늬는 성충과 닮았다.

아무도 모르게 살금살금 다가가서 날카로운 침으로 찔러 사냥하는 침노린재는 '자객' 또는 '암살자'라고 불리는 육식성 노린재다.

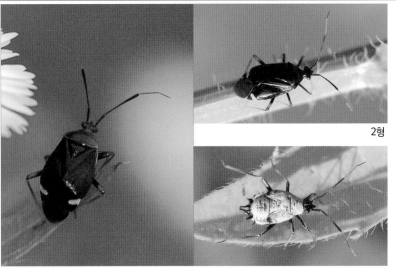

2형

잎에 앉아 있는 모습   약충

밀감무늬검정장님노린재(장님노린재과)

산과 들을 날아다니며 다양한 식물의 잎이나 꽃에 모여 즙을 빨아 먹고 산다. 몸은 전체적으로 검은색이고 광택이 강하며 크기는 7~9mm이다. 작은방패판은 정삼각형이며 검은색을 띤다. 단단한 앞날개 끝부분에 해당하는 설상부가 흰색 또는 붉은색을 띤다. 앞가슴등판 전체가 검은색인 개체도 있고 앞가슴등판 위쪽이 주홍색을 띠는 개체도 있으며 5~8월에 출현한다. 약충은 하얀 밀가루를 뒤집어 쓴 모습이다.

잎에 앉아 있는 수컷   암컷

풀밭장님노린재(장님노린재과)

산과 들을 날아다니며 다양한 식물에 모여서 즙을 빨아 먹고 산다. 몸은 전체적으로 황갈색이고 크기는 5~6mm이다. 앞가슴등판에 검은색 무늬가 있고 작은방패판은 황백색을 띤다. 풀밭에 자라는 다양한 식물의 즙을 먹어서 이름이 지어졌으며 5~8월에 출현한다. 풀밭의 식물뿐만 아니라 다양한 채소와 곡물에도 피해를 일으키기 때문에 북미에서는 해충으로 손꼽힌다. 밤에는 불빛에 유인되어 잘 날아온다.

잎에 앉아 있는 수컷   암컷

포풀라방패벌레(방패벌레과)

숲속의 사시나무류, 버드나무류, 양버즘나무류 등에서 즙을 빨아 먹고 산다. 몸은 갈색 또는 황갈색을 띠며 크기는 3mm 정도이다. 머리는 암갈색 또는 황갈색이고 앞가슴등판은 암갈색이며 3개의 세로줄 무늬가 있다. 앞날개 혁질부에는 검은색 무늬가 있고 막질부는 대체적으로 투명하다. 더듬이와 다리는 연황색을 띤다. 방패처럼 넓적하게 생겼고 포플러(사시나무류)에서 발견되어서 이름이 지어졌으며 5~9월에 출현한다.

'장님노린재'는 홑눈이 퇴화되어 붙여진 이름이다. 겹눈은 가지고 있기 때문에 사물을 볼 수 있다.

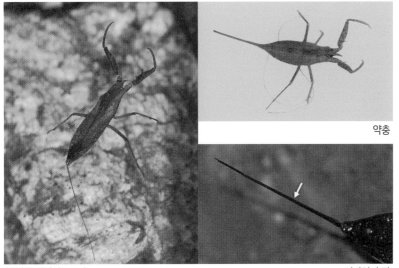

물에서 헤엄치는 모습

약충

기다란 숨관

장구애비(장구애비과)

논, 연못, 저수지나 물 흐름이 느린 냇가에 살면서 올챙이, 수서곤충, 갑각류, 물고기 등을 사냥한다. 몸은 전체적으로 흑갈색을 띠고 길쭉하며 크기는 30~40㎜이다. 굵은 앞다리로 사냥감을 붙잡아 날카로운 주둥이로 찔러 사냥한다. 배 끝에 달린 기다란 숨관을 위로 올렸다 내렸다 하는 모습이 '장구 치는 아저씨' 같다고 해서 이름이 지어졌으며 3~11월에 출현한다. 거미류에 속하는 '전갈'과 비슷해서 '물속의 전갈'이라고 불린다.

물 밖에 나온 모습

약충

짧은 숨관

메추리장구애비(장구애비과)

논, 연못, 저수지 등 물풀이 많은 곳에 살면서 굵은 앞다리로 수서곤충, 올챙이, 작은 물고기 등을 사냥한다. 몸은 흑갈색이고 크기는 16~23㎜이다. 물속에 있으면 몸이 납작하고 땅 색깔과 비슷해 눈에 잘 띄지 않는다. 굵은 앞다리로 먹잇감을 꽉 붙잡고 날카로운 주둥이로 찔러 체액을 빨아 먹으며 3~11월에 출현한다. 밤에 불빛에 유인되어 잘 날아온다. '장구애비'와 닮았지만 크기가 작고 숨관이 짧아서 구별된다.

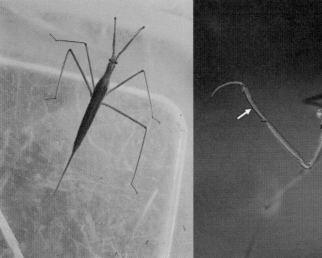

물에서 헤엄치는 모습

사마귀처럼 생긴 앞다리

게아재비(장구애비과)

논, 연못, 저수지, 냇가 등에 살면서 낫 모양의 날카로운 앞다리로 물고기, 올챙이, 수서곤충 등을 사냥한다. 몸은 전체적으로 갈색이고 가늘고 길며 크기는 40~45㎜이다. 생김새가 숲속에 사는 '대벌레'처럼 매우 가늘고 길어서 나뭇가지처럼 보인다. 낫 모양의 다리로 먹잇감을 붙잡아 사냥하는 모습이 '사마귀'를 닮아서 '물속의 사마귀'라고 불리며 4~10월에 출현한다. 배 끝의 기다란 숨관으로 숨을 쉬며 밤에 불빛에 잘 날아온다.

물에 사는 장구애비는 흐르는 물이나 고인물에서 헤엄치는 모습과 물가 주변의 땅에서 기어다니는 모습을 모두 볼 수 있다.

물 밖에서 기어가는 모습   낫 모양의 앞다리

방게아재비 (장구애비과)

논, 연못, 저수지 등에서 올챙이, 수서곤충 등을 찔러서 체액을 빨아 먹고 산다. 몸은 갈색이고 길쭉하며 크기는 24~32㎜이다. 꽁무니에 기다란 숨관이 있으며 6~8월에 출현한다. 낫 모양의 날카로운 앞다리로 먹잇감을 포획해서 사냥하는 모습이 사마귀와 닮아서 '물속의 사마귀'라고 불린다. 밤에 불빛에 유인되어 날아온다. '게아재비'와 생김새가 매우 비슷하지만 크기가 훨씬 더 작고 숨관도 짧아서 쉽게 구별된다.

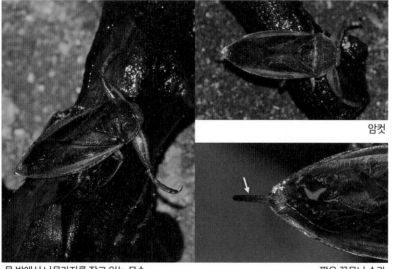

물 밖에서 나뭇가지를 잡고 있는 모습   암컷

짧은 꽁무니 숨관

물장군 (물장군과)

논, 습지, 섬 등에 살면서 미꾸라지, 개구리, 작은 물고기, 수서곤충 등을 사냥한다. 몸은 갈색을 띠고 넓적하며 크기는 48~65㎜이다. 낫 모양의 굵은 앞다리로 사냥해서 체액을 빨아 먹기 때문에 '물속의 드라큘라'라고 부르며 5~9월에 출현한다. 노린재목 중에서 가장 커서 '거인노린재(Giant Bug)'라고 부른다. 알을 부화될 때까지 수컷이 보살피는 습성이 있다. 환경부 지정 멸종위기 야생생물 Ⅱ급으로 지정되어 있다.

물에서 헤엄치는 모습   알

약충

물자라 (물장군과)

연못, 습지, 하천, 논 등에서 수서곤충과 작은 물고기를 날카로운 주둥이로 찔러서 체액을 빨아 먹고 산다. 몸은 전체적으로 갈색이고 타원형이며 크기는 15~22㎜이다. 등판이 넓적한 자라와 비슷해서 '물속에 사는 자라'라는 뜻으로 이름이 지어졌으며 4~10월에 출현한다. 수컷이 등판에 낳은 알을 지고 다니며 부화될 때까지 돌보기 때문에 '알지기'라고 부른다. 약충은 크기가 작고 단단한 앞날개가 없으며 작은 수서곤충을 사냥한다.

우리나라에서 가장 큰 노린재인 물장군은 살충제 등으로 인해 논 생태계가 훼손되면서 멸종 위기에 처해졌다.

물 가장자리에 나온 모습

동쪽꼬마물벌레

왕물벌레(물벌레과)

습지, 연못, 웅덩이 등의 물에서 수생식물을 먹으며 산다. 몸은 전체적으로 황색을 띠고 검은색 무늬가 있는 대형 물벌레로 크기는 10~12㎜이다. 앞가슴등판에 10개의 검은색 가로 줄무늬가 있는 것이 특징이며 3~10월에 출현한다. **동쪽꼬마물벌레**(물벌레과)는 몸은 연갈색을 띠고 타원형으로 둥글며 크기는 3㎜ 정도이다. 녹조류가 많이 발생한 농수로와 저수지에서 조류나 저서무척추동물을 먹고 살며 3~11월에 출현한다.

물에서 헤엄치는 모습

진방물벌레

방물벌레(물벌레과)

논과 연못, 습지 등에서 수생식물을 먹으며 산다. 몸은 전체적으로 황갈색을 띠고 크기는 5~7㎜이다. 배의 '노'처럼 잘 발달된 다리를 이용해서 쭉쭉 뻗어서 헤엄치며 산다. 개체 수가 많아서 흔하게 볼 수 있으며 3~10월에 출현한다. **진방물벌레**(물벌레과)는 몸은 갈색이고 크기는 5.9㎜ 정도이다. 머리 앞부분이 불룩 튀어나와 있는 것이 특징이다. 연못, 웅덩이, 논 등에서 자라는 수생식물을 먹고 살며 3~10월에 출현한다.

물 밖에 나온 모습

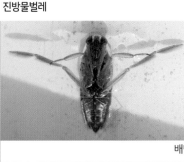

배면

헤엄치는 모습

송장헤엄치게(송장헤엄치게과)

논, 연못, 저수지 등에서 수서곤충, 올챙이 등을 찔러서 체액을 빨아 먹고 산다. 몸은 전체적으로 검은색을 띠고 앞가슴등판 위쪽과 다리는 연갈색을 띠며 크기는 11~14㎜이다. 겹눈은 크고 붉은색을 띤다. 몸을 뒤집은 채 물 위에 둥둥 떠서 헤엄을 치며 4~10월에 출현한다. 기다란 뒷다리를 노처럼 이용해서 동시에 저어 나가면 앞으로 쭉쭉 미끄러지듯 헤엄칠 수 있다. 물 밖에서 활동할 때는 몸을 바로잡아서 날아다닌다.

잎에 앉아 있는 모습   쥐머리거품벌레

흰띠거품벌레(거품벌레과)

버드나무, 뽕나무, 사철나무, 포도나무, 사과나무 등의 즙을 빨아 먹고 산다. 몸은 암갈색을 띠고 크기는 9~12㎜이다. 앞날개 가운데에 넓은 흰색 띠무늬가 있어서 이름이 지어졌으며 6~10월에 출현한다. 풀 줄기나 나무에 붙어 있다가 위험이 느껴지면 잘 발달된 굵은 뒷다리로 높이 점프하여 도망친다. **쥐머리거품벌레**(쥐머리거품벌레과)는 몸은 적갈색~검은색이며 크기는 5.5~8.5㎜이다. 숲속 계곡 근처에 살며 오리나무와 버드나무의 즙을 먹고 산다.

잎에 앉아 있는 모습   약충이 나무의 즙을 빨아서 만든 거품

솔거품벌레(거품벌레과)

소나무, 전나무, 잣나무 등의 즙을 빨아 먹고 산다. 몸은 전체적으로 검은색과 갈색이 섞여 있어서 얼룩덜룩해 보이며 크기는 8~10㎜이다. 약충은 소나무, 잣나무, 전나무, 뽕나무 등에 거품을 만들고 그 속에서 함께 모여 안전하게 지낸다. 여러 종류의 나무에 거품을 만들지만 특히 소나무에 무리지어 즙을 빨아 먹어서 이름이 지어졌으며 6~8월에 출현한다. 나무의 즙을 빨아 먹으면 그을음병을 유발시켜 나무에 피해를 일으킨다.

잎에 앉아 있는 모습   등면 줄무늬

광대거품벌레(거품벌레과)

버드나무, 자작나무 등의 나무와 쑥 등의 풀 즙을 빨아 먹고 산다. 몸은 회황색 바탕에 암갈색 줄무늬가 있으며 6~8㎜이다. 등면의 줄무늬가 다르게 생긴 체색 이형 개체도 있다. 전체적인 생김새가 둥글둥글한 공 모양처럼 생겼으며 6~9월에 출현한다. 수컷은 암컷에 비해 몸이 더 작고 짧으며 공 모양으로 훨씬 둥글게 생겼다. 잎사귀에 앉아 있다가 위험한 상황이 닥치면 발달된 굵은 뒷다리로 툭 튀어서 멀리 도망간다.

거품벌레의 유충은 천적에게 들키지 않기 위해 식물의 즙을 빨아 거품을 만들고 거품 속에 몸을 숨기고 생활한다.

잎에 앉아 있는 모습   외뿔매미

뿔매미(뿔매미과)

경작지나 산지, 들판의 풀밭과 키 작은 나무에서 엉겅퀴, 쑥 등의 식물을 먹고 산다. 몸은 전체적으로 흑갈색 또는 암갈색을 띠며 크기는 5.5~8㎜이다. 앞가슴등판 양옆에는 뿔 모양의 뾰족한 돌기가 있어서 이름이 지어졌으며 5~9월에 출현한다. 앞날개와 뒷날개는 투명하다. **외뿔매미**(뿔매미과)는 몸은 적갈색이나 암갈색을 띠며 크기는 5~6㎜이다. 산과 들에서 버드나무, 밤나무, 뽕나무, 느릅나무를 먹고 살며 6~9월에 출현한다.

잎에 앉아 있는 모습

옆면

말매미충(매미충과)

경작지나 풀밭에서 벼, 보리 등의 벼과 작물과 사초과 풀을 먹고 산다. 몸은 전체적으로 녹색 또는 청록색을 띠지만 개체에 따라 변이가 심하며 크기는 8~10㎜이다. 다리는 연황색이고 도약 능력이 있어서 위험한 상황이 발생하면 툭 하고 점프해서 위기를 벗어난다. 매미충류 중에서 크기가 커서 크다는 뜻의 '말'이 붙어 이름이 지어졌다. 풀 줄기나 풀잎에 앉아 있는 모습을 쉽게 볼 수 있으며 6~9월에 출현한다.

돌에 앉아 있는 모습   약충

지리산말매미충(매미충과)

나무가 울창한 숲속에서 참나무류를 먹고 산다. 몸은 전체적으로 흑갈색 또는 적갈색을 띠고 광택이 반질반질하며 크기는 8㎜ 정도이다. 머리는 편평하고 앞가슴등판은 넓다. 위험한 상황이 발생하면 도약 능력이 뛰어난 다리로 툭 하고 점프해서 도망치며 5~8월에 출현한다. 수컷은 날개가 발달된 장시형이지만 암컷은 뒷날개가 퇴화된 단시형이다. 땅에 앉아 있다가 점프하며 이동하는 모습을 볼 수 있다.

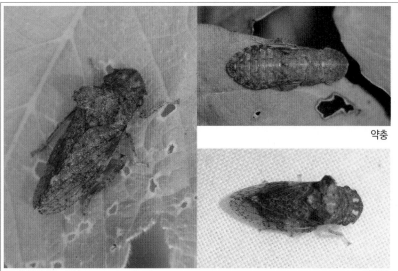

잎에 앉아 있는 모습   야행성

귀매미(매미충과)

참나무류가 많이 자라는 숲에서 떡갈나무, 졸참나무 등을 먹고 산다. 몸은 전체적으로 암갈색 또는 적갈색을 띠며 크기는 14~18㎜이다. 날개에 점무늬가 많고 배면은 갈색을 띤다. 앞가슴등판 양옆에 귀 모양의 돌기가 불룩 튀어나와 있어서 이름이 지어졌으며 5~8월에 출현한다. 암컷의 돌기가 수컷보다 더 크다. 밤에 환한 불빛에 유인되어 잘 날아온다. 약충은 전체적으로 갈색이며 날개가 없을 뿐 성충과 닮았다.

잎에 앉아 있는 모습   우리귀매미

만주귀매미(매미충과)

숲에서 밤나무를 먹고 산다. 몸은 전체적으로 황록색을 띠며 크기는 13㎜ 정도이다. 몸 전체에 연황색 점무늬가 많이 있다. 숲속의 잎사귀에 앉아 있으면 몸 빛깔이 녹색이어서 잘 눈에 띄지 않는다. 위험이 감지되면 툭 하고 점프하여 위기를 벗어나며 8~10월에 출현한다. **우리귀매미(매미충과)**는 몸은 황갈색이고 크기는 6.2~8㎜이다. 앞가슴등판에 2개의 귀 모양 무늬가 있는 것이 특징이며 6~9월에 출현한다.

나무에 앉아 있는 모습   약충

금강산귀매미(매미충과)

신갈나무, 상수리나무, 갈참나무 등의 참나무류와 칡을 먹고 산다. 몸은 전체적으로 녹색을 띠며 크기는 11~14㎜이다. 머리가 뾰족하게 앞으로 튀어나왔다. 앞날개는 연갈색이며 검은색 점무늬가 있고 막질부는 배 끝보다 더 길다. 나뭇잎과 비슷한 보호색을 갖고 있어서 잎사귀에 앉아 있으면 눈에 잘 띄지 않으며 7~9월에 출현한다. 약충은 연녹색으로 매우 납작하며 성충보다 나뭇잎과 더 비슷한 보호색을 띤다.

매미충과에 속하는 귀매미는 매미충처럼 다리로 툭 하고 점프하여 천적을 피해 다른 곳으로 이동한다.

신부날개매미충(날개매미충과)

산과 들이나 경작지에서 칡, 인삼 등을 먹고 산다. 몸은 전체적으로 흑갈색을 띠며 크기는 9㎜ 정도이다. 몸은 짧지만 크고 넓적한 날개를 갖고 있다. 그물 모양의 날개가 신부의 면사포를 닮았다고 해서 이름이 지어졌으며 8~9월에 출현한다. 잎사귀에 앉아 있다가 위험이 감지되면 툭 하고 튀어서 멀리 도망쳐 피한다. 약충은 몸 전체가 흰색이고 배 끝에 기다란 털이 삐죽삐죽 나 있는 것이 특징이다.

잎에 앉아 있는 모습   약충

부채날개매미충(날개매미충과)

숲에서 감나무, 벚나무 등을 먹고 산다. 몸은 전체적으로 흑갈색을 띠며 크기는 9~10㎜이다. 몸에 비해서 날개가 매우 크고 넓적하다. 투명한 날개가 부채처럼 생겼다고 해서 이름이 지어졌으며 8~9월에 출현한다. 앞날개는 그물 모양의 무늬가 있고 날개 전체에 진갈색 테두리가 있다. 뒷날개는 앞날개와 같은 삼각형이지만 크기가 훨씬 작다. 밤에 환한 불빛에 유인되어 날아오는 모습을 볼 수 있다.

잎에 앉아 있는 모습   밤에 불빛에 유인되어 날아온 모습

일본날개매미충(날개매미충과)

산이나 과수원에서 칡, 사과, 배, 귤 등을 먹고 산다. 몸은 전체적으로 갈색을 띠고 크기는 9~11㎜이다. 날개가 몸에 비해 매우 크고 넓적하지만 '부채날개매미충'이나 '신부날개매미충'과 달리 투명하지 않다. 날개는 앞날개 가운데와 끝에 연갈색 띠무늬가 있으며 8~9월에 출현한다. 위험한 상황에 처하면 도약 능력이 뛰어난 다리로 점프하여 안전한 곳으로 피한다. 밤에 환한 불빛에 유인되어 잘 날아온다.

잎에 앉아 있는 모습   나무에 붙어 있는 모습

잎에 앉아 있는 모습   밤에 불빛에 유인되어 날아온 모습

남쪽날개매미충(날개매미충과)

숲이나 과수원에서 칡, 귤나무 등을 먹고 산다. 몸은 연갈색에서 검은색까지 매우 다양하며 크기는 6~7㎜이다. 몸에 비해 날개가 매우 크고 넓적하며 '일본날개매미충'처럼 날개가 불투명하다. 앞날개 가운데와 끝부분에 암갈색 띠무늬가 선명하게 있으며 8~9월에 출현한다. 잎사귀에 앉아 있다가 위기에 처하면 툭 하고 뛰어서 천적의 위협을 피하는 모습을 볼 수 있다. 밤이 되면 환한 불빛에 유인되어 잘 날아온다.

잎에 앉아 있는 모습   끝빨간긴날개멸구

주홍긴날개멸구(긴날개멸구과)

산과 들에서 보리, 감자, 칡 등의 즙을 빨아 먹고 산다. 몸은 전체적으로 주홍색을 띠며 크기는 4㎜ 정도이다. 날개는 투명하고 연한 황갈색을 띤다. 몸이 주홍색이고 날개가 몸에 비해 매우 길어서 이름이 지어졌으며 6~9월에 출현한다. 위험에 처하면 툭 점프하여 다른 풀 줄기에 내려앉는다. **끝빨간긴날개멸구**(긴날개멸구과)는 몸은 황갈색 또는 회황색이고 크기는 6~7㎜이다. 몸에 비해 앞날개가 매우 길게 발달했으며 7~9월에 출현한다.

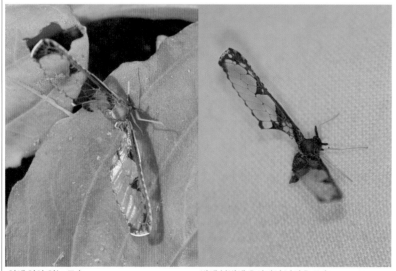

잎에 앉아 있는 모습   밤에 불빛에 유인되어 날아온 모습

동해긴날개멸구(긴날개멸구과)

숲속에서 식물의 즙을 빨아 먹고 산다. 몸은 연한 황갈색이고 크기는 5㎜ 정도이다. 몸은 매우 작지만 날개가 매우 길게 발달한 것이 특징이며 7~9월에 출현한다. 날개는 직사각형 모양이고 투명한 부분이 많으며 테두리는 붉은색을 띤다. 나뭇잎에 앉아 있는 모습을 볼 수 있지만 위험을 감지하면 툭 하고 점프하여 다른 곳으로 피하기 때문에 관찰이 힘들다. 밤에 환한 불빛에 유인되어 날아오는 모습을 볼 수 있다.

날개매미충, 긴날개멸구, 상투벌레, 장삼벌레와 같은 매미류는 톡 하고 뛰어 도망치는 도약 능력이 뛰어나다.

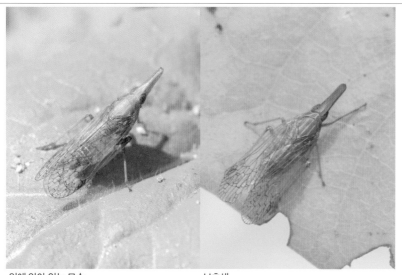

잎에 앉아 있는 모습   보호색

상투벌레(상투벌레과)

산과 들에서 보리, 밀, 귤나무 등 다양한 식물의 즙을 빨아 먹고 산다. 몸은 황록색이고 크기는 12~14㎜이다. 뾰족한 머리가 상투처럼 보인다고 해서 이름이 지어졌으며 5~10월에 출현한다. 풀잎에 앉아 있다가 툭 하고 점프해서 다른 곳으로 이동하는 모습을 볼 수 있다. 몸이 초록색을 띠어서 풀잎에 앉아 있으면 눈에 잘 띄지 않는 보호색을 갖고 있다. 밤에 불빛에 유인되어 잘 날아온다.

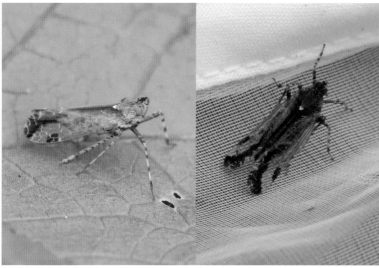

잎에 앉아 있는 모습   2형

깃동상투벌레(상투벌레과)

산과 들에서 예덕나무, 칡 등의 식물에 모여 즙을 빨아 먹고 산다. 몸은 회황색 또는 담황색을 띠며 크기는 11~13㎜이다. 날개는 몸 길이보다 훨씬 더 길게 발달했다. 투명한 날개의 끝부분에 검은색 깃동 무늬가 있고 뾰족한 머리가 상투를 닮았다고 해서 이름이 지어졌으며 8~9월에 출현한다. 칡 덩굴이 많은 풀밭이나 경작지에서 볼 수 있다. 밤에 불빛에 유인되어 날아오며 알로 월동한다.

잎에 앉아 있는 모습   장삼벌레

네줄박이장삼벌레(장삼벌레과)

산과 들이나 경작지에서 감자 등의 식물을 먹고 산다. 몸은 길쭉하고 날개는 반투명하며 크기는 5~6㎜이다. 날개에 4개의 흑갈색 가로줄 무늬가 있어서 이름이 지어졌으며 7~9월에 출현한다. 장삼벌레(장삼벌레과)는 몸은 황갈색이고 크기는 6~8㎜이다. 생김새가 회색이나 검은색 삼베로 만든 길이가 길고 소매가 넓은 승려의 웃옷인 '장삼'을 닮아서 이름이 지어졌다. 벼의 즙을 빨아 먹고 살며 6~8월에 출현한다.

나무에 앉아 있는 모습

약충

무리 지어 나무즙을 빨아 먹는 모습

꽃매미 (꽃매미과)

산과 들이나 과수원에 모여 나무의 즙을 빨아 먹고 산다. 앞날개는 연한 회갈색이고 뒷날개는 붉은빛을 띠며 14~15㎜이다. 포도, 배, 복숭아, 사과, 매실 등에 피해를 일으켜서 생태계교란 야생생물로 지정되었으며 7~11월에 출현한다. 중국의 열대 지역이 원산지이며 2006년부터 우리나라에 유입되어 살고 있다. 천적이 없어서 처음엔 대발생했지만 지금은 거미, 사마귀, 잠자리, 벼룩좀벌 등의 토종 천적에 의해 조절되고 있다.

나무에 앉아 있는 모습

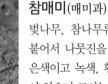

약충(굼벵이)

우화(날개돋이)

참매미 (매미과)

벚나무, 참나무류, 아까시나무 등에 붙어서 나뭇진을 먹고 산다. 몸은 검은색이고 녹색, 황색, 흰색 무늬가 섞여 있으며 크기는 56~60㎜이다. '밈밈 밈밈미~' 우는 울음소리가 '맴맴' 운다고 들려서 '매미', 대표 매미라서 '진짜'라는 뜻의 '참'이 붙어서 이름이 지어졌으며 6~9월에 출현한다. 수컷은 발음기가 있어서 소리 내어 울 수 있지만 암컷은 울지 못한다. 매미 유충인 굼벵이는 뿌리의 즙을 빨아 먹고 살다가 땅위로 올라와 허물을 벗고 성충이 된다.

나무에 앉아 있는 모습

발음기관

개미에게 끌려가는 사체

말매미 (매미과)

양버즘나무, 느티나무, 벚나무, 버드나무, 물푸레나무 등 다양한 나무의 나뭇진을 먹고 산다. 몸이 전체적으로 검은색이어서 '검은매미'라고도 불리며 크기는 65㎜ 정도이다. 우리나라 매미류 중에서 몸집이 커서 '크다'라는 뜻의 '말'이 붙어서 이름이 지어졌으며 6~10월에 출현한다. '차르르르' 울음소리가 공사장 소음과 맞먹을 정도로 시끄럽다. 특히 대도시는 자동차 소음 때문에 매미가 더 목청껏 울어 소음공해가 심하다.

꽃매미는 매미과가 아니라 꽃매미과에 속하기 때문에 매미처럼 울음소리를 낼 수 없다.

밤에 불빛에 유인되어 날아온 모습

나무에 앉아 있는 모습

개미에게 공격당하는 모습

애매미(매미과)

아까시나무, 벚나무, 버드나무, 감나무 등의 활엽수에서 나뭇진을 먹고 산다. 몸은 전체적으로 검은색을 띠고 녹색 무늬가 있으며 크기는 43~46㎜이다. 우리나라에 사는 매미 중에서 크기가 작아서 '아기매미'라는 뜻으로 이름이 지어졌으며 6~10월에 출현한다. 아침부터 변화무쌍한 다양한 울음소리로 울며 날씨가 흐린 날에도 잘 운다. 죽은 매미에게 개미가 모이는 걸 볼 수 있고 밤에 환한 불빛에 유인되어 잘 날아온다.

나무에 앉아 있는 모습

땅에서 기어가는 모습

유지매미(매미과)

낮은 산지와 평지에 주로 살지만 높은 산에서도 종종 보이며 나뭇진을 먹고 산다. 몸은 검은색이고 날개는 갈색 바탕에 검은색 무늬가 있으며 크기는 55~58㎜이다. 앞날개와 뒷날개 모두 불투명한 빛깔을 띠는 것이 특징이며 7~9월에 출현한다. 얼룩덜룩한 날개 빛깔이 나무껍질에 붙어 있으면 보호색이 되어 천적의 눈에 잘 띄지 않는다. '지글지글' 기름 볶는 울음소리를 내서 '기름매미'라고 불린다.

나무에 앉아 있는 모습

탈피 허물

털매미(매미과)

낮은 산지의 나무에 붙어서 나뭇진을 먹고 산다. 몸은 전체적으로 갈색을 띠며 크기는 35~36㎜이다. 몸은 전체적으로 불규칙한 검은색과 연갈색 무늬가 많아서 나무껍질과 비슷해 나무에 앉아 있으면 눈에 잘 띄지 않는다. 몸에 짧은 털이 많아서 이름이 지어졌으며 6~9월에 출현한다. 수컷은 짝짓기를 위해 '찌찌~'하며 약한 연속음으로 울음소리를 낸다. 가느다란 죽은 나뭇가지에 알을 낳는다. 밤에 불빛에 유인되어 잘 날아온다.

수컷 매미는 종류마다 암컷을 부르는 울음소리가 서로 다르다. 암컷은 울음소리를 듣고 다가가 짝짓기하여 번식한다.

잎에 앉아 있는 수컷

암컷

약충

잔날개여치 (여치과)

산지의 풀숲이나 습지나 하천의 풀밭에 살면서 초식과 육식을 하는 잡식성 곤충이다. 몸은 갈색을 띠고 크기는 16~25㎜이다. 날개가 매우 짧은 것이 특징이며 5~9월에 출현한다. 겹눈 뒤쪽에 가느다란 흰색 줄무늬가 있고 앞가슴등판 옆쪽에는 흰색 테두리가 선명하며 '치릿치릿~' 울음소리를 낸다. 수컷은 등면이 진한 흑갈색이고 암컷은 담갈색이다. 약충은 검은색이고 등면은 밝은 갈색을 띤다. 겨울에 알로 월동한다.

땅에 앉아 있는 모습

2형(갈색형)

2형(장시형)

애여치 (여치과)

습지, 강변, 연못, 냇가 등의 물기가 많은 곳에 살면서 초식과 육식을 하는 잡식성 곤충이다. 머리와 앞가슴등판은 보통 녹색이지만 개체에 따라 갈색도 있으며 크기는 16~24㎜이다. 더듬이는 머리카락처럼 가늘고 길며 뒷다리 넓적다리마디는 굵게 발달했다. 날개가 배 길이보다 짧은 단시형과 배 길이보다 훨씬 더 긴 장시형이 있다. 여치류 중에서 아기처럼 크기가 작고 귀엽다고 해서 이름이 지어졌으며 6~8월에 출현한다.

땅에 앉아 있는 수컷

약충

연가시의 기생

갈색여치 (여치과)

낮은 산지의 풀숲이나 산길에서 살면서 초식과 육식을 하는 잡식성 곤충이다. 몸이 전체적으로 갈색이어서 이름이 지어졌으며 크기는 25~33㎜이다. 앞가슴등판 옆면은 검은색이고 테두리는 연한 황백색을 띤다. 앞날개는 갈색이고 '잔날개여치'처럼 매우 짧으며 6~10월에 출현한다. 수컷은 흑갈색이고 암컷은 담갈색이다. 암컷은 수컷보다 크기가 약간 더 크고 앞날개가 약간 짧아서 구별된다. 겨울에 알로 월동한다.

유선형동물에 속하는 연가시는 물가 주변에 사는 여치, 사마귀, 꼽등이 등의 몸속에 기생하여 번식한다.

풀잎에 앉아 있는 모습

약충

긴날개중베짱이(여치과)

산지의 계곡 주변이나 습지 주변의 풀숲에 살면서 메뚜기류와 귀뚜라미류를 잡아먹는 육식성 곤충이다. 몸은 선명한 녹색을 띠며 크기는 40~56㎜이다. 앞날개가 배 길이보다 훨씬 더 길게 발달한 것이 특징이며 6~9월에 출현한다. 전체적인 생김새가 '중베짱이'와 비슷하지만 날개가 훨씬 더 길어서 구별된다. 약충은 녹색을 띠며 날개가 없어서 날아다닐 수 없다. 어릴 때는 '중베짱이'와 생김새가 매우 비슷해서 구별하기 힘들다.

꼽등이(꼽등이과)

마을 주변이나 야산, 동굴 등에서 살아가는 잡식성 곤충이다. 몸은 밝은 갈색이고 광택이 있으며 크기는 13~20㎜이다. 날개가 없어서 울지 못하며 긴 더듬이로 주변을 감지하며 살아간다. 등이 꼽추처럼 굽었다고 해서 이름이 지어졌으며 5~11월에 출현한다. 사람들은 '귀뚜라미'라고 알고 있는 경우가 많았지만 2010년에 대발행하면서 이름이 정확하게 알려지게 되었다. 알에서 부화한 약충은 3~4개월 동안 6령을 거쳐 성충이 된다.

땅에 앉아 있는 암컷

수컷

습한 곳에 무리 지어 모인 모습

알락꼽등이(꼽등이과)

마을 주변이나 창고 온실, 해안가 등에 사는 잡식성 곤충이다. 몸은 갈색이고 얼룩덜룩한 반점이 있으며 크기는 12~18㎜이다. 머리카락처럼 매우 길고 가느다란 더듬이를 움직여 주변을 감지하고 기다란 뒷다리로 높이 점프하며 살아간다. 습기가 많은 구석에 숨어 있다가 밤에 활동하는 야행성 곤충으로 1~12월 연중 출현한다. 짝짓기를 마친 암컷은 땅속에 알을 낳아 번식한다. 약충은 10~11번의 탈피를 거쳐 성충이 된다.

땅에 앉아 있는 모습

더듬이

귀뚜라미와 매우 비슷한 꼽등이는 습한 환경을 좋아한다고 해서 '동굴귀뚜라미'라고 부르며 등이 굽어서 '낙타귀뚜라미'라고도 부른다.

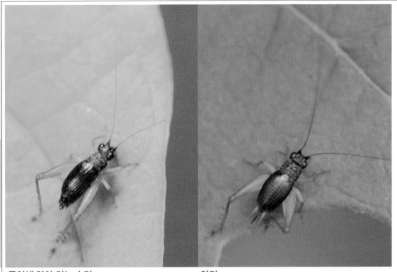

풀잎에 앉아 있는 수컷　　　　　암컷

먹종다리(귀뚜라미과)

산과 들의 풀숲에 살며 잎사귀에 앉아 있는 모습을 볼 수 있다. 몸은 전체적으로 검은색이고 반질반질한 광택이 있으며 크기는 4~5㎜이다. 다리는 연황색이고 반점이 없으며 겹눈은 붉은색이다. 수컷은 암컷에 비해 앞날개가 더 검은색을 띠며 5~7월에 출현한다. 몸이 검은색이고 '종다리'처럼 운다고 해서 이름이 지어졌지만 대부분의 귀뚜라미와는 달리 울지 못한다. 겨울에 약충으로 월동하며 연 1회 발생한다.

두더지 발처럼 생긴 앞발

땅에 앉아 있는 모습　　　　　땅을 파는 모습

땅강아지(땅강아지과)

경작지 주변에서 인삼 등의 식물 뿌리를 먹고 산다. 몸은 암갈색을 띠고 부드러운 털로 덮여 있으며 크기는 23~34㎜이다. 앞날개는 배의 절반 정도로 짧고 앞다리의 톱날 모양 돌기로 땅속에 굴을 파고 지낸다. 봄과 가을에 '비이~' 하는 울음소리를 낸다. 땅에 사는 강아지 같다고 해서 이름이 지어졌으며 1~12월 연중 출현한다. 게의 발처럼 생겨서 '게발두더지', 두더지처럼 땅을 잘 파서 '두더지귀뚜라미'라고도 부른다.

잎에 앉아 있는 수컷　　　　　암컷

약충

밑들이메뚜기(메뚜기과)

산지의 풀숲에서 다양한 식물을 갉아 먹고 산다. 몸은 녹색을 띠고 크기는 25~40㎜이다. 겹눈은 개구리눈처럼 불룩 튀어나왔고 머리 뒤쪽부터 앞가슴등판까지 검은색 줄무늬가 있다. 성충이 되어도 날개가 생기지 않아서 날아다닐 수 없고 점프만 하며 이동한다. 배 끝부분이 위로 들려 올라가 있어서 '밑들이'라는 이름이 지어졌으며 5~9월에 출현한다. 약충은 크기가 작고 잎사귀에 잘 앉는다. 겨울에 알로 월동한다.

땅을 매우 잘 파는 특별한 능력을 갖고 있는 땅강아지와 두더지는 포크레인의 모델이 되었다.

잎에 앉아 있는 수컷

암컷

짝짓기

참실잠자리 (실잠자리과)

산지 주변에 수생식물이 자라는 습지, 휴경 논, 물웅덩이 등에서 소형 곤충을 잡아먹고 산다. 몸은 가늘고 길며 크기는 30~34㎜이다. 수컷은 몸이 전체적으로 청색을 띠며 제10배마디는 흑갈색을 띤다. 암컷은 전체적으로 흑갈색을 띠며 제8~9배마디에 둥근 청색 무늬가 있으며 식물의 조직에 알을 낳는다. 북방 계열의 실잠자리로 중북부 지방에 많이 살고 남부 지방은 고지대 습지의 한랭한 풀밭에 살며 5~9월에 출현한다.

잎에 앉아 있는 수컷

암컷

북방아시아실잠자리 (실잠자리과)

수생식물이 풍부한 연못이나 습지에 살면서 소형 곤충을 사냥한다. 몸은 실처럼 가느다랗고 청색을 띠지만 암컷의 경우에는 개체에 따라 갈색형도 있으며 크기는 32~36㎜이다. 중북부 지방에 사는 북방 계열 잠자리로 5~9월에 출현한다. 기후 변화를 예측할 수 있는 종이어서 환경부 지정 기후변화 생물지표종으로 지정되어 있다. 짝짓기를 마친 암컷은 식물의 조직에 알을 낳는다. 유충은 습지와 연못에 살며 특히 해안가 저지대에 많이 산다.

잎에 앉아 있는 모습

황등색실잠자리

노란실잠자리 (실잠자리과)

수생식물이 풍부한 습지나 연못에 살면서 소형 곤충을 사냥한다. 암수가 모두 선명한 황색을 띠고 있어서 이름이 지어졌으며 크기는 38~42㎜이다. 성숙하면 수컷은 가슴이, 암컷은 전체가 연녹색으로 변하며 6~9월에 출현한다. 암컷은 식물의 조직 속에 알을 낳는다. **황등색실잠자리** (실잠자리과)는 몸은 녹색을 띠지만 미성숙 암컷은 황갈색이며 크기는 20~22㎜이다. 수생식물이 많은 풀숲에서 소형 곤충을 사냥하고 6월에 출현한다.

여름에 만나는 곤충

잠자리목

잎에 앉아 있는 암컷

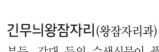
수컷

유충

왕잠자리(왕잠자리과)

연못, 저수지, 하천 등에 폭넓게 살면서 곤충류를 사냥한다. 겹눈이 매우 커다란 대형 잠자리로 크기는 70~75㎜이다. 몸이 굵고 가슴은 녹색이며 배는 갈색을 띤다. 수컷은 제1~3배마디의 등면이 청색이고 암컷은 녹색이어서 서로 구별된다. 수컷은 영역을 지키려고 왕복 비행을 하며 4~10월에 출현한다. 암컷은 수생식물의 줄기에 알을 낳는다. 유충은 환경 적응력이 뛰어나서 1~3급수까지도 적응하며 산다. 유충으로 월동한다.

잎에 앉아 있는 모습

옆면

긴무늬왕잠자리(왕잠자리과)

부들, 갈대 등의 수생식물이 풍부한 평지의 연못이나 습지에 살면서 곤충류를 사냥한다. 몸은 전체적으로 녹색을 띠며 크기는 62~68㎜이다. 가슴과 배마디 등면에 굵은 검은색 줄무늬가 있는 것이 특징이다. 주로 이른 오전과 저녁 시간에 먹이 활동을 위해 활발하게 비행하는 것을 볼 수 있으며 5~8월에 출현한다. 연못 주위의 나무나 풀 줄기에 앉아 짝짓기를 하고 수생식물에 알을 낳는다. 겨울에 유충으로 월동한다.

잎에 앉아 있는 모습

등면

장수잠자리(장수잠자리과)

양지바른 산지의 계곡이나 냇가 주변을 날아다니며 곤충류를 사냥한다. 몸은 전체적으로 검은색을 띠고 가슴과 배마디에 황색 줄무늬가 있으며 크기는 90~105㎜이다. 우리나라에 서식하는 잠자리류 중 크기가 가장 크고 힘이 세서 '장수'가 붙어 이름이 지어졌으며 6~9월에 출현한다. 짝짓기를 마친 암컷은 냇가의 모래 퇴적층에 산란한다. 유충은 수서곤충과 올챙이를 잡아먹으며 3년 동안 성장하여 성충이 된다.

비행 능력이 매우 훌륭한 왕잠자리는 시속 58km 이상으로 날아다닐 수 있는 곤충계의 최고 비행사이다.

얼굴

부성기

잎에 앉아 있는 모습

부채장수잠자리(측범잠자리과)

연못과 저수지 위를 날아다니며 곤충류를 사냥한다. 몸은 전체적으로 황색을 띠고 검은색 줄무늬가 있으며 크기는 65~70㎜이다. 제3~7배마디에는 황색의 역삼각형 무늬가 있고 제8~9배마디 옆면에도 황색 무늬가 있다. 제8배마디 아래에 부채 모양의 돌기가 있어서 이름이 지어졌으며 5~9월에 출현한다. 짝짓기를 마친 암컷은 수생식물이나 부유물에 산란을 하여 번식한다. 유충은 연못이나 저수지의 깊은 곳에 산다.

잎에 앉아 있는 모습

등면

홀쭉밀잠자리(잠자리과)

습지, 논, 하천을 날아다니며 곤충류를 사냥한다. 몸은 암수 모두 미성숙일 때는 연갈색을 띠고 성숙하면 수컷은 청회색으로 변하며 크기는 45~47㎜이다. 날개 끝에 깃동 무늬가 있는 것이 특징이지만 성숙한 수컷은 깃동 무늬가 거의 없다. 밀잠자리류 중에서 몸이 홀쭉해서 이름이 지어졌으며 6~8월에 출현한다. 암컷은 물 흐름이 있는 작은 하천에 타수산란한다. 유충은 하천의 퇴적층에 살며 겨울에 유충으로 월동한다.

암컷

잎에 앉아 있는 수컷

짝짓기

큰밀잠자리(잠자리과)

습지, 연못, 하천, 논두렁 등에 널리 서식하며 곤충류를 사냥한다. 암수 모두 미성숙일 때는 황색을 띠지만 성숙하면 수컷은 청회색으로 변하며 크기는 51~53㎜이다. 가슴 옆면에 검은색 줄무늬가 뚜렷하며 성숙한 수컷은 줄무늬가 없어진다. 밀잠자리류 중에서 크기가 가장 크다고 해서 이름이 지어졌으며 6~9월에 출현한다. 짝짓기를 마친 암컷은 수컷의 보호를 받으며 타수산란한다. 겨울에 유충으로 월동한다.

나뭇가지에 앉아 있는 수컷

암컷

날개 기부의 주홍색 무늬

고추잠자리(잠자리과)

연못, 저수지, 하천, 연안 습지 주변을 날아다니며 곤충류를 사냥한다. 몸은 전체적으로 진한 황색을 띠지만 성숙한 수컷은 얼굴부터 배까지 붉게 변하며 크기는 44~50㎜이다. 붉은색을 띠는 모습이 고추를 닮았다고 해서 이름이 지어졌으며 5~9월에 출현한다. 암컷은 수생식물이 풍부한 곳에 타수산란을 한다. 유충은 수생식물이 풍부한 습지, 연못, 저수지에 살며 겨울에 유충으로 월동한다. 서울시에서는 보호종으로 지정되어 있다.

잎에 앉아 있는 수컷

등면 날개

겹눈

밀잠자리붙이(잠자리과)

연못, 저수지, 습지에 살면서 곤충류를 사냥한다. 몸은 황색을 띠지만 성숙한 수컷은 청회색으로 변하며 크기는 42~48㎜이다. '밀잠자리'와 매우 비슷해서 닮았다는 뜻의 '붙이'가 붙어서 이름이 지어졌으며 5~9월에 출현한다. 짝짓기를 마친 암컷은 타수산란한다. 유충은 수생식물이 풍부하게 자라는 연못과 습지, 저수지에 산다. 수생식물의 뿌리나 유기물이 쌓인 곳을 기어다니거나 헤엄치면서 수생동물을 잡아먹는다.

잎에 앉아 있는 수컷

두점배좀잠자리

하나잠자리(잠자리과)

산지나 낮은 산지의 연못에 살면서 곤충류를 사냥한다. 몸은 황갈색을 띠며 성숙한 수컷은 붉게 변하며 크기는 40~46㎜이다. 앞날개와 뒷날개 기부가 주홍색이다. 수생식물이 풍부한 습지와 연못에 타수산란을 하며 6~9월에 출현한다. 중북부 지방에 개체 수가 증가해서 기후 변화를 알려 주는 곤충이다. **두점배좀잠자리**(잠자리과)는 해안가의 습지, 연못, 저수지에 살며 크기는 40~42㎜이다. 곤충류를 사냥하며 6~11월에 출현한다.

고추잠자리는 건강한 수생태계에만 서식할 수 있기 때문에 서식하는 하천과 습지의 건강함을 알 수 있다.

잎에 앉아 있는 모습　　　불빛에 유인되어 날아온 모습

나비잠자리(잠자리과)

습지, 연못, 저수지, 하천 등에 살면서 곤충류를 사냥한다. 몸은 수컷은 진한 청동색, 암컷은 검은색을 띠며 크기는 36~42㎜이다. 뒷날개가 넓어서 '나비'처럼 보인다고 해서 이름이 지어졌으며 6~9월에 출현한다. 여러 마리의 수컷이 공중으로 떠올라 날개를 부딪치며 영역 싸움을 벌이기도 한다. 암컷은 수생식물에 단독 타수산란을 한다. 밤에 불빛에 유인되어 날아온다. 유충은 수생식물이 풍부한 습지와 저수지에 산다.

잎에 앉아 있는 수컷　　　암컷

노란허리잠자리(잠자리과)

연못이나 저수지, 하천에 살면서 곤충류를 사냥한다. 몸은 전체적으로 검은색을 띠며 크기는 40~46㎜이다. 미성숙 암컷은 제3~4배마디가 선명한 황색을 띠지만 성숙하면 수컷만 흰색으로 변한다. 배마디 중간 부위에 황색 무늬가 있어서 이름이 지어졌으며 5~9월에 출현한다. 짝짓기를 마친 암컷은 풀 줄기나 나무에 알을 낳는다. 유충은 퇴적물이 많이 쌓여 있는 연못, 저수지, 하천 등에서 산다. 유충으로 월동한다.

된장잠자리(잠자리과)

연못, 저수지, 하천, 습지 등을 날아다니며 곤충류를 사냥한다. 몸은 전체적으로 황갈색을 띠고 있어서 된장 색깔과 비슷하다고 해서 이름이 지어졌으며 크기는 37~42㎜이다. 몸이 매우 가볍고 날개가 넓적해서 바람을 타고 멀리까지 이동할 수 있으며 4~10월에 출현한다. 열대 지방에서 태평양을 지나 우리나라까지 날아오는 비래곤충으로 연 3~4회 번식한다. 유충은 연못, 습지, 하천에 살지만 추위에 약해 월동하지 못한다.

나뭇가지를 붙잡고 있는 수컷　　　암컷　　　길쭉한 배

된장잠자리는 아열대성 곤충이지만 기후 변화가 지속된다면 겨울에 우리나라에서 유충으로 월동할 것으로 예상된다.

밤에 불빛에 유인되어 날아온 모습　　　　유충

큰줄날도래(줄날도래과)

평지의 하천에 살며 물가 주변 풀숲에 앉아 있는 모습을 볼 수 있다. 날개는 연황색을 띠고 크기는 8~14㎜이다. 날개에 복잡한 검은색 줄무늬가 많아서 이름이 지어졌으며 5~9월에 출현한다. 밤에 환하게 켜진 불빛에 유인되어 잘 날아온다. 유충은 하천이나 강의 유기물이 풍부하고 물 흐름이 빠른 여울이 잘 발달된 곳에 살며 크기는 20㎜ 정도이다. 플랑크톤, 미세 유기물을 걸러 먹고 살며 5~6월에 성충이 많이 출현한다.

둥근 집에 사는 유충　　　　무리 지어 사는 모습

띠무늬우묵날도래(우묵날도래과)

깨끗하고 수온이 낮은 산지의 계곡에서 볼 수 있다. 유충은 머리 등면, 앞가슴등판, 가운데 가슴등판에 진갈색 반점이 많고 크기는 30~35㎜이다. 나뭇잎, 나뭇가지, 작은 모래알을 붙여서 원통형의 집을 만든다. 낙엽이 많이 쌓인 물속을 천천히 기어다니며 낙엽을 먹고 살며 집단으로 모여 사는 모습도 발견할 수 있다. 날도래 종류 중에서 비교적 크기가 커서 쉽게 발견할 수 있으며 깨끗한 시냇가에 사는 지표종이다.

잎에 앉아 있는 모습　　　　가늘고 기다란 더듬이

밤에 불빛에 유인되어 온 모습

청나비날도래(나비날도래과)

물 흐름이 느린 하천이나 강에 산다. 날개는 남색 빛이 도는 검은색이고 광택이 있으며 크기는 6~8㎜이다. 더듬이는 몸보다 길고 흰색 띠가 있다. 물가 근처에서 날아다니며 잎이나 풀 줄기에 앉는 모습을 볼 수 있으며 6~8월에 출현한다. 밤에 불빛에 유인되어 잘 모여든다. 유충은 물 흐름이 느린 여울이나 수변부에 살며 크기는 5~10㎜이다. 작은 모래와 나무 조각을 섞어 원통형 집을 만들고 바닥의 유기물을 먹고 산다.

땅에 앉아 있는 모습

유충

밤에 불빛에 유인되어 온 모습

대륙뱀잠자리 (뱀잠자리과)

하천이나 물가를 날아다니는 모습을 볼 수 있다. 몸은 전체적으로 갈색을 띠고 가슴과 배는 연갈색을 띠며 크기는 40~50mm이다. 머리는 암갈색이고 큰턱은 머리 앞쪽으로 돌출되어 있다. 얼룩덜룩한 날개가 뱀 허물처럼 보여서 이름이 지어졌으며 5~9월에 출현한다. 짝짓기를 마치면 300~3,000개의 알을 덩어리로 낳는다. 유충은 저서무척추동물이나 작은 물고기를 잡아먹고 살며 2~3년 자라면 성충이 된다.

잎에 앉아 있는 모습

날개를 편 모습

유충

뱀잠자리붙이 (뱀잠자리붙이과)

산지의 계류나 하천 주변을 날아다니는 모습을 볼 수 있다. 몸은 전체적으로 갈색을 띠고 앞가슴등판은 황갈색이며 크기는 70mm 정도이다. 몸이 매우 길고 뱀잠자리류를 닮았다고 해서 '붙이'가 붙어서 이름이 지어졌으며 5~6월에 출현한다. 유충은 진갈색이고 원통형이며 길이는 48~50mm이다. 배마디 옆면에 길게 뻗은 부속지가 있다. 물 흐름이 빠른 여울에서 바닥을 기어다니며 살며 저서무척추동물과 작은 물고기를 잡아먹고 산다.

포충망에 붙어 있는 모습

좀보날개풀잠자리

보날개풀잠자리 (보날개풀잠자리과)

산과 들의 풀숲에서 진딧물류를 잡아먹고 산다. 몸은 전체적으로 연갈색이고 크기는 10mm 정도이다. 앞날개에 그물 무늬가 복잡하게 얽혀 있는 것이 특징이며 6~8월에 출현한다. 유충도 풀숲에서 진딧물을 잡아먹고 산다. **좀보날개풀잠자리** (보날개풀잠자리과)는 몸은 갈색이고 날개는 연갈색을 띠며 크기는 35mm 정도이다. 몸에 비해 날개가 매우 크고 넓적한 것이 특징이며 5~8월에 출현한다. 풀숲을 날아다니며 진딧물을 잡아먹고 산다.

잎에 앉아 있는 모습

사마귀와 닮은 낫 모양의 다리

밤에 불빛에 유인되어 온 모습

애사마귀붙이(사마귀붙이과)

낮은 산지나 풀밭 등의 다양한 곳에서 볼 수 있다. 몸은 전체적으로 황색이고 앞가슴등판은 붉은빛이 도는 갈색이며 크기는 8~17㎜이다. 낫 모양의 앞다리를 접고 있다가 펼치는 모습이 '사마귀'와 매우 비슷해서 닮았다는 뜻의 '붙이'가 붙어 이름이 지어졌으며 7~8월에 출현한다. 암컷은 일생 동안 1만 개 이상의 알을 낳는다. 밤이 되면 불빛에 유인되어 잘 날아온다. 유충은 거미류의 알집 또는 '뱀허물쌍살벌' 유충에 기생한다.

잎에 앉아 있는 모습

유충

개미귀신(유충)의 깔대기 모양 집

명주잠자리(명주잠자리과)

산지나 평지 등의 풀숲에서 볼 수 있다. 몸은 길쭉한 막대 모양이고 크기는 40㎜ 정도이다. 날개가 '잠자리'처럼 넓적해서 이름이 지어졌으며 6~10월에 출현한다. 밤에 환하게 켜진 불빛에 유인되어 잘 날아온다. 유충은 고운 모래땅에 깔때기 모양의 구멍을 파고 그 속에 숨어서 지나가는 개미를 향해 모래를 뿌린다. 모래를 맞고 미끄러지는 개미를 큰턱으로 물어서 체액을 빨아 먹기 때문에 '개미귀신'이라고 부른다.

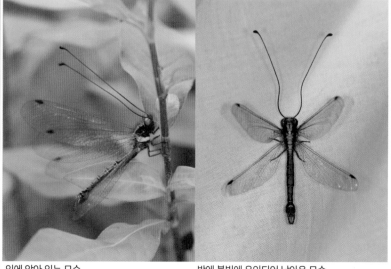

잎에 앉아 있는 모습

밤에 불빛에 유인되어 날아온 모습

뿔잠자리(뿔잠자리과)

산지에서 날아다니는 모습을 볼 수 있다. 몸은 황갈색이고 가로줄 무늬와 세로줄 무늬가 흑갈색을 띠며 크기는 30㎜ 정도이다. 날개는 투명하고 넓적하며 더듬이는 끝부분이 부풀어 있어서 골프채나 필드하키 채처럼 보인다. 밤에 환하게 켜진 불빛에 유인되어 날아오는 모습을 볼 수 있으며 5~9월에 출현한다. 유충은 생김새가 '명주잠자리' 유충인 개미귀신과 비슷하며 풀뿌리 주변에서 소형 곤충을 잡아먹고 산다.

잎에 앉아 있는 모습

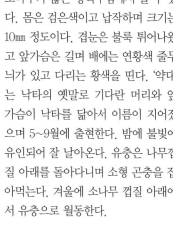

기다란 꼬리

유충

약대벌레(약대벌레과)

소나무가 많은 상록수림에서 볼 수 있다. 몸은 검은색이고 납작하며 크기는 10㎜ 정도이다. 겹눈은 볼록 튀어나왔고 앞가슴은 길며 배에는 연황색 줄무늬가 있고 다리는 황색을 띤다. '약대'는 낙타의 옛말로 기다란 머리와 앞가슴이 낙타를 닮아서 이름이 지어졌으며 5~9월에 출현한다. 밤에 불빛에 유인되어 잘 날아온다. 유충은 나무껍질 아래를 돌아다니며 소형 곤충을 잡아먹는다. 겨울에 소나무 껍질 아래에서 유충으로 월동한다.

잎에 앉아 있는 모습

2형(갈색형)

약충

대벌레(대벌레과)

참나무가 많은 활엽수림에서 잎사귀를 갉아 먹고 산다. 몸은 녹색 또는 갈색을 띠며 크기는 70~100㎜이다. 가늘고 기다란 몸과 다리가 대나무 줄기를 닮아서 '죽절충(竹節蟲)', 서양에서는 지팡이를 닮았다고 '지팡이곤충'이라고 부르며 5~10월에 출현한다. 활엽수에 앉아 있으면 나뭇가지처럼 위장을 잘하기 때문에 천적의 눈에 잘 띄지 않는다. 기후 변화로 서식지를 이동하여 서울, 경기 지역의 야산에 집단 발생하여 사람들에게 불편함을 주고 있다.

땅을 기어가는 수컷

암컷

약충

좀집게벌레(집게벌레과)

산지의 돌이나 낙엽 밑에서 활발하게 움직이며 소형 곤충의 알이나 번데기를 먹고 산다. 몸은 전체적으로 암갈색이고 다리와 집게는 적갈색을 띠며 크기는 16㎜ 정도이다. 옛날에는 배 끝부분에 달린 집게가 가위와 비슷해서 '가위벌레'라고 불렀으며 5~9월에 출현한다. 수컷의 집게는 암컷에 비해 둥글게 휘어졌고 집게 안쪽에 작은 돌기가 있지만 암컷은 돌기가 없어서 구별된다. 겨울에 성충으로 땅속이나 나무 속에서 월동한다.

기후 변화로 남부 지방에만 살던 대벌레가 천적이 없는 중부 지방까지 확산되어 번식하면서 대발생하였다.

10월 벼 잎을 갉아 먹는 우리벼메뚜기

가을에 만나는 곤충

천고마비의 계절 가을이 찾아오면 이 좋은 계절과 어울리는 풍요로운 곤충 세상이 펼쳐진다. 맑고 푸른 하늘은 자유로이 날아다니며 가을을 수놓는 잠자리로 가득하고, 땅에는 여치와 베짱이, 귀뚜라미 등의 풀벌레 오케스트라 연주에 아름다운 가을밤이 무르익는다. 가을에 활동하는 곤충 193종을 소개하였다.

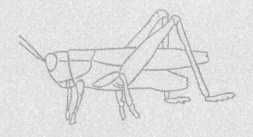

풀잎을 기어가는 모습   땅을 기어가는 모습

엷은먼지벌레 (딱정벌레과)

하천이나 습지의 풀숲에 살면서 초식과 육식을 하는 잡식성 곤충이다. 몸은 전체적으로 연갈색을 띠고 머리는 검은색이며 크기는 5~5.5㎜이다. 앞가슴등판 가장자리와 딱지날개 봉합선 부위가 검은색이다. 연갈색의 몸 전체가 옅은 빛깔이어서 '엷은'이 붙어 이름이 지어졌다. 습지의 풀숲을 발 빠르게 기어다니는 모습을 볼 수 있으며 3~10월에 출현한다. 몸이 가늘고 동작이 빨라서 풀숲에서 발견하기가 쉽지 않다.

풀 줄기를 기어가는 모습   땅을 기어가는 모습

한라십자무늬먼지벌레 (딱정벌레과)

숲에서 활발하게 움직이며 초식과 육식을 하는 잡식성 곤충이다. 몸은 전체적으로 황갈색이고 머리와 가슴은 붉은색을 띠며 크기는 5.5~6.5㎜이다. 딱지날개에 있는 화살 모양의 검은색 무늬가 '십자무늬'로 보여서 이름이 지어졌다. 낮에는 땅이나 잎사귀 위를 기어다니며 먹이를 사냥한다. 나무 위에서 빠르게 기어다니는 모습을 볼 수 있으며 5~10월에 출현한다. 밤이 되면 환한 불빛에 모여들어 사냥을 한다.

땅을 기어가는 모습   풀잎을 먹는 모습

노랑가슴먼지벌레 (딱정벌레과)

낮은 산이나 경작지의 논밭에 살면서 초식과 육식을 하는 잡식성 곤충이다. 몸은 전체적으로 납작하고 크기는 6.5~8㎜이다. 머리와 딱지날개는 청록색이며 앞가슴등판은 주황색이고 다리는 황색을 띤다. 앞가슴등판이 주황색을 띠고 있는데 '노란색'으로 착각해서 이름이 지어졌다. 풀숲의 잎사귀나 땅 위를 빠르게 기어다니는 모습을 볼 수 있으며 3~10월에 출현한다. 낮에는 돌 밑에 숨어 있다가 밤이 되면 불빛에 모여든다.

땅을 기어가는 모습   나도딱부리반날개

청딱지개미반날개 (반날개과)

산과 들의 풀숲에서 소형 곤충 등의 절지동물을 잡아먹고 산다. 몸은 전체적으로 길쭉하고 크기는 6.5~7㎜이다. 딱지날개가 청록색이어서 이름이 지어졌으며 1~12월 연중 출현한다. '페레딘'이라는 독을 갖고 있어서 피부에 닿으면 화상을 입은 것처럼 상처가 생긴다고 해서 '화상벌레'라고도 불린다. **나도딱부리반날개** (보날개풀잠자리과)는 몸은 검은색이고 크기는 5~6㎜이다. 눈이 불룩 튀어나와서 '딱부리'라고 이름이 지어졌으며 4~10월에 출현한다.

땅을 기어가는 모습   유충

무당벌레붙이 (무당벌레붙이과)

풀숲을 빠르게 기어다니며 버섯류나 썩은 나무를 먹고 산다. 몸은 전체적으로 둥글고 크기는 4.7~5㎜이다. 머리는 검은색이고 앞가슴등판과 딱지날개는 붉은색을 띤다. 딱지날개에 점무늬가 있는 모습이 '무당벌레'처럼 보여서 이름이 지어졌으며 3~10월에 출현한다. 딱지날개의 무늬는 개체마다 변이가 매우 다양하다. 낮에는 풀밭에서 활동하고 밤이 되면 불빛에 모인다. 나무껍질 아래나 돌 밑에서 성충으로 월동한다.

땅을 기어가는 모습   유충

네점무늬무당벌레붙이 (무당벌레붙이과)

참나무 숲에서 참나무류의 나뭇진이나 균류를 먹고 산다. 몸은 전체적으로 둥글고 광택이 있는 검은색을 띠며 크기는 10~12㎜이다. 더듬이는 검은색이고 다리의 넓적다리마디는 붉은색 또는 주황색을 띤다. 딱지날개에 4개(2쌍)의 황색 둥근 점무늬가 있어서 이름이 지어졌으며 5~10월에 출현한다. 나무껍질에 무리 지어 모여 있거나 땅 위를 기어가는 모습을 볼 수 있다. 유충은 둥글고 8개의 흰색 돌기가 있다.

무당벌레붙이는 전체적인 생김새가 무당벌레를 닮았다고 해서 이름에 '붙이'가 들어가서 이름이 지어졌다.

잎에 앉은 모습   유충

노랑무당벌레(무당벌레과)

산과 들이나 하천에 자라는 나뭇잎에서 볼 수 있다. 몸은 둥글고 크기는 3.5~5㎜이다. 머리와 앞가슴등판은 흰색이고 딱지날개는 황색이다. 앞가슴등판 아래쪽에 2개의 검은색 점무늬가 있으며 4~10월에 출현한다. 진딧물을 먹고 사는 대부분의 무당벌레와 달리 흰가루병균 같은 균류를 먹고 산다. 겨울에 성충으로 월동한다. 유충은 머리와 가슴은 흰색을 띠고 배는 황색을 띠며 검은색 점무늬가 많다.

잎에 앉은 모습   2형(주황색형)

열석점긴다리무당벌레(무당벌레과)

습지, 하천, 강 등의 습한 풀밭에서 성충과 유충 모두 진딧물을 잡아먹고 산다. 몸은 황갈색이나 주홍색을 띠고 크기는 5.5~6㎜이다. 딱지날개에 13개의 둥근 검은색 점무늬가 있어서 이름이 지어졌으며 5~10월에 출현한다. 몸이 기다란 타원형이어서 동글동글한 일반적인 무당벌레류와 달라 보인다. 특히 짧은 다리가 특징인 보통 무당벌레와 다르게 다리가 매우 길게 발달해서 무당벌레가 아닌 줄 착각하는 경우가 많다.

잎사귀 위를 기어가는 모습   가슴에 4개의 점

네점가슴무당벌레(무당벌레과)

숲속의 나무에서 느티나무, 참나무류 등에 사는 진딧물을 잡아먹고 산다. 몸은 둥글고 전체적으로 주황색을 띠며 크기는 4~5.1㎜이다. 앞가슴등판에 4개의 흰색 점무늬가 줄지어 있어서 이름이 지어졌으며 4~10월에 출현한다. 딱지날개에는 12개의 둥근 흰색 점무늬가 있다. 나무에서 볼 수 있는 대표적인 무당벌레로 나무 틈이나 나뭇가지 사이를 활발하게 돌아다니는 모습을 볼 수 있다. 봄부터 보이지만 가을에 개체 수가 많다.

무당벌레는 좌우 대칭이어서 좌우에 있는 점무늬 개수가 똑같다. 열석점긴다리무당벌레는 좌우에 각각 6개씩, 중앙에 1개의 점을 갖고 있다.

땅을 기어가는 모습　　　　　배면

제주거저리(거저리과)

숲이나 산길의 땅 위에서 발 빠르게 기어다니는 모습을 볼 수 있다. 몸은 전체적으로 검은색이고 남색 광택을 띠며 크기는 7~9㎜이다. 먼지벌레처럼 땅을 기어다니는 모습을 쉽게 볼 수 있으며 돌 밑이나 그늘진 구석으로 숨는 것을 좋아한다. 겨울에 성충으로 월동하고 햇살이 따뜻한 봄이 되면 깨어나서 발발대며 돌아다니며 3~9월에 출현한다. 유충은 벌채목이나 죽은 나무를 갉아 먹으며 살아간다.

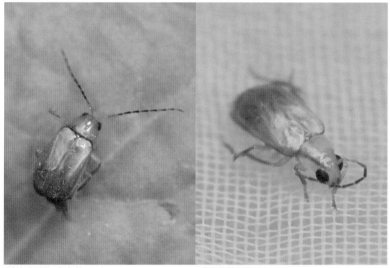

잎사귀 위를 기어가는 모습　　　더듬이 청소하기

어리발톱잎벌레(잎벌레과)

숲속의 때죽나무, 붉나무, 졸참나무, 밤나무 등에 모여서 잎사귀를 갉아 먹고 산다. 몸은 전체적으로 황갈색을 띠고 길쭉한 알 모양이며 크기는 3~4㎜이다. 검은색의 겹눈이 불룩 튀어나왔으며 딱지날개 끝부분은 검은색을 띤다. 수컷은 날개 기부 봉합선 부위에 파인 곳이 있다. 가을에 활발하게 움직이는 모습을 자주 볼 수 있으며 5~9월에 출현한다. 붉나무에 집단으로 대발생해서 갉아 먹어 피해를 일으킨다.

잎사귀 위에 올라간 모습　　　옆면

크로바잎벌레(잎벌레과)

산과 들에 자라는 쑥, 들깨, 콩, 토끼풀, 배추, 당근 등의 다양한 식물을 갉아 먹고 산다. 몸은 전체적으로 알 모양이고 크기는 3.6~4㎜이다. 머리와 앞가슴등판은 적갈색이고 딱지날개에 2개의 둥근 연황색 점무늬가 있는 것이 특징이다. '토끼풀(클로버)'을 잘 먹고 산다고 해서 이름이 지어졌으며 6~10월에 출현한다. 가지, 들깨, 호박, 콩, 배추 등을 먹고 살아서 작물 해충으로 손꼽힌다. 유충은 식물의 뿌리를 갉아 먹는다.

잎에 앉아 있는 모습

옆면

물구나무서기

밤나무잎벌레(잎벌레과)

산과 들에서 참억새, 밤나무, 개망초 등을 갉아 먹고 산다. 몸은 전체적으로 원통형이고 크기는 4.8~5.5㎜이다. 앞가슴등판과 딱지날개는 전체적으로 적갈색을 띤다. 딱지날개에는 검은색 띠무늬가 있지만 개체마다 변이가 다양하며 4~10월에 출현한다. 몸이 '무당벌레'처럼 붉은 빛깔을 띠고 있어서 풀잎이나 나뭇잎에 붙어 있으면 눈에 매우 잘 띈다. 여름부터 가을까지 잎사귀나 풀 줄기를 오르내리는 모습을 쉽게 볼 수 있다.

잎사귀 위를 기어가는 모습

2형(청색형)

쑥잎벌레(잎벌레과)

산과 들의 풀숲에서 쑥, 쑥부쟁이, 머위 등을 갉아 먹고 산다. 몸은 적동색, 흑청색, 청동색 등 체색 변이가 매우 다양하며 크기는 7~10㎜이다. 늦가을에 쑥이 자라는 곳에서 많이 관찰되며 4~11월에 출현한다. 10월이 되면 짝짓기하는 모습이 많이 보이며 짝짓기를 마친 암컷은 식물의 뿌리 근처에 알을 낳는다. 겨울이 되면 알로 월동을 하며 3월에 부화한 유충이 잎사귀를 갉아 먹으며 활동을 시작한다.

잎에 앉은 모습

땅을 기어가는 모습

열점박이별잎벌레(잎벌레과)

숲에서 포도, 개머루, 머루, 담쟁이덩굴 등을 갉아 먹고 산다. 몸은 전체적으로 황색이고 크기는 9~14㎜이다. 딱지날개에 10개의 둥글고 큰 검은색 점이 있는 것이 특징이다. 우리나라에 살고 있는 기다란 더듬이를 갖고 있는 긴더듬이잎벌레류 중에서 크기가 가장 크며 5~10월에 출현한다. 몸이 동그랗고 점이 있는 모습이 '무당벌레'와 매우 비슷해서 착각하는 경우가 많다. 개머루에 대발생해서 잎을 갉아 먹는다.

쑥잎벌레 등의 여러 잎벌레는 종류는 같지만 개체에 따라 색깔의 변이가 다른 경우가 있다.

잎을 기어가는 모습   알을 밴 모습(포란)

한서잎벌레(잎벌레과)

산과 들의 풀숲에서 쇠무릎, 명아주, 개비름, 머위 등을 갉아 먹고 산다. 몸은 전체적으로 흑갈색이고 타원형으로 볼록하며 크기는 10~11㎜이다. 딱지날개는 반질반질한 광택이 있고 여러 개의 줄무늬가 있으며 7~11월에 출현한다. 짝짓기를 마친 암컷은 배가 불룩하게 커져서 배가 홀쭉한 수컷과 쉽게 구별된다. 성충은 9~10월에 짝짓기하여 알을 낳기 때문에 가을철에 풀밭에서 활동하는 모습을 볼 수 있다.

잎을 갉아 먹는 모습   먹이를 갉아 먹는 모습

딸기잎벌레(잎벌레과)

산과 들의 풀숲에서 소리쟁이, 토황, 수영, 딸기, 쑥갓, 여뀌, 고마리 등의 다양한 식물을 갉아 먹고 산다. 몸은 전체적으로 암갈색이고 납작하며 크기는 3.7~5.2㎜이다. 딱지날개에 검은색 무늬가 있고 끝부분은 둥글며 4~11월에 출현한다. 딸기 밭에서 흔하게 볼 수 있어서 이름이 지어졌다. 겨울에 성충으로 월동하고 4월부터 나타나서 활동한다. 4월 말에 잎 뒷면에 10~30개의 황색 알을 낳아 번식한다.

먹이를 갉아 먹는 모습

노랑가슴녹색잎벌레(잎벌레과)

산지에서 다래나무, 쥐다래나무, 개머루 등을 갉아 먹고 산다. 머리와 딱지날개는 녹청색이고 앞가슴등판, 배, 다리는 황갈색이며 크기는 5.8~7.8㎜이다. 나뭇잎에 앉아서 잎사귀를 갉아 먹는 모습을 볼 수 있으며 5~10월에 출현한다. 몸이 전체적으로 녹청색을 띠어서 나뭇잎에 앉아 있으면 쉽게 눈에 잘 띄지 않는 보호색을 갖고 있다. 겨울에 성충으로 월동하고 5월 말에 흰색 알을 잎에 낳는다. 연 1회 발생한다.

잎사귀 위를 기어가는 모습   풀 줄기를 기어가는 옆면 모습

잎에 앉아 있는 모습

알

유충

돼지풀잎벌레(잎벌레과)

산과 들의 풀밭에서 돼지풀, 단풍잎돼지풀, 도꼬마리, 들깨, 해바라기 등을 갉아 먹고 산다. 몸은 밝은 황갈색을 띠고 길쭉하며 크기는 4~7mm이다. 딱지날개에 진갈색 세로줄 무늬가 있다. 북미가 원산지인 외래종으로 돼지풀을 가장 잘 갉아 먹어서 이름이 지어졌으며 3~11월에 출현한다. 특히 생태계교란 식물로 문제가 되는 돼지풀, 단풍잎돼지풀을 갉아 먹는 잎벌레로 잘 알려져 있다. 연 4~6회 발생하며 성충으로 월동한다.

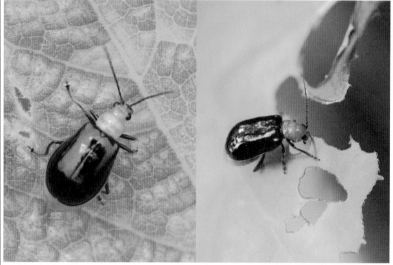

잎에 앉아 있는 모습

먹이를 갉아 먹는 모습

검정오이잎벌레(잎벌레과)

산과 들, 밭에서 등나무, 팽나무, 패랭이, 단풍마, 오이 등을 갉아 먹고 산다. 몸은 황갈색을 띠며 크기는 5.8~6.3mm이다. 머리, 앞가슴등판, 배는 황갈색이고 날개, 가슴, 더듬이, 다리, 딱지날개는 검은색을 띠며 4~11월에 출현한다. 겨울에 무리를 지어서 성충으로 월동한다. 월동 성충은 4월에 출현해서 짝짓기를 한 후 5~6월에 알을 낳는다. 유충은 오이, 패랭이, 팽나무 등을 먹으며 자란다. 연 1회 발생한다.

잎에 앉아 있는 모습

다리 청소하기

오이잎벌레(잎벌레과)

산과 들, 밭에서 오이, 호박, 참외, 배추 등을 갉아 먹고 산다. 몸은 전체적으로 주황색을 띠며 크기는 5.6~7.3mm이다. 잎사귀 위에 앉아 있는 모습을 볼 수 있으며 3~11월에 출현한다. 겨울에 성충으로 월동한 후 3월부터 출현해서 활동한다. 짝짓기를 마친 암컷은 5~6월이 되면 알을 낳는다. 부화된 유충은 박과 식물의 뿌리를 먹으며 산다. 11월이 되면 건조한 땅속에 모여 성충으로 월동한다. 연 1회 발생한다.

대부분의 잎벌레는 먹이 식물의 종류가 매우 다양해서 여러 가지 식물을 먹고 사는 광식성 곤충이다.

잎에 앉아 있는 모습　　　　　반짝거리는 몸

모시금자라남생이잎벌레 (잎벌레과)

산지나 하천에 자라는 메꽃을 갉아 먹고 산다. 몸은 둥글고 황금빛이 나며 크기는 6.2~7.2㎜이다. 남생이잎벌레류 중에서 가장 아름다운 빛깔을 가졌으며 4~11월에 출현한다. 모시옷처럼 몸이 투명하고 금색의 아름다운 빛깔이 난다고 해서 이름이 지어졌다. 겨울에 성충으로 월동하고 4월부터 나타나서 활동을 시작한다. 성충은 5월부터 8월까지 알을 낳는다. 11월이 되면 낙엽 속에 들어가 월동한다. 연 2회 발생한다.

잎사귀 위를 기어가는 모습　　　꼬마남생이잎벌레

애남생이잎벌레 (잎벌레과)

산과 들의 풀숲에서 명아주, 개비름, 쇠무릎 등을 갉아 먹고 산다. 몸은 적갈색을 띠고 둥글며 크기는 5~5.5㎜이다. 풀잎에 앉아 있는 모습을 볼 수 있으며 4~10월에 출현한다. 겨울에 성충으로 월동한 후 4월부터 활동한다. **꼬마남생이잎벌레** (잎벌레과)는 몸은 갈색을 띠고 크기는 4.8~5.2㎜이며 4~9월에 출현한다. 민물거북 남생이를 닮은 남생이잎벌레류 중에서 크기가 가장 작아서 이름이 지어졌으며 명아주를 갉아 먹고 산다.

잎사귀 위를 기어가는 모습　　　기다란 주둥이

날개떡소바구미 (소바구미과)

활엽수가 많이 자라는 산지의 고사목에서 발견된다. 몸은 전체적으로 흑갈색이고 크기는 3.3~5.8㎜이다. 두 눈 사이가 좁으며 앞가슴등판의 뒤쪽에는 황갈색 털 무늬가 있다. 딱지날개에 점각이 많이 있어서 울퉁불퉁해 보이며 9~10월에 출현한다. 딱지날개 끝부분 양쪽에 각각 2개의 세로줄 무늬가 있는 것이 특징이다. 생김새가 '소'를 닮아서 이름이 지어졌으며 특히 얼굴이 소의 얼굴과 매우 닮았다.

잎에 앉아 있는 모습　　　　기다란 주둥이

도토리밤바구미(바구미과)

울창한 숲속에서 참나무류와 밤나무의 어린잎을 갉아 먹고 산다. 몸은 전체적으로 갈색을 띠고 크기는 5.5~15mm이다. 앞가슴등판 가운데와 가장자리에 흰색 세로줄 무늬가 있다. 바구미류 중에서 주둥이가 매우 길게 발달한 바구미로 4~10월에 출현한다. 성충은 4월에 나타나서 활동하며 9월에 알을 낳는다. 참나무와 밤나무의 싹이나 어린잎을 갉아 먹어 피해를 준다. 졸참나무의 도토리나 밤에 알을 낳는다.

잎에 앉아 있는 모습　　　　털줄바구미

왕주둥이바구미(바구미과)

숲속에서 밤나무, 떡갈나무 등을 먹고 산다. 몸은 전체적으로 녹색 털로 덮여 있으며 크기는 6.5~9.5mm이다. 주둥이가 길쭉하게 잘 발달된 것이 특징이며 8~11월에 출현한다. 생김새가 나무 색깔과 비슷한 보호색을 띠고 있어서 쉽게 눈에 띄지 않는다. 털줄바구미(바구미과)는 몸은 갈색이고 크기는 3.6~4.5mm이다. 몸 전체에 털이 많으며 세로줄이 있다. 눈은 동그랗고 딱지날개는 달걀 모양이며 5~9월에 출현한다.

잎에 앉아 있는 모습　　　　두줄무늬가시털바구미

얼룩무늬가시털바구미(바구미과)

숲속에 살며 편백류를 먹고 산다. 몸은 전체적으로 황갈색이고 크기는 5~6.2mm이다. 주둥이가 짧고 딱지날개 끝부분이 뾰족한 가시털로 덮여 있다. 몸이 얼룩덜룩하고 가시털이 가득 있어서 이름이 지어졌으며 6~10월에 출현한다. 두줄무늬가시털바구미(바구미과)는 몸은 갈색을 띠고 털이 빽빽하며 크기는 4.3~7mm이다. 생김새가 둥글둥글하며 5~9월에 출현한다. 딱지날개에 2개의 흰색 줄무늬가 있어서 이름이 지어졌다.

흔히 밤을 먹을 때 나오는 구더기 모양의 다리가 없는 유충이 밤 열매에 알을 낳아 번식하는 도토리밤바구미이다.

꽃꿀 빨아 먹기

짝짓기

잎에 앉아 있는 모습

남방부전나비(부전나비과)

산과 들, 공원이나 경작지를 날아다니며 민들레, 개망초, 토끼풀, 쑥부쟁이 등의 다양한 꽃에 모여 꿀을 빤다. 날개 아랫면은 회색을 띠고 검은색 점무늬가 많으며 크기는 17~28㎜이다. 날개 윗면이 수컷은 청람색이고 암컷은 흑갈색이어서 구별된다. 가을에 개체 수가 가장 많고 도시의 공원에서도 쉽게 관찰되며 4~11월에 출현한다. 유충은 괭이밥을 갉아 먹고 자란다. 겨울에 유충으로 월동하며 연 3~4회 발생한다.

꽃꿀을 빨아 먹는 모습

푸른부전나비

부전나비(부전나비과)

강변이나 논밭을 날아다니는 모습을 볼 수 있다. 날개는 연회색이고 주홍색 무늬가 있으며 크기는 26~32㎜이다. 개망초, 사철쑥, 갈퀴나물의 꽃에서 꿀을 빨며 5~10월에 출현한다. 유충은 갈퀴나물, 낭아초 등을 먹고 산다. **푸른부전나비**(부전나비과)는 날개 윗면이 청색을 띠며 크기는 26~32㎜이다. 개여뀌, 제비꽃, 조팝나무 등의 꽃에 앉아 꿀을 빨며 3~10월에 출현한다. 산길이나 동물의 배설물에 앉아 있는 모습을 쉽게 볼 수 있다.

땅에 앉아 있는 모습

검은색 날개 윗면

먹부전나비(부전나비과)

산지나 평지의 풀밭이나 해안가를 날아다니며 갯금불초, 땅채송화, 순비기나무, 토끼풀, 개망초, 며느리밑씻개 등의 꽃에 모여 꿀을 빤다. 날개는 아랫면이 담회색이고 윗면이 검은색을 띠며 크기는 22~25㎜이다. 날개 윗면이 검은색이어서 이름이 지어졌으며 4~10월에 출현한다. 유충은 녹색이며 크기가 12㎜ 정도이다. 땅채송화, 바위솔, 돌나물, 꿩의비름 등을 갉아 먹고 자란다. 겨울에 유충으로 월동하며 연 3~4회 발생한다.

꽃에 앉아 있는 모습   수컷

암컷

큰주홍부전나비(부전나비과)

하천이나 논 주변의 풀밭을 날아다니
며 개망초, 여뀌, 민들레 등의 꽃에서
꿀을 빤다. 날개가 주홍색을 띠는 아
름다운 나비로 크기는 26~41㎜이다.
액자 가장자리를 꾸미는 삼각형 장식
품인 '부전'처럼 생겼다고 해서 이름이
지어졌으며 5~10월에 출현한다. 북한
에서는 '큰붉은숫돌나비'라고 부른다.
유충은 녹색이고 참소리쟁이와 소리
쟁이를 갉아 먹고 산다. 겨울에 유충
으로 월동하며 연 3~4회 출현한다.

잎에 앉아 있는 모습   천적에게 공격당한 날개

수컷

작은주홍부전나비(부전나비과)

산지나 하천의 풀밭, 농경지에서 날
아다니는 모습을 볼 수 있다. 주홍색
날개가 매우 예뻐서 이름이 지어졌으
며 크기는 26~34㎜이다. 개망초, 딱
지꽃, 토끼풀, 구절초, 코스모스 등
의 다양한 풀꽃에 모여 꿀을 빨며 4~
10월에 출현한다. 개체 수가 많아서
쉽게 눈에 띄며 북한에서는 '붉은숫돌
나비'라고 부른다. 유충은 녹색이고
애기수영, 수영, 소리쟁이 등을 갉아
먹고 산다. 겨울에 유충으로 월동하며
연 4~5회 발생한다.

잎에 앉아 있는 암컷   유충

수컷

암끝검은표범나비(네발나비과)

산과 들을 날아다니며 엉겅퀴, 코스
모스, 익모초 등의 꽃에 모여 꿀을 빤
다. 암컷의 앞날개 윗면 끝부분이 검
은색을 띠고 날개의 점무늬가 '표범'
을 닮아서 이름이 지어졌으며 크기는
64~80㎜이다. 주로 제주도와 남해안
에 살지만 이동성이 강해서 가을에는
서해안 섬까지 날아오는 모습을 볼 수
있으며 3~11월에 출현한다. 사육이
쉬워서 나비 공원에서 많이 기른다.
유충은 제비꽃을 먹고 살며 연 3~4회
발생한다.

꽃에 앉아 있는 수컷　　화려한 색깔의 날개 윗면

작은멋쟁이나비 (네발나비과)

산지나 하천, 농경지, 공원 등에서 다양한 꽃에 모여 꿀을 빨아 먹는다. 날개는 알록달록하며 크기는 43~59㎜이다. 날개의 무늬가 매우 아름답고 크기가 '큰멋쟁이나비'보다 작아서 이름이 지어졌으며 4~11월에 출현한다. 꽃을 찾아 촐싹대며 정신없이 날아다니는 모습을 보고 '애까불나비'라고도 부른다. 가을철에 개체 수가 많아서 산과 들에서 쉽게 볼 수 있다. 유충은 쑥, 참쑥, 떡쑥 등을 갉아 먹고 산다. 겨울에 성충으로 월동한다.

잎에 앉아 있는 암컷　　수컷

큰멋쟁이나비 (네발나비과)

낮은 산지의 풀밭을 날렵하게 날아다니며 산국, 엉겅퀴, 토끼풀, 계요등의 꽃에 모여 꿀을 빤다. 날개가 멋지고 '작은멋쟁이나비'보다 커서 이름이 지어졌으며 크기는 47~65㎜이다. 참나무류의 나뭇진과 썩은 과일에 모이고 축축한 땅에도 잘 내려앉으며 3~11월에 출현한다. 좀벌류의 번데기와 맵시벌류의 유충에 기생한다. 유충은 느릅나무, 거북꼬리, 왕모시풀 등을 갉아 먹고 산다. 겨울에 성충으로 월동하며 연 2~4회 발생한다.

잎에 앉아 있는 모습　　꽃꿀을 빨아 먹는 모습

줄점팔랑나비 (팔랑나비과)

낮은 산지나 마을 주변 풀밭, 논밭, 하천 등을 날아다니며 엉겅퀴, 메밀, 산비장이, 구절초 등의 꽃에서 꿀을 빤다. 날개는 전체적으로 갈색을 띠며 크기는 33~40㎜이다. 날개에 흰색 점무늬가 줄지어 있는 것이 특징이며 5~11월에 출현한다. 가을철 꽃밭에서 쉽게 볼 수 있는 나비로 날개에 비해 몸이 뚱뚱하다. 유충은 참억새, 큰기름새, 강아지풀, 벼 등을 갉아 먹고 산다. 겨울에 유충으로 월동하며 연 2~3회 발생한다.

팔랑거리며 날아가는 팔랑나비는 뚱뚱한 몸에 비해 날개가 매우 짧아서 나방으로 착각하는 경우가 많다.

꽃에 앉아 있는 수컷   야행성

흰띠명나방(풀명나방과)

산과 들을 활발하게 날아다니며 다양한 꽃에 모여 꿀을 빤다. 날개는 전체적으로 흑갈색이고 크기는 20~24㎜이다. 날개 양쪽 가장자리에 흰색 점무늬가 있고 날개 가운데에 흰색 띠무늬가 있어서 이름이 지어졌으며 5~10월에 출현한다. 밤에 환하게 켜진 불빛에 유인되어 날아온다. 유충은 몸이 녹황색이고 크기는 21㎜ 정도이다. 잎사귀를 둘둘 말거나 여러 장을 붙이고 살며 맨드라미, 시금치, 명아주, 등을 갉아 먹고 산다.

밤에 불빛에 유인되어 날아온 모습   유충

혹명나방(풀명나방과)

산과 들을 활발하게 날아다니다가 잎사귀에 앉는 모습을 볼 수 있다. 날개는 전체적으로 황색이고 가장자리는 진갈색을 띠며 크기는 16~20㎜이다. 날개에 가로줄 무늬가 뚜렷하게 발달했다. 개체 수가 많아서 풀숲에서 매우 쉽게 볼 수 있으며 6~10월에 출현한다. 밤에 환하게 켜진 불빛에 유인되어 잘 날아온다. 유충은 머리는 갈색, 몸은 녹황색이고 흰색 점무늬가 흩뿌려져 있다. 유충은 벼, 밀, 보리 등을 갉아 먹고 산다.

땅에 떨어진 잎에 앉아 있는 모습   유충

양빗살 모양 더듬이

노랑털알락나방(알락나방과)

산지 주변을 활발하게 날아다니는 모습을 볼 수 있다. 앞날개는 가늘고 길며 투명하고 뒷날개는 앞날개에 비해 작으며 크기는 22~32㎜이다. 몸에 황색 털이 수북하게 달려 있어서 이름이 지어졌으며 9~11월에 출현한다. 배는 황색이며 검은색 털이 섞여 있고 배 끝부분에 털 뭉치가 있다. 유충은 원통형이며 검은색 줄무늬가 많다. 사철나무, 화살나무, 회잎나무 등을 갉아 먹고 살며 대발생하면 나뭇잎을 모조리 갉아 먹는다.

꽃에서 꿀을 빠는 모습　　　　기다란 주둥이

작은검은꼬리박각시(박각시과)

산지에 피는 다양한 꽃에 날아와서 기다란 주둥이로 꿀을 빤다. 몸은 원통형으로 굵고 크기는 42~45㎜이다. 몸통의 끝부분이 검은색이고 크기가 작아서 '작은검은', '박꽃에 오는 예쁜 각시'라는 뜻으로 '박각시'가 붙어서 이름이 지어졌다. 꽃에 날아와서 헬리콥터처럼 정지 비행하며 꿀을 빠는 특별한 비행술을 자랑하며 7~10월에 출현한다. 매처럼 힘차게 날기 때문에 '매나방(Hawk Moth)'이라고 불린다. 유충은 꼭두서니를 먹고 산다.

꽃에서 꿀을 빠는 모습　　　　황나꼬리박각시

벌꼬리박각시(박각시과)

산지의 꽃밭을 찾아 날아다니며 기다란 주둥이로 꿀을 빤다. 몸은 전체적으로 갈색을 띠고 크기는 50㎜ 정도이다. 공중에서 정지 비행하며 꿀을 빠는 모습이 벌새처럼 보이며 7~9월에 출현한다. 유충은 계요등을 갉아 먹고 산다. **황나꼬리박각시**(박각시과)는 가슴과 배의 등면과 뒷날개 끝부분이 주황색을 띠며 크기는 38~43㎜이다. 재빠르게 날아다니며 정지 비행하는 실력이 뛰어나며 4~9월에 출현한다. 유충은 인동덩굴을 갉아 먹고 산다.

꽃에서 꿀을 빠는 모습　　　　유충

멸강나방(밤나방과)

산과 들이나 경작지 주변을 날아다니며 꽃에 모여 꿀을 빤다. 때로는 포도, 배 등의 과즙도 빨아 먹는다. 몸과 날개는 황갈색이며 크기는 40~48㎜이다. 중국에서 우리나라로 유입되는 비래 해충이자 벼과 식물을 갉아 먹어 농작물에 피해를 일으키는 작물 해충으로 4~10월에 출현한다. 유충은 벼, 보리 등을 갉아 먹고 산다. 몸이 길고 털이 없이 매끈한 '거세미형' 애벌레로 색깔에 변이가 많다.

박각시는 꽃에 모여 헬리콥터처럼 정지 비행을 하면서 꿀을 빨아 먹어서 '곤충계의 벌새'라고 불린다.

꽃에 앉아 있는 모습　　　　　　붉은금무늬밤나방

콩은무늬밤나방(밤나방과)

산과 들에서 활발하게 날아다니며 꽃에 모여 꿀을 빤다. 몸과 날개는 전체적으로 황갈색이고 크기는 33~35㎜이다. 앞날개 가운데에 은색 무늬가 있고 '콩'을 잘 먹어서 이름이 지어졌으며 6~10월에 출현한다. 유충은 콩을 갉아 먹어 농작물에 피해를 일으킨다. **붉은금무늬밤나방**(밤나방과)은 날개 가운데에 은백색 점무늬가 있고 크기는 34㎜ 정도이며 6~10월에 출현한다. 유충은 양파, 강낭콩, 민들레, 소리쟁이 등을 갉아 먹고 산다.

잎에 앉아 있는 모습　　　　　밤에 불빛에 유인되어 날아온 모습

은무늬밤나방(밤나방과)

산과 들을 날아다니며 생활한다. 앞날개는 전체적으로 밝은 회색을 띠며 크기는 30~36㎜이다. 날개에 있는 진갈색 가로줄 무늬는 가운데의 작은 은색 점무늬와 분리되어 있다. 날개에 은색 점무늬가 있어서 이름이 지어졌다. 개체 수가 많은 편이어서 우리나라 전역 어디서나 쉽게 찾아볼 수 있으며 5~10월에 출현한다. 야행성 곤충이어서 낮에는 잎에 앉아서 쉬고 밤이 되면 불빛에 유인되어 잘 날아온다.

유충

땅에 앉아 있는 모습　　　　　밤에 불빛에 유인되어 날아온 모습

흰눈까마귀밤나방(밤나방과)

산지에 살면서 밤에 활동하는 야행성 곤충이다. 날개는 전체적으로 검은색을 띠고 크기는 51~62㎜이다. 앞날개에 가락지 모양의 흰색 점무늬가 여러 개 있어서 이름이 지어졌으며 7~10월에 출현한다. 유충은 전체적으로 녹색을 띠며 병꽃나무, 수수꽃다리, 물푸레나무 등을 갉아 먹고 산다. 유충의 옆면에는 황색 줄무늬가 있고 배 뒤쪽은 불룩 솟았다. 유충은 가슴다리 3쌍, 배다리 4쌍, 꼬리다리 1쌍을 갖고 있다.

잎에 앉아 있는 모습　　　　　　유충

검정날개잎벌(잎벌과)

산과 들의 풀숲을 날아다니며 잎에 잘 내려 앉는다. 몸은 전체적으로 검은색을 띠고 크기는 8.9㎜ 정도이다. 다리와 더듬이도 검은색을 띤다. 날개가 검은색을 띠고 있어서 이름이 지어졌으며 5~10월에 출현한다. 유충은 연한 녹회색이고 소리쟁이, 수영 등을 갉아 먹고 산다. 머리는 구슬 모양으로 둥글고 배다리는 12개이며 숨구멍을 따라 검은색 점이 줄지어 있다. 자극을 받으면 몸을 둥글게 말고 배 끝을 쳐든다.

잎에 앉아 있는 모습　　　　　배 부분의 황색 띠무늬

황띠배벌(배벌과)

산과 들의 풀밭을 활발하게 날아다니며 잎사귀나 꽃에 내려앉는 모습을 볼 수 있다. 몸은 전체적으로 검은색을 띠고 크기는 13~27㎜이다. 기다란 더듬이는 검은색이고 날개는 진한 적갈색이며 보라색 광택이 있다. 배의 제3배마디 양쪽에 황색 띠무늬가 있고 몸에 비해 배가 매우 길쭉해서 이름이 지어졌으며 6~10월에 출현한다. 수컷은 암컷에 비해 몸이 훨씬 더 가늘고 황색 띠무늬가 더 커서 쉽게 구별된다.

땅에 앉아 있는 모습　　　　　노랑점나나니

나나니(구멍벌과)

산과 들이나 경작지의 풀숲을 날아다니며 나비류 유충을 사냥한다. 몸이 매우 가늘고 길쭉하며 크기는 18~25㎜이다. 앞가슴등판은 검은색이고 배 윗부분은 주황색을 띤다. 땅속에 만든 굴에 사냥한 나비류 유충을 모은 후 알을 낳아 번식하며 5~10월에 출현한다. **노랑점나나니(구멍벌과)**는 배 끝부분에 4개의 선명한 황색 줄무늬가 있으며 크기는 14~22㎜이다. 거미류를 마취시켜 사냥해서 유충에게 먹이로 주며 7~10월에 출현한다.

243

진흙 모으기

꽃에 앉아 있는 모습

둥지

호리병벌(말벌과)

산과 들을 활발하게 날아다니며 나비와 나방의 유충을 마취시켜서 사냥한다. 몸은 검은색이고 매우 길쭉하고 호리호리하며 크기는 25~30㎜이다. 날개는 갈색이고 광택이 있다. 꽃에 모여 꽃꿀을 먹으며 6~10월에 출현한다. 땅에 자주 내려앉아서 진흙을 모아 호리병 모양의 둥지를 지어서 이름이 지어졌다. 사냥한 나비류 유충을 둥지에 저장한 후 알을 낳아 번식한다. 유충은 나비류 유충을 먹으며 자라서 성충이 된다.

잎에 앉아 있는 모습

꽃가루를 먹는 모습

한국꼬마감탕벌(말벌과)

산과 들을 바쁘게 날아다니다가 잎사귀나 꽃에 앉는 모습을 볼 수 있다. 몸은 전체적으로 검은색을 띠고 크기는 10㎜ 정도이다. 배 부분에 2개의 황색 줄무늬가 선명하게 있는 것이 특징이며 7~10월에 출현한다. 우리나라에 사는 고유종이어서 '한국', 크기가 작아서 '꼬마', 냇가에 깔린 질퍽질퍽한 진흙을 뜻하는 '감탕'이 붙어서 이름이 지어졌다. 빠르게 날아다니면서 진흙을 모아 둥지를 만드는 모습을 볼 수 있다.

꽃가루를 먹는 모습

잎에 앉아 있는 모습

사체에 앉아 뜯어 먹는 모습

참땅벌(말벌과)

산과 들, 논밭이나 마을 주변에서 날아다니는 모습을 쉽게 볼 수 있다. 몸은 검은색이고 선명한 황색 줄무늬가 많으며 크기는 18㎜ 정도이다. 동물의 사체와 썩은 과일에 잘 모여드는 것을 볼 수 있으며 4~10월에 출현한다. 땅에 만든 땅벌 둥지를 건드리면 벌떼가 몰려들어 공격하기 때문에 위험하다. 특히 묘지에서 벌초를 하다가 둥지를 건드려 사고를 당하는 경우가 많다. 천적은 새, 거미, 파리매, 사마귀, 잠자리, 말벌 등이 있다.

잎에 앉아 있는 모습 　　　　　참어리별쌍살벌

땅벌(말벌과)

낮은 산지나 경작지를 날아다니며 꽃꿀이나 나뭇진을 먹고 유충을 위해 곤충과 거미를 사냥한다. 몸은 검은색이고 크기는 12~14㎜이다. 배에 황색 줄무늬가 있으며 4~11월에 출현한다. '참땅벌'과 생김새가 비슷하지만 크기가 약간 더 작고 줄무늬가 가늘어서 구별된다. **참어리별쌍살벌**(말벌과)은 앞가슴등판과 배에 황색 무늬가 있으며 크기는 15㎜ 정도이다. 나뭇가지, 풀 줄기, 나뭇잎, 바위에 둥지를 짓고 살며 5~10월에 출현한다.

꽃에 앉아 있는 모습 　　　2개의 황색 점무늬가 있는 배

두눈박이쌍살벌(말벌과)

산지나 경작지, 해안가의 풀밭을 날아다니며 곤충을 사냥한다. 몸은 전체적으로 검은색을 띠고 호리호리하고 길쭉하며 크기는 14~18㎜이다. 앞가슴등판과 배마디에 황색 줄무늬가 많이 있다. 제2배마디 좌우에 2개의 황색 점무늬가 있는 것이 두 눈처럼 보여 이름이 지어졌으며 4~10월에 출현한다. 식물 줄기에 지상에서 5~30㎝의 낮은 높이에 남향으로 육각형의 벌집 둥지를 짓고 힘을 모아 유충을 기른다.

꽃가루를 먹는 모습

꽃에 앉아 있는 모습 　　　　　　　　　둥지

별쌍살벌(말벌과)

산과 들, 경작지와 마을 주변의 풀숲을 날아다니며 나비류 유충을 사냥한다. 몸은 검은색이고 더듬이는 흑갈색을 띠며 크기는 11~17㎜이다. 날개, 다리, 가슴 등에 황색 점무늬가 별 모양처럼 보여서 이름이 지어졌으며 4~10월에 출현한다. 풀 줄기와 나뭇가지에 둥지를 짓는다. 뒷다리를 축 늘어뜨리고 날아가는 모습이 대나무 살을 들고 가는 것처럼 보여서 '쌍살벌'이라고 불린다. 식물의 줄기나 건물 틈새에서 무리 지어 월동한다.

호리병벌, 감탕벌, 땅벌, 쌍살벌은 모두 말벌과에 속하는 사냥벌로 곤충을 사냥해서 잡아먹는 육식성 벌이다.

꽃가루를 모으는 모습   꿀을 빠는 모습

어리흰줄애꽃벌(꼬마꽃벌과)

산과 들에 핀 다양한 꽃을 찾아다니며 꽃가루를 모으고 꽃꿀을 빨아 먹고 산다. 몸은 전체적으로 검은색이고 크기는 9㎜ 정도이다. 배에 흰색 줄무늬가 있어서 '흰줄', 크기가 작아서 '애'가 붙어서 이름이 지어졌으며 6~10월에 출현한다. 부지런히 다양한 꽃들을 찾아다니며 꿀과 꽃가루를 모아서 땅속에 만든 둥지에 모은 후 알을 낳아 번식한다. 알에서 부화된 유충은 둥지에 있는 꽃가루와 꽃꿀을 먹으며 자라서 성충이 된다.

꽃가루를 먹는 모습   잎에 앉아 있는 모습

흰줄꼬마꽃벌(꼬마꽃벌과)

산과 들에 핀 다양한 꽃을 찾아다니며 꽃가루를 모으고 꽃꿀을 빨아 먹고 산다. 몸은 전체적으로 검은색이고 짧은 털로 덮여 있으며 크기는 8㎜ 정도이다. 배마디에 흰색 줄무늬가 있어서 '흰줄', 크기가 매우 작아서 '꼬마'가 붙어 이름이 지어졌으며 6~10월에 출현한다. 부지런히 날아다니며 꽃가루와 꽃꿀을 모아 땅속에 만든 둥지에 모은다. 둥지에서 태어난 유충은 둥지에 모아 놓은 꽃가루와 꿀을 먹으며 무럭무럭 자라 성충이 된다.

잎에 앉아 있는 모습   얼굴(겹눈과 홑눈, 큰턱)

왕가위벌(가위벌과)

산과 들에 핀 다양한 꽃을 찾아다니며 꽃가루를 모으고 꽃꿀을 빨아 먹고 산다. 몸은 전체적으로 검은색이고 크기는 16~25㎜이다. 머리는 검은색이고 앞가슴등판에는 갈색 털이 많다. 가위벌과에 속하는 벌 중에서 크기가 매우 크기 때문에 '왕'이 붙어서 이름이 지어진 대형 가위벌로 7~10월에 출현한다. 나무 틈새에 송진으로 둥지를 만들고 꿀과 꽃가루를 모아 알을 낳아 번식한다. 부화된 유충은 꽃가루와 꿀을 먹으며 자란다.

대형 왕가위벌은 산과 들뿐 아니라 아파트나 공원 주변의 나무 정자에도 둥지를 만들고 드나든다.

잎에 앉아 있는 모습

번데기

더듬이와 눈

동애등에(동애등에과)

논밭이나 시골 마을의 동물 배설물과 썩은 채소 더미 주위를 빠르게 날아다니는 모습을 볼 수 있다. 몸은 검은색이고 길쭉하며 크기는 15~20㎜이다. 겹눈은 잠자리처럼 크고 더듬이는 매우 짧으며 5~10월에 출현한다. 유충은 배설물이나 음식물 쓰레기를 먹고 살아서 밭이나 재래식 화장실 부근에 많이 산다. 쓰레기나 축산 분뇨를 먹어 치워서 좋은 퇴비를 만들어 주는 역할을 하는 환경정화곤충으로 유명하다.

잎에 앉아 있는 모습

퇴화된 뒷날개(평행곤)

아메리카동애등에(동애등에과)

산과 들을 빠르게 날아다니다가 잎에 앉는 모습을 볼 수 있다. 몸은 전체적으로 검은색이고 크기는 12~20㎜이다. 날개는 투명하며 검은색 또는 보랏빛 광택이 돈다. 퇴화된 뒷날개인 평행곤(평균곤)은 흰색을 띤다. 풀잎에 앉았다가 재빠르게 다른 곳으로 날아가기 때문에 눈에 잘 띄지 않으며 7~10월에 출현한다. '동애등에'와 비슷하지만 몸이 굵고 앞가슴등판이 넓어서 구별된다. 유충은 배설물과 쓰레기 등의 썩은 물질을 먹고 산다.

잎에 앉아 있는 모습

닮은줄과실파리

호박과실파리(과실파리과)

경작지 주변을 날아다니는 모습을 볼 수 있다. 몸은 연갈색이고 다리는 황색이며 크기는 8~9㎜이다. 앞가슴등판은 진갈색이고 3개의 황색 세로줄 무늬가 있다. 배는 갈색이고 검은색 가로줄 무늬가 있으며 5~10월에 출현한다. 호박에 알을 낳고 알에서 부화된 유충은 호박을 먹고 산다. **닮은줄과실파리**(과실파리과)는 몸은 갈색이고 앞가슴등판에 검은색 세로줄 무늬가 있으며 크기는 8~9㎜이다. 과일을 잘 먹으며 5~11월에 출현한다.

경작지에 기르는 호박 속에서 나오는 수많은 구더기는 호박과실파리의 유충이다.

잎에 앉아 있는 수컷   암컷

고려꽃등에(꽃등에과)

산과 들, 냇가, 습지, 논밭에 핀 다양한 꽃에 모여서 꽃가루를 먹고 산다. 몸은 구릿빛 또는 보랏빛이 도는 검은색이며 크기는 5~6㎜이다. 몸은 전체적으로 매우 짧은 원통형이며 겹눈은 잠자리처럼 몸에 비해 크고 서로 붙어 있다. 꽃에 모여 꽃가루를 핥아 먹는 꽃등에류 중에서 크기가 매우 작으며 4~11월에 출현한다. 수컷은 배 끝부분이 주황색이고 암컷은 전체적으로 광택이 있는 검은색이어서 서로 구별된다.

꽃에 앉아 있는 수컷   암컷

눈루리꽃등에(꽃등에과)

산과 들의 풀숲을 날아다니며 꽃에 모여 꽃가루를 먹고 산다. 몸은 전체적으로 검은색이고 겹눈은 황색을 띠며 크기는 11~12㎜이다. 날개는 털이 없이 투명하고 평행곤(평균곤)은 황색을 띤다. 산과 들에 핀 다양한 꽃에 잠시 앉아 꽃가루를 먹다가 다른 곳으로 훌쩍 날아가는 모습을 볼 수 있으며 5~11월에 출현한다. 수컷은 배 부분이 검은색을 띠지만 암컷은 배마디에 연황색 줄무늬가 많아서 서로 구별된다.

2형

꽃등에(꽃등에과)

산과 들을 날아다니며 다양한 꽃에 모여서 꽃가루를 먹고 산다. 몸은 진한 흑갈색이고 배에 적갈색 무늬가 선명하며 크기는 14~16㎜이다. 배 부분의 무늬는 개체에 따라서 서로 다른 체색이형이 있다. 꽃등에류 중에서 몸집이 크고 뚱뚱한 편에 속하며 4~11월에 출현한다. 봄부터 가을까지 출현하지만 가을에 출현하는 개체 수가 많아서 가을철에 많이 관찰된다. 유충은 썩은 물질을 먹고 살며 꼬리가 길어서 '꼬리구더기'라고 부른다.

꽃에 앉아 있는 수컷   꽃가루 핥아 먹기

꽃등에는 생김새뿐 아니라 윙윙 날갯짓 소리까지도 완벽하게 벌처럼 위장하여 자신을 보호한다.

2형

잎에 앉아 있는 수컷　　　　　　　　　　꽃가루 핥아 먹기

배짧은꽃등에(꽃등에과)

산과 들을 활발하게 날아다니며 다양한 꽃에 모여서 꽃가루를 먹고 산다. 몸은 검은색이고 배에 황갈색 줄무늬가 있으며 크기는 10~13㎜이다. 개체에 따라 배 부분의 무늬가 다른 체색 이형이 있으며 4~10월에 출현한다. 꽃에 앉아 있는 모습이 꽃등에류 중에서 '꿀벌'과 가장 많이 닮아서 벌인 줄 착각하는 경우가 많다. 천적들도 꽃등에의 위장술에 깜빡 속아서 접근하지 않기 때문에 여유 있게 꽃밭을 날아다니며 꽃가루를 핥아 먹는다.

꽃에 앉아 있는 수컷　　　　　　　　　　꽃가루 핥아 먹기

왕꽃등에(꽃등에과)

산과 들을 날아다니며 다양한 꽃에 모여서 꽃가루를 핥아 먹고 산다. 몸은 전체적으로 검은색이고 크기는 12~16㎜이다. 배는 갈색을 띠고 검은색 줄무늬가 있다. 겹눈은 잠자리처럼 크고 볼록 튀어나왔으며 더듬이는 매우 짧다. 국화과 식물의 꽃가루를 핥아 먹기 위해 꽃에 모여 있는 모습을 볼 수 있으며 6~10월에 출현한다. 꽃등에류 중에서 몸이 뚱뚱하고 크기가 큰 편에 속해서 '크다'는 뜻의 '왕'이 붙어서 이름이 지어졌다.

꽃에 앉아 있는 모습　　　　　　　　알통처럼 굵은 뒷다리

알통다리꽃등에(꽃등에과)

산과 들을 날아다니며 다양한 꽃에 모여서 꽃가루를 핥아 먹고 산다. 몸은 전체적으로 검은색이고 길쭉하며 크기는 8~10㎜이다. 배는 황색이고 검은색의 세로띠 무늬와 가로띠 무늬가 있다. 뒷다리의 넓적다리마디가 알통처럼 굵게 발달해서 이름이 지어졌으며 5~10월에 출현한다. 대부분의 꽃등에류가 몸이 통통한 것과 달리 몸이 홀쭉해서 꽃등에가 아닌 것으로 착각하는 경우가 많다. 유충은 퇴비나 썩은 물질을 먹고 산다.

잎에 앉아 있는 수컷   먹이 사냥

똥파리(똥파리과)

산과 들을 재빠르게 날아다니며 곤충을 잡아먹는 육식성 파리이다. 몸은 회갈색이지만 황색 털이 매우 길어서 전체적으로 황갈색처럼 보이며 크기는 10㎜ 정도이다. 사냥을 위해 풀숲을 매우 빠르게 날아다니기 때문에 육안으로 포착하기가 쉽지 않으며 6~10월에 출현한다. 유충은 배설물이나 퇴비처럼 썩은 물질을 먹고 산다. 특히 배설물에 많이 살아서 '똥파리'라고 이름이 지어졌다.

잎에 앉아 있는 수컷   뒷날개 청소하기

왕똥파리(똥파리과)

산과 들을 빠르게 날아다니며 곤충을 잡아먹는 육식성 파리이다. 몸은 전체적으로 녹색을 띠는 암회색이며 크기는 9~13㎜이다. 머리는 황갈색이고 겹눈은 붉은색을 띤다. 다리는 연갈색을 띠고 가슴과 배에는 4개의 세로줄 무늬가 있으며 날개는 배 길이보다 훨씬 더 길다. 사냥을 위해 풀숲을 빠르게 날아다니는 모습을 볼 수 있으며 6~11월에 출현한다. '똥파리'와 비슷하지만 크기가 약간 더 커서 '왕'이 붙어 이름이 지어졌다.

잎에 앉아 있는 수컷   배 끝부분의 털(등면)

북해도기생파리(기생파리과)

산과 들을 날아다니며 다른 곤충의 몸에 알을 낳는 기생성 파리이다. 몸은 전체적으로 황갈색이고 크기는 9~15㎜이다. 겹눈은 크고 붉은색을 띠며 더듬이는 매우 짧다. 배에는 뾰족한 검은색 털이 무수히 많이 나 있다. 활발하게 날아다니며 잎에 내려앉는 모습을 볼 수 있으며 6~9월에 출현한다. 일본 북해도(홋카이도) 지역에서 처음 발견되어 이름이 지어졌다. 다른 곤충의 몸에서 부화된 유충은 곤충을 먹고 자란다.

똥파리는 유충 시기에는 배설물에 살지만 성충이 되면 사냥을 위해 날아다니기 때문에 배설물에서는 보이지 않는다.

땅에 앉아 있는 모습　　　참풍뎅이기생파리

등줄기생파리(기생파리과)

산과 들, 계곡, 논밭 등을 날아다니며 나방류 유충에 알을 낳는 기생성 파리이다. 몸은 갈색을 띠고 털이 많으며 크기는 15㎜ 정도이다. 배 등면에 세로줄 무늬가 있어서 이름이 지어졌으며 4~10월에 출현한다. 유충은 나방류 유충을 먹고 자란다. **참풍뎅이기생파리**(기생파리과)는 몸은 회색이고 검은색 털이 많으며 크기는 9~12㎜이다. 더듬이는 매우 짧고 날개는 넓고 투명하다. 풍뎅이류 유충에게 기생하며 5~10월에 출현한다.

잎에 앉아 있는 수컷　　암컷 / 얼굴(커다란 겹눈, 짧은 더듬이)

뚱보기생파리(기생파리과)

산과 들을 재빠르게 날아다니며 노린재류의 몸에 알을 낳는 기생성 파리이다. 몸은 전체적으로 주황색이고 크기는 13㎜ 정도이다. 배 가운데에 3개의 검은색 점무늬가 있는 것이 특징이며 5~10월에 출현한다. 생김새가 동글동글하고 통통해 보여서 '뚱보'라고 이름이 지어졌다. 암컷 성충은 노린재류의 몸에 알을 낳고 알에서 부화된 유충은 노린재의 체액을 빨아 먹는다. 다 자라면 노린재는 죽고 뚱보기생파리는 성충이 된다.

꽃에 앉아 있는 수컷　　꽃가루 먹기

중국별뚱보기생파리(기생파리과)

산과 들을 날아다니며 곤충의 몸에 알을 낳는 기생성 파리이다. 몸은 연주황색을 띠고 크기는 8~12㎜이다. 다른 기생파리류와 달리 배 끝부분에 털이 없는 것이 특징이다. 산과 들에 피는 다양한 꽃에 모이거나 풀잎과 풀줄기의 끝에 잘 내려앉으며 5~10월에 출현한다. 다른 곤충 유충의 몸이나 피부에 알을 낳는다. 알에서 부화된 유충은 다른 곤충 유충의 몸을 먹으며 무럭무럭 자라서 성충이 된다.

꽃에 앉아 있는 수컷

약충

짝짓기

십자무늬긴노린재(긴노린재과)

산과 들이나 경작지의 풀밭에서 박주가리, 감나무 등의 즙을 빨아 먹고 산다. 몸은 주홍색이고 검은색 무늬가 있으며 크기는 8~11㎜이다. 앞가슴등판에 검은색 사다리꼴 무늬가 있고 앞가슴등판과 앞날개 막질부는 검은색을 띤다. 앞날개 혁질부는 검은색 점무늬가 있거나 전체가 검은색이다. 앞날개에 십자(X자)무늬가 있어서 이름이 지어졌으며 3~11월에 출현한다. 약충은 집합페로몬을 내뿜어 무리 지어 잘 모인다.

잎에 앉아 있는 수컷

날개(막질부)의 흰색 점무늬

흰점빨간긴노린재(긴노린재과)

산과 들의 풀숲에 살며 잎에 앉아 있는 모습을 볼 수 있다. 몸은 주홍색이고 앞가슴등판, 작은방패판, 앞날개 혁질부에 검은색 점무늬와 줄무늬가 있으며 크기는 11~13㎜이다. 검은색의 앞날개 막질부에 흰색 점무늬가 뚜렷하게 있고 몸 빛깔이 빨간색을 띠어서 이름이 지어졌으며 4~10월에 출현한다. '참긴노린재'와 생김새가 비슷해서 혼동되지만 날개의 검은색 무늬가 서로 다르고 막질부에 흰색 점이 없어서 구별된다.

잎에 앉아 있는 수컷

날개(막질부)의 검은색 점무늬

애긴노린재(긴노린재과)

산과 들, 경작지의 풀숲에 자라는 개망초, 감국 등의 즙을 빨아 먹는 모습을 볼 수 있다. 몸은 전체적으로 갈색 또는 흑갈색을 띠며 크기는 3~5㎜이다. 몸이 길쭉한 긴노린재류 중에서 크기가 매우 작아서 '아기'라는 뜻의 '애'가 붙어서 이름이 지어졌다. 풀밭에 자라는 국화과 식물, 벼과 식물의 꽃에 잘 모이며 2~11월에 출현한다. '닮은애긴노린재'와 비슷하지만 앞날개 막질부에 검은색 점무늬가 있어서 구별된다.

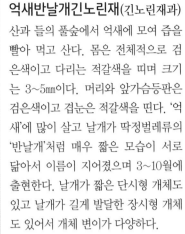

잎에 앉아 있는 장시형   2형(단시형)

억새반날개긴노린재 (긴노린재과)

산과 들의 풀숲에서 억새에 모여 즙을 빨아 먹고 산다. 몸은 전체적으로 검은색이고 다리는 적갈색을 띠며 크기는 3~5㎜이다. 머리와 앞가슴등판은 검은색이고 겹눈은 적갈색을 띤다. '억새'에 많이 살고 날개가 딱정벌레류의 '반날개'처럼 매우 짧은 모습이 서로 닮아서 이름이 지어졌으며 3~10월에 출현한다. 날개가 짧은 단시형 개체도 있고 날개가 길게 발달한 장시형 개체도 있어서 개체 변이가 다양하다.

잎에 앉아 있는 단시형   2형(장시형)   약충

어리민반날개긴노린재 (긴노린재과)

습지나 하천에서 줄, 갈대, 달뿌리풀 등의 즙을 빨아 먹고 산다. 몸은 전체적으로 검은색을 띠고 크기는 2~4㎜이다. 더듬이는 갈색이며 끝부분은 진갈색을 띤다. 날개가 매우 짧아 배 전체를 덮지 못하는 단시형 개체와 투명한 날개가 배 전체를 거의 덮고 있는 장시형 개체가 있다. 갈대가 많이 자라는 습지나 바닷가에서 쉽게 볼 수 있으며 4~11월에 출현한다. 약충은 날개가 없으며 장차 날개가 될 날개싹이 있다.

잎에 앉아 있는 모습   약충   알통처럼 발달된 굵은 앞다리

더듬이긴노린재 (긴노린재과)

산과 들, 경작지에서 강아지풀, 벼 등의 즙을 빨아 먹으며 산다. 몸은 갈색이고 황갈색 무늬가 있으며 크기는 7~10㎜이다. 몸의 폭이 매우 좁고 길며 앞날개 막질부는 투명하고 길어서 배 끝을 넘는다. 더듬이가 유난히 길어서 이름이 지어졌으며 4~10월에 출현한다. 앞다리 넓적다리마디가 굵게 발달된 모습이 물에 사는 수서노린재류인 '장구애비'를 닮았다. 벼 이삭을 빨아 먹으면 반점미를 발생시켜서 피해를 일으킨다.

긴노린재과는 일반적인 노린재에 비해서 세로로 몸이 길게 발달된 노린재 무리를 말한다.

꽃에 앉아 있는 모습　　　　　　약충

큰딱부리긴노린재(긴노린재과)

산과 들의 풀숲에서 소형 곤충을 찔러 체액을 빨아 먹거나 다양한 식물의 즙을 빨아 먹고 산다. 몸은 전체적으로 검은색이고 광택이 있으며 크기는 4~6mm이다. 몸은 길쭉하고 머리는 주홍색을 띤다. 겹눈이 볼록 튀어나와서 '딱부리'라는 이름이 지어졌으며 4~11월에 출현한다. 약충은 몸이 짧고 둥글둥글하며 날개가 없어서 날지 못한다. 생김새가 '참딱부리긴노린재'와 비슷하지만 머리가 크고 주홍색이어서 구별된다.

잎에 앉아 있는 모습　　　　　　약충

참딱부리긴노린재(긴노린재과)

산과 들의 풀숲에서 진딧물, 다듬이벌레 등을 찔러서 체액을 빨아 먹거나 다양한 식물의 즙을 빨아 먹고 산다. 몸은 전체적으로 흑갈색을 띠고 크기는 3~4mm이다. 겹눈이 볼록 튀어나와서 '딱부리'라는 이름이 지어졌으며 3~11월에 출현한다. '큰딱부리긴노린재'와 생김새가 닮았지만 크기가 더 작고 머리가 검은색이어서 구별된다. 약충은 몸이 매우 짧고 둥글며 날개가 발달하지 못해서 날아다니지 못한다.

잎에 앉아 있는 모습　　　　　　약충

흑다리긴노린재(긴노린재과)

서해안 간척지, 산지나 하천의 풀밭에서 벼, 쇠보리 등에 모여 즙을 빨아 먹고 산다. 몸은 전체적으로 연갈색을 띠고 크기는 7~8mm이다. 다리의 넓적다리마디가 검은색을 띠어서 이름이 지어졌으며 7~10월에 출현한다. 간척지에 들어선 농경지에 대규모로 발생해서 벼과 식물의 즙을 빨아 먹어 피해를 일으킨다. 약충은 성충처럼 몸이 길쭉하고 다리 전체가 검은색을 띤다. 아직 날개가 발달하지 못해서 날지 못하고 기어다닌다.

잎에 앉아 있는 모습 　　　　　　　측무늬표주박긴노린재

미디표주박긴노린재(긴노린재과)

경작지에서 기다란 주둥이로 찔러 벼의 즙을 빨아 먹고 산다. 몸은 검은색이고 앞날개 혁질부는 갈색을 띠며 크기는 6㎜ 정도이다. 몸이 전체적으로 표주박처럼 잘록하게 생겨서 이름이 지어졌으며 4~10월에 출현한다. 앞다리 넓적다리마디가 굵게 발달되었다. **측무늬표주박긴노린재**(긴노린재과)는 몸은 검은색이고 표주박을 닮았으며 크기는 5~6㎜이다. 다리는 연황색이고 앞다리 넓적다리마디는 검은색을 띠며 3~11월에 출현한다.

잎에 앉아 있는 모습 　　　　　　　　약충

짝짓기

시골가시허리노린재(허리노린재과)

산과 들, 경작지를 날아다니며 벼과나 마디풀과 식물 등 다양한 식물에 모여 즙을 빨아 먹고 산다. 몸은 황갈색 또는 암갈색을 띠며 크기는 9~11㎜이다. 앞가슴등판 양쪽 어깨에 날카로운 가시 모양의 검은색 돌기가 있다. 풀밭 사이를 날아다니다가 풀 줄기나 잎사귀에 잘 내려앉으며 4~11월에 출현한다. 암수가 만나서 서로 반대 방향을 보고 짝짓기하는 모습을 볼 수 있다. 약충은 몸이 짧고 날개가 없어서 풀밭을 기어다닌다.

잎에 앉아 있는 모습 　　　　　　　약충

황색 배

노랑배허리노린재(허리노린재과)

사철나무, 화살나무, 참빗살나무 등에 모여 즙을 빨아 먹고 산다. 몸은 진갈색 또는 검은색을 띠고 크기는 10~16㎜이다. 배 가장자리는 날개보다 밖으로 튀어나왔고 선명한 황색과 검은색 줄무늬가 있다. 다리의 밑마디는 붉은색이고 넓적다리마디는 반은 흰색, 반은 검은색이며 종아리마디와 발목마디는 검은색이다. 배 아랫부분이 황색을 띠고 있어서 이름이 지어졌으며 4~12월에 출현한다. 약충은 잎에 무리 지어 잘 모인다.

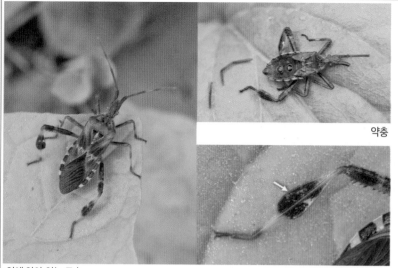

잎에 앉아 있는 모습

약충

나뭇잎 모양의 뒷다리

소나무허리노린재(허리노린재과)

침엽수가 많은 숲에서 소나무, 잣나무 등의 즙을 빨아 먹고 산다. 몸은 전체적으로 갈색을 띠며 크기는 15~20㎜이다. 앞날개 혁질부는 적갈색을 띠고 앞날개 막질부는 검은색을 띤다. 뒷다리의 넓적다리마디에는 10여 개의 가시가 나 있고 종아리마디는 나뭇잎 모양으로 넓적하게 발달되었으며 5~11월에 출현한다. 북아메리카가 원산지인 외래 곤충으로 소나무와 잣나무 열매에 피해가 늘어나고 있다.

잎에 앉아 있는 수컷

암컷

약충

장수허리노린재(허리노린재과)

산과 들, 하천의 풀숲에서 족제비싸리, 싸리, 비수리 등의 즙을 빨아 먹고 산다. 몸은 전체적으로 암갈색을 띠고 황갈색 털이 있으며 크기는 18~24㎜이다. 뒷다리의 넓적다리마디가 매우 굵게 발달된 것이 특징이며 5~10월에 출현한다. 특히 수컷의 다리가 암컷보다 더 굵게 발달되었고 뾰족한 돌기도 있어서 암수가 쉽게 구별된다. 대형 노린재이기 때문에 움직임이 느려서 발견하면 오랫동안 관찰할 수 있다.

잎에 앉아 있는 모습

뒷다리 가시돌기

호리좀허리노린재(호리허리노린재과)

산과 들의 풀숲에서 볼 수 있으며 식물의 즙을 빨아 먹고 산다. 몸은 전체적으로 검은색을 띠고 크기는 11㎜ 정도이다. 겹눈은 볼록 튀어나왔고 앞가슴등판은 사다리꼴 모양이다. 더듬이는 네 마디이고 마지막 마디가 가장 길다. 뒷다리 넓적다리마디에 가시 모양의 돌기가 발달했다. '개미'처럼 매우 가느다란 허리를 갖고 있는 소형 노린재로 7~11월에 출현한다. 개체수가 많지 않아서 매우 드물게 발견된다.

'장수'는 가장 힘이 세다는 뜻으로 장수허리노린재, 장수하늘소, 장수풍뎅이처럼 무리 중에서 가장 커다란 곤충 이름에 붙여진다.

붉은잡초노린재(잡초노린재과)

낮은 산지나 들판의 풀숲을 날아다니며 벼류, 국화류, 마디풀류 등 다양한 식물의 즙을 빨아 먹고 산다. 몸은 적갈색을 띠고 반질반질한 광택이 있으며 크기는 6~8㎜이다. 앞날개에 흑갈색 점무늬가 있으며 막질부는 투명하고 길어서 배 끝을 넘는다. 몸뿐만 아니라 다리와 더듬이까지 전체적으로 붉은빛을 띠고 있어서 이름이 지어졌으며 4~10월에 출현한다. 약충은 녹색을 띠며 날개가 없어서 비행하지 못한다.

약충

잎에 앉아 있는 모습   꽃 즙 빨아 먹기

삿포로잡초노린재(잡초노린재과)

산과 들, 경작지의 풀숲을 날아다니며 벼류, 국화류, 마디풀류 등의 다양한 식물에 모여 즙을 빨아 먹고 산다. 몸은 전체적으로 갈색이고 크기는 6.5~8㎜이다. 앞날개 막질부가 투명해서 배마디가 잘 보인다. 풀 즙도 먹지만 꽃에 앉아 꽃의 즙을 빨아 먹는 모습도 볼 수 있으며 4~10월에 출현한다. 일본 삿포로 지역에서 처음 발견되어 이름이 지어졌다. 잎이나 꽃에 앉아 서로 반대 방향을 보고 짝짓기하는 모습을 볼 수 있다.

꽃 즙 빨아 먹기

잎에 앉아 있는 모습   짝짓기

점흑다리잡초노린재(잡초노린재과)

산과 들, 경작지의 풀숲을 날아다니며 벼류, 국화류, 마디풀류 등의 다양한 식물에 모여 즙을 빨아 먹고 산다. 몸은 전체적으로 진갈색이고 크기는 6~8㎜이다. 몸 전체에 검은색 점무늬가 흩어져 있고 다리에도 검은색 점이 많아서 이름이 지어졌으며 4~10월에 출현한다. 앞날개 끝부분은 투명해서 배 등판이 훤하게 보인다. 잘 발달된 기다란 주둥이를 풀잎이나 풀 줄기에 꽂고 즙을 빨아 먹는 모습을 볼 수 있다.

잎에 앉아 있는 모습   풀 즙 빨아 먹기

잎에 앉아 있는 모습

짝짓기

두쌍무늬노린재 (참나무노린재과)

숲속의 느릅나무류, 참나무류 등의 활엽수에 모여서 즙을 빨아 먹고 산다. 몸은 전체적으로 붉은색을 띠고 늦가을에는 진갈색을 띠며 크기는 14~16㎜이다. 앞날개 혁질부에 2쌍(4개)의 검은색 점무늬가 있어서 이름이 지어졌으며 4~11월에 출현한다. 앞날개 막질부는 갈색이고 반투명하며 더듬이 제4, 5마디에는 황색 무늬가 있다. 활엽수의 잎이나 줄기에 붙어 짝짓기 하는 모습을 볼 수 있으며 암컷이 수컷보다 크다.

잎에 앉아 있는 모습　　갈참나무노린재

뒷창참나무노린재 (참나무노린재과)

울창한 숲속에서 참나무류의 즙을 빨아 먹고 산다. 몸은 전체적으로 녹색 또는 황갈색이고 다리는 붉은빛을 띠며 크기는 12~15㎜이다. 앞가슴등판과 작은방패판에는 검은색 점각이 없으며 5~11월에 출현한다. 참나무노린재류 중에서 가을에 많이 볼 수 있는 종류다. **갈참나무노린재** (참나무노린재과)는 몸은 녹색 또는 황록색을 띠고 다리는 녹색이며 크기는 10~14㎜이다. 참나무류가 자라는 활엽수림에 살면서 6~9월에 출현한다.

2형

약충

잎에 앉아 있는 모습　　약충

도토리노린재 (광대노린재과)

산과 들, 경작지의 억새, 개밀, 벼 등에 모여서 즙을 빨아 먹으며 산다. 몸은 전체적으로 진갈색을 띠고 때로는 연갈색을 띠는 체색 변이도 있으며 크기는 9~10㎜이다. 작은방패판이 매우 커다랗게 발달해 배 전체를 덮고 있는 것이 특징이며 배마디는 둥글고 마디마다 흑갈색 줄무늬가 있다. 몸이 둥글고 갈색을 띠는 모습이 도토리를 닮았다고 해서 이름이 지어졌으며 5~10월에 출현한다. 약충은 날개가 없어서 더 둥글둥글하다.

나무에 앉아 있는 모습   2형(갈색형)

나비노린재 (노린재과)

해안가 간척지의 풀밭을 날아다니며 풀 즙을 빨아 먹고 산다. 몸은 전체적으로 적갈색이고 때로는 갈색을 띠는 체색 이형이 있으며 크기는 8㎜ 정도이다. 머리에서 작은방패판까지 연황색 세로줄 무늬가 이어져 있다. 작은방패판 끝부분이 연황색이며 돌출되어 있는 것이 특징이다. 앞날개 혁질부는 적갈색이고 막질부는 투명한 갈색을 띠며 4~10월에 출현한다. 내륙에서는 거의 보이지 않으며 주로 해안가 간척지 풀밭에서 자주 보인다.

2형(주황색형)

잎에 앉아 있는 모습   약충

북쪽비단노린재 (노린재과)

산과 들, 경작지에서 배추, 무, 양배추 등에 모여 즙을 빨아 먹고 산다. 몸은 광택이 있는 검은색이고 귤색 무늬나 때로는 주황색 무늬를 갖는 개체도 있으며 크기는 6~9㎜이다. 몸을 거꾸로 보면 수염이 있는 할아버지 얼굴처럼 보여서 사람 얼굴을 닮은 '인면(人面) 노린재' 종류에 속한다. 배추는 물론이고 콩, 쌀보리, 호밀, 기장, 밀, 냉이 등 먹이 식물이 매우 다양해서 작물 해충으로 손꼽히며 3~10월에 출현한다.

약충

홍비단노린재 (노린재과)

산과 들, 경작지에서 배추, 순무, 양배추, 꽃양배추, 무, 냉이 등의 십자화과 작물에 모여 즙을 빨아 먹고 산다. 몸은 광택이 있는 검은색을 띠고 귤색 또는 붉은색 무늬가 있으며 크기는 6~9㎜이다. 머리, 더듬이, 다리는 모두 검은색을 띤다. 앞가슴등판의 검은색 무늬가 6개이지만 개체에 따라 4~5개인 경우도 있다. 빛깔이 알록달록 각시처럼 예뻐서 '각시비단노린재'라고도 불리며 3~10월에 출현한다.

잎에 앉아 있는 모습   집합페로몬 분비(무리 지어 모이기)

색깔이 매우 화려한 비단노린재는 배추, 무, 양배추 등 가을 작물의 즙을 빨아서 피해를 주는 작물 해충이다.

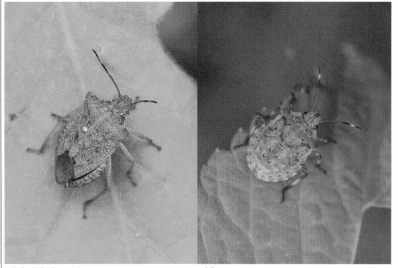

잎에 앉아 있는 모습 　　　　　 약충

네점박이노린재(노린재과)

산과 들에서 감나무, 칡 등의 즙을 빨아 먹고 산다. 몸은 갈색 또는 황색이고 갈색과 검은색 점각이 많으며 크기는 12~14㎜이다. 앞가슴등판 위쪽에 4개의 황백색 점무늬가 있어서 이름이 지어졌으며 4~11월에 출현한다. 가을에 떨어지는 낙엽 색깔과 매우 비슷한 보호색을 갖고 있어서 낙엽 위에 앉아 있으면 쉽게 눈에 띄지 않는다. 약충은 성충처럼 갈색을 띠지만 날개가 없어서 날지 못하고 기어다닌다.

잎에 앉아 있는 모습 　　　　　 산느티나무노린재

느티나무노린재(노린재과)

산지에서 느티나무나 느릅나무의 즙을 빨아 먹고 산다. 몸은 전체적으로 갈색이나 회갈색을 띠며 크기는 11㎜ 정도이다. 작은방패판에 2개의 황갈색 점무늬가 있고 배가 앞날개 바깥까지 넓게 발달해 있는 것이 특징이며 4~10월에 출현한다. **산느티나무노린재**(노린재과)는 몸은 갈색을 띠고 크기는 13㎜ 정도이며 5~9월에 출현한다. 생김새가 '네점박이노린재'와 매우 비슷하게 닮았지만 배가 앞날개 바깥까지 넓게 발달해 있어서 구별된다.

잎에 앉아 있는 모습 　　　 2형(갈색형)
　　　　　　　　　　　　　 더듬이 청소하기

열점박이노린재(노린재과)

숲속의 활엽수에서 나무의 즙을 빨아 먹고 산다. 몸은 전체적으로 황갈색이나 갈색을 띠며 크기는 16~23㎜이다. 앞가슴등판 어깨의 돌기가 위쪽으로 돌출되어 크게 튀어나왔다. 더듬이는 황갈색이고 다리는 황색이다. 앞날개 혁질부는 황갈색이고 막질부는 투명하고 진갈색을 띤다. 앞가슴등판에 4개, 작은방패판에 4개, 앞날개 혁질부에 2개의 점이 있어서 모두 10개의 점이 있다고 이름이 지어졌으며 4~10월에 출현한다.

몸에 점무늬가 있으면 점박이라고 이름이 지어진다. 네점박이는 앞가슴등판에 열점박이노린재는 앞가슴등판과 날개에 점이 있다.

잎에 앉아 있는 모습

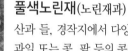

약충

배면(갈색)

깜보라노린재(노린재과)

감나무, 사과나무, 능금나무 등의 과일나무와 떡갈나무, 신갈나무, 상수리나무, 가시나무 등의 다양한 활엽수의 즙을 빨아 먹고 산다. 몸은 검은색 또는 청색이고 보랏빛의 광택이 있어서 이름이 지어졌으며 크기는 7~10㎜이다. 햇빛이 비치는 각도에 따라 몸 빛깔이 달라 보여서 매우 아름답다. 작은방패판의 끝부분은 둥글고 흰색을 띤다. 앞날개 막질부는 배 끝보다 길다. 산과 들의 잎과 꽃에 잘 모이며 4~11월에 출현한다.

잎에 앉아 있는 모습

2형

약충(5령)

풀색노린재(노린재과)

산과 들, 경작지에서 다양한 식물이나 과일 또는 콩, 팥 등의 콩과 작물의 즙을 빨아 먹고 산다. 몸이 전체적으로 녹색을 띠고 있어서 '풀색'이 붙어 이름이 지어졌으며 크기는 12~16㎜이다. 그러나 개체에 따라 황색이나 갈색인 경우도 있고 머리와 앞가슴등판 위쪽에 연황색 띠무늬가 있는 개체도 있으며 3~11월에 출현한다. 약충은 둥글둥글하고 날개가 없으며 등판에 바둑돌 모양의 흰색 점무늬가 많다.

잎에 앉아 있는 모습

약충(5령)

비행 준비 날갯짓

북방풀노린재(노린재과)

벚나무, 배나무, 야광나무, 아그배나무, 사과나무 등의 즙을 빨아 먹고 산다. 몸은 진녹색을 띠고 광택이 있으며 크기는 12~16㎜이다. 앞가슴등판 양옆이 약간 뾰족하게 튀어나왔다. 몸 빛깔이 전체적으로 녹색이어서 나뭇잎에 붙어 있으면 천적의 눈에 잘 띄지 않으며 5~11월에 출현한다. '풀색노린재'와 비슷하지만 앞날개 막질부가 암갈색을 띠고 있어서 구별된다. 약충은 녹색을 띠고 둥글둥글하며 날개가 없어 날지 못한다.

풀색노린재와 북방풀노린재는 잎사귀와 비슷한 보호색을 갖고 있어서 자신을 보호한다.

잎에 앉아 있는 모습

2형(갈색형)

약충

장흙노린재(노린재과)

활엽수가 많은 숲속에서 느티나무, 정향나무, 나무딸기, 청미래덩굴 등의 다양한 나무에 모여 즙을 빨아 먹고 산다. 몸은 황갈색 또는 갈색을 띠며 크기는 20~23㎜이다. 앞가슴등판 어깨에 불룩 튀어 나온 돌기가 발달했다. 배마디 가장자리는 연황색과 검은색 줄무늬가 교대로 나타난다. 작은방패판 좌우 끝부분에 2개의 검은색 점무늬가 있는 것이 특징이며 7~10월에 출현한다. 약충은 흑갈색을 띠며 날개가 없어서 기어다닌다.

잎에 앉아 있는 암컷

수컷

약충

가로줄노린재(노린재과)

산과 들, 경작지에서 족제비싸리, 비수리, 콩, 팥 등의 콩과 식물의 즙을 빨아 먹고 산다. 몸은 녹색이고 검은색 점각이 많으며 크기는 9~11㎜이다. 더듬이는 붉은색이고 다리는 녹색을 띠며 앞가슴등판 양옆이 약간 돌출되어 있다. 앞가슴등판에 가로줄 무늬가 선명하게 있어서 이름이 지어졌으며 6~11월에 출현한다. 가로줄 무늬가 흰색이면 수컷이고 붉은색이면 암컷이다. 약충은 타원형이고 배에 검은색과 붉은색 무늬가 있다.

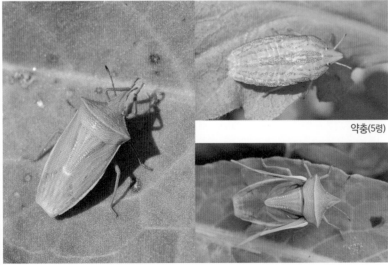

잎에 앉아 있는 모습

약충(5령)

비행 준비

억새노린재(노린재과)

들판이나 경작지의 풀숲에서 벼과 식물의 즙을 빨아 먹고 산다. 몸은 황갈색 또는 주황색을 띠고 크기는 14~19㎜이다. 작은방패판이 크게 발달했고 이등변삼각형 모양을 닮았으며 머리는 정삼각형 모양으로 뾰족하게 튀어나왔다. 벼과 식물인 억새에 살아서 이름이 지어졌으며 4~10월에 출현한다. 겨울에 성충으로 월동한다. 약충은 황갈색에 붉은색 줄무늬가 있으며 몸이 편평하고 날개가 없어서 성충과 다르게 보인다.

곤충의 날개는 성충이 되었다는 증거이다. 노린재 약충(새끼)은 날개가 없어 날지 못하지만 성충이 되면 날개가 생겨 비행이 가능하다.

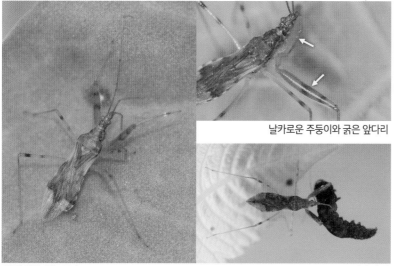

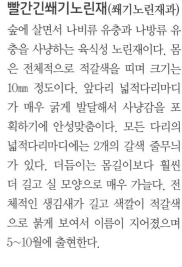

날카로운 주둥이와 굵은 앞다리

잎에 앉아 있는 모습

먹이 사냥

빨간긴쐐기노린재(쐐기노린재과)

숲에 살면서 나비류 유충과 나방류 유충을 사냥하는 육식성 노린재이다. 몸은 전체적으로 적갈색을 띠며 크기는 10㎜ 정도이다. 앞다리 넓적다리마디가 매우 굵게 발달해서 사냥감을 포획하기에 안성맞춤이다. 모든 다리의 넓적다리마디에는 2개의 갈색 줄무늬가 있다. 더듬이는 몸길이보다 훨씬 더 길고 실 모양으로 매우 가늘다. 전체적인 생김새가 길고 색깔이 적갈색으로 붉게 보여서 이름이 지어졌으며 5~10월에 출현한다.

수컷

잎에 앉아 있는 암컷

약충(5령)

미니날개큰쐐기노린재(쐐기노린재과)

풀숲에 살면서 다양한 곤충을 사냥하는 육식성 노린재이다. 몸은 암갈색을 띠고 크기는 12㎜ 정도이다. 더듬이는 실 모양으로 매우 가늘고 길며 겹눈은 구슬 모양으로 둥글다. 배는 머리와 앞가슴등판에 비해 넓적하게 부풀어서 매우 크며 다리는 가늘고 길다. 앞날개는 매우 짧은 단시형이지만 때로는 장시형도 있으며 6~11월에 출현한다. 먹잇감을 포착하면 재빠르게 다가가 빨대 모양의 기다란 주둥이를 찔러 넣어 사냥한다.

잎에 앉아 있는 모습

2형

긴날개쐐기노린재(쐐기노린재과)

풀밭 사이를 돌아다니며 진딧물, 깍지벌레 등의 소형 곤충을 사냥하는 육식성 노린재이다. 몸은 전체적으로 연황색을 띠며 크기는 7~9㎜이다. 몸이 매우 길쭉하고 머리는 구슬 모양으로 둥글다. 더듬이는 실 모양으로 가늘며 몸 길이와 비슷하다. 작은방패판에 짧은 흑갈색 세로줄 무늬가 있다. 몸 길이보다 훨씬 더 기다란 날개를 갖고 있어서 이름이 지어졌으며 4~10월에 출현한다. 봄부터 출현하지만 가을에 많이 보인다.

잎에 앉아 있는 암컷

수컷

약충(5령)

왕침노린재(침노린재과)

숲에 살면서 뾰족한 주둥이로 곤충을 찔러 사냥하는 육식성 노린재이다. 몸은 갈색을 띠며 크기는 20~27㎜이다. 머리는 길쭉하고 겹눈은 동그랗다. 더듬이는 실 모양으로 가늘며 몸 길이와 비슷하다. 앞가슴등판은 정삼각형이고 양옆은 살짝 튀어나왔다. 침노린재류 중에서 크기가 커서 이름이 지어졌으며 3~11월에 출현한다. 암컷은 수컷에 비해 배의 폭이 넓어서 구별된다. 성충으로 무리 지어 월동한다. 약충은 크기가 작고 날개가 없다.

잎에 앉아 있는 모습

약충

껍적침노린재(침노린재과)

숲에 살면서 뾰족한 주둥이로 곤충을 찔러 사냥하는 육식성 노린재이다. 몸은 전체적으로 검은색을 띠고 광택이 반질반질하며 크기는 12~16㎜이다. 앞날개 막질부는 투명하며 배 끝보다 더 길다. 끈적끈적한 나뭇진에 잘 모여 있어서 몸에 나뭇진이 묻어 있는 모습을 쉽게 볼 수 있으며 4~11월에 출현한다. 침노린재류 중에서도 행동이 매우 느려서 천천히 움직이는 모습을 볼 수 있다. 겨울에 나무껍질 속에 숨어서 월동한다.

땅에 앉아 있는 단시형

2형(장시형)

약충

검정무늬침노린재(침노린재과)

숲속의 땅 위에서 빠르게 움직이며 날카로운 주둥이로 소형 곤충을 찔러 사냥하는 육식성 노린재이다. 몸이 전체적으로 검은색을 띠고 있어서 이름이 지어졌으며 크기는 12~15㎜이다. 날개가 배보다 짧은 단시형도 있고 배를 모두 덮을 정도로 날개가 기다란 장시형도 있다. 앞다리 넓적다리마디가 매우 굵게 발달되어 있어서 사냥에 매우 유리하며 4~11월에 출현한다. 약충은 크기는 작지만 성충처럼 몸이 전체적으로 검은색을 띤다.

다른 곤충을 사냥하는 육식성 침노린재는 초식성 노린재에 비해 몸이 매우 납작하다. 주둥이의 침도 매우 가늘어서 사냥하기 적합하다.

약충

잎에 앉아 있는 모습

꽃 즙 빨아 먹기

설상무늬장님노린재(장님노린재과)

산과 들에 자라는 국화과, 콩과, 벼과 등의 다양한 식물에 모여서 즙을 빨아 먹고 산다. 몸은 전체적으로 갈색 또는 흑갈색을 띠며 크기는 6~9㎜이다. 앞가슴등판에 검은색 가로줄 무늬가 있다. 다리는 갈색을 띠며 뒷다리 넓적다리마디는 흑갈색을 띤다. 앞날개 끝부분에 있는 쐐기 모양의 설상부가 황백색을 띠고 있어서 이름이 지어졌으며 6~10월에 출현한다. 약충은 전체적으로 녹색을 띠고 있어서 성충과 서로 달라 보인다.

잎에 앉아 있는 모습

등면

변색장님노린재(장님노린재과)

산과 들의 풀숲이나 경작지에서 국화류, 콩류, 벼류 등의 식물에 모여서 즙을 빨아 먹고 산다. 몸은 연황색을 띠며 크기는 6~9㎜이다. 더듬이는 머리카락처럼 가늘고 길며 앞다리와 가운뎃다리에 비해 뒷다리가 매우 길다. 앞가슴등판에 2개의 검은색 점이 있으며 5~11월에 출현한다. 홑눈이 퇴화되어 '장님노린재'라고 이름이 지어졌다. 경작지에서 기르는 벼의 즙을 빨아 먹어 반점미를 일으킨다. 밤에 불빛에 잘 날아온다.

잎에 앉아 있는 모습

더듬이 청소하기

홍색얼룩장님노린재(장님노린재과)

산과 들의 풀숲이나 경작지에서 벼류 등의 식물에 모여 즙을 빨아 먹고 산다. 몸은 전체적으로 연황색을 띠고 머리, 앞가슴등판, 앞날개 안쪽 가장자리는 붉은색을 띠며 크기는 4~6㎜이다. 더듬이와 다리도 붉은색을 띤다. 연황색의 몸에 붉은색을 띠는 부위가 매우 많아서 '홍색얼룩'이라고 이름이 지어졌으며 5~10월에 출현한다. 봄보다 가을에 나타나서 많이 활동한다. 잎에 앉아 더듬이를 청소하는 모습도 볼 수 있다.

잎에 앉아 있는 모습   날개(막질부, 혁질부)

탈장님노린재(장님노린재과)

활엽수가 많은 숲에서 나무의 꽃가루와 꿀, 꽃잎의 즙을 빨아 먹고 산다. 몸은 전체적으로 흑갈색이고 황갈색과 황록색의 무늬가 있어서 얼룩덜룩해 보이며 크기는 5~8㎜이다. 더듬이는 몸 길이 정도로 매우 길며 끝부분이 가늘다. 앞가슴등판에는 2개의 흰색 테두리가 있는 검은색 점이 있고 작은방패판 가장자리에는 흰색 무늬가 있다. 각 다리의 넓적다리마디 절반은 흰색을 띠며 5~11월에 출현한다.

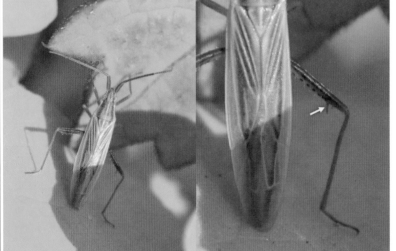

잎에 앉아 있는 모습   뒷다리 가시돌기

홍맥장님노린재(장님노린재과)

산과 들이나 경작지에서 벼과나 사초과 식물 등에 모여 즙을 빨아 먹고 산다. 몸은 전체적으로 갈색 또는 녹색을 띠고 길쭉하며 크기는 6~8㎜이다. 더듬이는 몸 길이와 비슷하며 뒷다리 넓적다리마디에 2개의 작은 가시가 있다. 여름에는 녹색형 개체가 많고 가을에는 갈색형 개체가 많다. 벼과 식물의 즙을 빨아 먹고 살아서 작물에 피해를 일으키며 3~10월에 출현한다. 밤에는 불빛에 유인되어 잘 날아온다.

잎에 앉아 있는 모습   초록장님노린재

빨간촉각장님노린재(장님노린재과)

산과 들이나 경작지에서 벼과 식물의 즙을 빨아 먹고 산다. 몸은 전체적으로 연녹색을 띠고 길쭉하며 크기는 4~6㎜이다. 더듬이가 붉은색을 띠고 있어서 '빨간촉각'이라는 이름이 지어졌으며 4~10월에 출현한다. **초록장님노린재**(장님노린재과)는 몸은 녹색 또는 연녹색이고 크기는 4~6㎜이다. 앞날개 안쪽에 검은색 무늬가 있다. 풀밭의 쑥 등에 모여서 즙을 빨아 먹고 살며 5~10월에 출현한다. 밤에 불빛에 유인되어 잘 날아온다.

잎에 앉아 있는 모습   야행성

갈색날개매미충(날개매미충과)

산수유, 감나무, 밤나무, 때죽나무 등의 다양한 나무에 모여 즙을 빨아 먹어서 생태계교란 야생생물로 지정되었다. 몸은 암갈색이고 날개가 넓적하며 크기는 8~9㎜이다. 나뭇잎과 가지, 과일의 즙을 빨아 먹어서 그을음병을 유발시켜 나무를 고사시키며 7~11월에 출현한다. 나뭇가지에 산란한 알을 밀랍과 톱밥으로 덮는다. 밤에 불빛에 잘 모이며 겨울에 알로 월동한다. 약충은 몸 길이가 4.5㎜ 정도이며 꽁무니에 흰색 또는 황색 밀랍 물질이 있다.

잎에 앉아 있는 모습   약충

미국선녀벌레(선녀벌레과)

감나무, 배나무, 참나무류, 명자나무 등 다양한 나무에 모여서 즙을 빨아 먹고 산다. 몸은 전체적으로 회색을 띠며 크기는 7~8.5㎜이다. 북미에서 유입되어 피해를 일으키는 외래 해충으로 6~10월에 출현한다. 약충은 유백색이며 몸 길이가 5㎜ 정도이다. 성충과 약충 모두 무리 지어 나무의 즙을 빨아 먹고 그을음병까지 유발시켜 나무에 피해를 주어서 생태계교란 야생생물로 지정되었다. 겨울에 활엽수에서 알로 월동한다.

잎에 앉아 있는 모습   등면

선녀벌레(선녀벌레과)

감귤나무, 돈나무, 동백나무, 무화과 등에 모여 즙을 빨아 먹고 산다. 몸은 전체적으로 연한 황록색을 띠며 크기는 10㎜ 정도이다. 앞날개는 삼각형 모양이며 몸 길이보다 훨씬 더 길다. 몸 빛깔이 선녀가 입는 옷처럼 예뻐서 이름이 지어졌다. 약충은 몸 길이가 7㎜ 정도이고 연녹색이며 흰색 솜과 같은 물질로 덮여 있다. 남부 지방의 해안이나 섬 지역에서 흔하게 발견되며 7~9월에 출현한다. 겨울에 나뭇가지에서 알로 월동한다.

우리나라에 유입된 외래종 갈색날개매미충과 미국선녀벌레는 생태계에 피해를 주는 생태계교란 야생생물로 관리가 필요하다.

잎에 앉아 있는 모습 · 노랑무늬거품벌레

갈잎거품벌레(거품벌레과)

산이나 해안가에 자라는 활엽수의 즙을 빨아 먹고 산다. 몸은 연한 회황색을 띠며 크기는 10㎜ 정도이다. 겹눈은 매우 크고 머리는 삼각형이며 5~10월에 출현한다. 해안가 간척지의 풀숲에서 쉽게 발견할 수 있다. 약충은 거품을 만들고 그 속에서 수분을 유지하며 산다. **노랑무늬거품벌레**(거품벌레과)는 몸은 황갈색을 띠고 크기는 12~13㎜이다. 산과 들이나 논에서 발견된다. 우리나라의 거품벌레류 중 가장 크기가 크며 6~9월에 출현한다.

잎에 앉아 있는 모습 · 약충

운계방패멸구(방패멸구과)

산과 들이나 해안가에 자라는 억새나 갈대 등의 즙을 빨아 먹고 산다. 몸은 전체적으로 연한 황록색을 띠며 크기는 9~10㎜이다. 머리는 삼각형이고 겹눈은 주황색이다. 머리와 앞가슴 등판에 2개의 주황색 세로줄 무늬가 있다. 앞날개는 투명하며 배 끝보다 길이가 더 길다. 방패처럼 납작해서 이름이 지어졌다. 해안가 간척지에 많은 개체 수가 살며 8~10월에 출현한다. 약충은 앞날개가 없어서 짧아 보이지만 머리는 성충을 닮았다.

나무에 앉아 있는 모습 · 야행성

늦털매미(매미과)

산지에 자라는 자작나무, 참나무류, 버드나무류에 모여 나뭇진을 먹고 산다. 몸은 전체적으로 암갈색을 띠며 크기는 35~38㎜이다. 가을에 '씨익' 하고 길게 울다가 씩씩씩씩 짧게 울기를 반복하며 8~11월에 출현한다. 털매미처럼 털이 많고 영상 10도 이하로 떨어져도 잘 견디기 때문에 늦가을까지 출현한다고 해서 이름이 지어졌다. '털매미'와 닮았지만 몸이 더 뚱뚱하고 털이 더 많다. 밤에 불빛에 유인되어 잘 날아온다.

늦털매미는 여름을 지나 가을까지도 숲에서 울기 때문에 늦게 나온다는 의미로 이름이 지어졌다.

풀에 앉아 있는 모습　　　　　　　　좀날개여치

여치 (여치과)

해가 잘 드는 산지의 풀밭에 사는 잡식성 곤충이다. 몸은 녹색 또는 갈색을 띠며 크기는 30~37㎜이다. 앞날개는 녹색 또는 갈색이고 배 끝보다 짧지만 장시형은 길다. 몸이 뚱뚱해서 '돼지여치'라고도 부르며 6~10월에 출현한다. 수컷은 낮에 '쩝~ 끄르르르' 하고 울음소리를 낸다. 겨울에 알로 월동한다. **좀날개여치**(여치과)는 몸은 회갈색을 띠며 크기는 23~37㎜이다. 낮은 산지에 살며 잡식성 곤충이다. 겨울에 알로 월동한다.

풀에 앉아 있는 모습　약충　산란관

긴날개여치 (여치과)

계곡, 하천, 습지, 해안가, 섬 등에 사는 잡식성 곤충이다. 몸은 연녹색이고 앞가슴등판은 갈색을 띠며 크기는 28~38㎜이다. 녹색형과 갈색형이 있으며 '여치'와 생김새가 닮았지만 날개 길이가 훨씬 더 길어서 구별된다. 옛날에는 '여치'라고 불렀고 북한에서는 '긴날개우수리여치'라고 부르며 7~10월에 출현한다. 약충은 '여치'와 비슷하지만 앞가슴등판이 약간 더 좁다. 암컷은 산란관이 매우 길다. 겨울에 알로 월동한다.

풀에 앉아 있는 암컷　수컷　약충

베짱이 (여치과)

산지의 풀밭에서 곤충을 잡아먹고 산다. 몸은 밝은 녹색을 띠며 크기는 31~40㎜이다. 머리와 앞가슴등판은 진한 적갈색이다. 겹눈은 황색이고 다리는 녹색이다. 앞날개는 수컷은 크며 넓은 잎 모양으로 끝부분이 둥그렇고 암컷은 수컷과 달리 폭이 좁다. '스익~ 쩍' 하고 우는 울음소리가 베틀이 움직이는 소리처럼 들려서 이름이 지어졌으며 7~10월에 출현한다. 약충은 등면의 갈색 무늬가 흐리고 더듬이에 검은색 마디가 뚜렷하다.

여치와 베짱이는 해가 잘 들지 않는 그늘진 풀숲에 사는 대표적인 풀벌레로 숲이나 습지의 풀밭에 널리 서식한다.

잎에 앉아 있는 수컷

암컷

일광욕

실베짱이(여치과)

산지나 하천의 풀밭에서 꽃잎이나 꽃가루를 먹고 산다. 몸은 연녹색이고 더듬이는 연갈색이며 크기는 29~37㎜이다. 머리는 몸과 날개에 비해 매우 작고 겹눈은 갈색이다. 베짱이류 중에서 몸이 가늘고 길어서 실처럼 보인다고 해서 이름이 지어졌으며 6~11월에 출현한다. 수컷은 '쯥' 하는 울음소리를 내는데 뚜렷하게 들리지 않는다. 암컷은 나무껍질이나 나무 속에 알을 낳아서 번식한다. 겨울에 알로 월동한다.

잎에 앉아 있는 수컷

암컷

약충

검은다리실베짱이(여치과)

산지와 하천의 풀밭이나 키 작은 나무 위에서 잎이나 꽃가루를 먹고 산다. 몸은 진녹색을 띠고 작은 검은색 점이 가득하며 크기는 29~36㎜이다. 더듬이는 검은색이고 흰색 고리 무늬가 일정한 간격으로 있다. 겹눈은 담청색이고 불룩 튀어나왔다. 낮에 활발하게 날아다니는 모습을 볼 수 있으며 6~11월에 출현한다. '실베짱이'와 비슷하지만 뒷다리 종아리마디가 검은색을 띠어서 구별된다. 겨울에 알로 월동한다.

잎에 앉아 있는 암컷

수컷

2형(암컷 갈색형)

줄베짱이(여치과)

낮은 산지, 공원의 풀밭, 키 작은 나무의 잎 주변에서 잎이나 꽃가루를 먹고 산다. 몸은 밝은 녹색을 띠지만 때로는 갈색형도 나타나며 크기는 35~40㎜이다. 머리부터 앞가슴등판, 앞날개 봉합부를 따라서 줄이 있어서 이름이 지어졌으며 7~11월에 출현한다. 줄무늬 색깔이 수컷은 갈색이고 암컷은 황백색을 띠어 서로 구별된다. 수컷은 '실베짱이'처럼 홀쭉하지만 암컷은 뚱뚱한 것도 차이점이다. 겨울에 알로 월동한다.

실베짱이는 여치와 베짱이와는 달리 해가 잘 드는 풀밭을 좋아한다. 숲과 하천의 풀잎 위에 앉아 있는 모습을 발견할 수 있다.

풀에 앉아 있는 모습

등면

다리 청소하기

큰실베짱이(여치과)

깊은 산지나 고산의 풀숲, 키 작은 나무에서 잎이나 꽃가루를 먹고 산다. 몸은 전체적으로 녹색을 띠며 크기는 34~50㎜이다. 머리부터 앞가슴등판, 앞날개 접합부는 붉은색을 띤다. 날개에 붉은색 날개맥이 매우 많아서 그물 모양처럼 보인다. '실베짱이류' 중에서 크기가 비교적 큰 편이어서 이름이 지어졌으며 7~11월에 출현한다. 잎에 앉아서 입으로 다리를 청소하는 모습을 볼 수 있다. 겨울에 알로 월동한다.

풀에 앉아 있는 수컷

등면

야행성

날베짱이(여치과)

산과 들의 풀숲에 살면서 식물도 먹고 곤충도 먹는 잡식성 곤충이다. 몸은 밝은 녹색을 띠며 크기는 수컷은 46~55㎜이고 암컷은 53~57㎜이다. 앞날개보다 뒷날개가 더 길게 발달했다. 계곡 주변의 풀밭이나 키 작은 나무의 잎에 붙어 있는 모습을 볼 수 있으며 7~10월에 출현한다. 수컷은 '찌지지지~' 하는 울음소리로 암컷을 부른다. 실베짱이류 중에서는 크기가 가장 큰 편이다. 밤에 불빛에 유인되어 잘 모여든다.

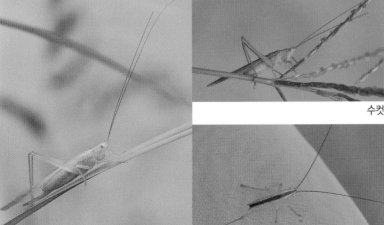

풀에 앉아 있는 암컷

수컷

약충

쌕쌔기(여치과)

하천, 습지, 경작지, 바닷가의 풀밭에서 잎이나 꽃가루를 먹고 산다. 몸은 가느다란 원통형이고 연녹색을 띠며 크기는 14~20㎜이다. 더듬이는 담홍색이고 겹눈은 황백색이다. 앞가슴등판은 갈색이고 가장자리는 흰색이며 앞날개는 연녹색이고 접합부는 갈색이다. 앞날개는 배 끝보다 훨씬 더 길다. '쌕~쌕~쌕~' 하고 우는 울음소리를 듣고 이름이 지어졌으며 6~11월에 출현한다. 약충은 6번의 허물을 벗고 자라서 성충이 된다.

수컷

풀에 앉아 있는 암컷

약충

긴꼬리쌕쌔기(여치과)

산길, 강변, 논밭, 습지의 풀밭에서 잎사귀와 씨앗을 먹고 산다. 몸은 녹색 또는 암갈색을 띠며 크기는 24~31㎜이다. 더듬이는 담갈색이고 머리와 앞가슴등판은 갈색이며 얼굴에 줄무늬가 있다. 우리나라에 살고 있는 쌕쌔기류 중에서 산란관이 가장 길어서 '긴 산란관'을 뜻하는 '긴꼬리'가 붙어서 이름이 지어졌으며 7~11월에 출현한다. 수컷은 밤낮으로 활발하게 운다. 약충은 6번의 허물을 벗고 자라서 성충이 된다.

풀에 앉아 있는 암컷

날개의 반점 무늬

점박이쌕쌔기(여치과)

경작지, 공원, 바닷가의 풀밭에서 잎사귀와 꽃가루를 먹고 산다. 몸은 전체적으로 녹색을 띠지만 때로는 갈색을 띠는 개체도 있으며 크기는 19~27㎜이다. 머리와 앞가슴등판은 진한 흑갈색이고 테두리는 황백색이다. 날개에 반점이 줄지어서 나 있어서 '반점'을 뜻하는 종명 'maculatus'가 붙어 '점박이'라는 이름이 지어졌으며 8~10월에 출현한다. '쌕쌔기'와 비슷하게 닮았지만 몸이 더 굵고 크기가 커서 구별된다.

풀에 앉아 있는 모습

야행성

등줄어리쌕쌔기(여치과)

낮은 산지에 살면서 소형 곤충을 사냥하는 육식성 곤충이다. 몸은 연녹색을 띠고 크기는 21~23㎜이다. 앞가슴등판은 연황색을 띠고 양쪽 가장자리에 검은색의 가는 띠무늬가 있다. 더듬이는 담갈색이고 겹눈은 붉은색이며 암컷의 산란관은 날카롭다. 날개가 몸길이에 비해서 훨씬 더 길게 발달했다. 밤에 풀이나 나뭇잎 위에서 약하게 울며 7~10월에 출현한다. 밤에 불빛에 유인되어 잘 날아온다. 한국 고유종이다.

쌕쌔기는 인민군이 미군 비행기를 지칭하던 말로, 비행기처럼 생김새가 날렵하게 생겼다는 뜻으로 이름이 지어졌다.

2형(수컷 갈색형)

잎에 앉아 있는 암컷

입

매부리(여치과)

하천, 습지, 논밭 등의 다양한 풀밭에 살면서 식물의 씨앗도 먹고 곤충도 잡아먹는 잡식성 곤충이다. 몸은 전체적으로 녹색 또는 갈색을 띠며 크기는 40~55㎜이다. 몸 길이보다 날개 길이가 훨씬 더 길어서 몸집이 더 커 보인다. 겹눈은 흰색이고 줄무늬가 있다. 머리가 앞으로 불룩하게 돌출된 모습이 매의 부리를 닮아서 이름이 지어졌으며 7~11월에 출현한다. 수컷은 '찌~~' 하고 연속적으로 울어서 암컷에게 구애한다.

풀에 앉아 있는 수컷

암컷

모대가리귀뚜라미(귀뚜라미과)

풀밭, 농경지, 공원 등에 사는 잡식성 곤충이다. 몸은 흑갈색을 띠고 광택이 있으며 크기는 14~18㎜이다. 수컷의 머리가 양쪽으로 뿔이 난 것처럼 뾰족하게 모가 져서 이름이 지어졌으며 북한에서는 '뿔귀뚜라미'라고 부른다. 머리에 돌출된 정도는 개체에 따라 적게 튀어나온 변이도 있다. 반면에 암컷은 머리가 뾰족하게 뿔처럼 튀어나오지 않아서 수컷과 다르게 보인다. 풀밭에서 폴짝폴짝 점프를 잘하며 8~11월에 출현한다.

수컷

풀에 앉아 있는 암컷

약충

왕귀뚜라미(귀뚜라미과)

산지, 공원, 풀밭, 논밭 등에 사는 잡식성 곤충이다. 몸은 검은색이고 갈색 빛이 나며 크기는 17~24㎜이다. 겹눈 위쪽 좌우에 흰색 띠무늬가 뚜렷하고 배 끝 양쪽에 꼬리털이 있으며 암컷은 배 가운데에 기다란 산란관이 있다. 우리나라에 사는 귀뚜라미류 중에서 크기가 가장 커서 '왕'이 붙어 이름이 지어졌으며 7~11월에 출현한다. 종명 'emma'는 일본어로 '염라대왕'을 뜻한다. 약충은 등면에 가로로 된 흰색 줄무늬가 있다.

땅에 앉아 있는 모습 　　　극동귀뚜라미

알락귀뚜라미 (귀뚜라미과)

산지의 낙엽층이나 공원의 풀밭, 마을 주변에 흔하게 사는 잡식성 곤충이다. 몸은 전체적으로 검은색을 띠며 크기는 12~14㎜이다. 몸 전체가 얼룩덜룩해서 이름이 지어졌으며 7~11월에 출현한다. 밤에 귀뚤귀뚤 울어 대는 대표적인 귀뚜라미다. **극동귀뚜라미**(귀뚜라미과)는 몸은 전체적으로 흑갈색이고 크기는 12~22㎜이다. 머리는 둥글고 이마에 황백색 ∧자 무늬가 있다. 풀밭이나 마을 주변에서 흔하며 8~11월에 출현한다.

땅에 앉아 있는 모습 　　　탈 모양 얼굴

탈귀뚜라미 (귀뚜라미과)

산과 들, 마을 주변의 풀숲에 사는 잡식성 곤충이다. 몸은 전체적으로 황갈색을 띠고 크기는 15㎜ 정도이다. 머리는 둥글고 앞가슴등판보다 크다. 수컷의 머리에 있는 큰턱이 크게 돌출한 모습이 마치 탈을 쓴 것 같다고 해서 이름이 지어졌으며 8~10월에 출현한다. 남부 지방에 많이 살며 땅속에 알을 낳는다. 겨울에 알로 월동한다. 약충은 '극동귀뚜라미'와 생김새가 비슷하지만 머리 뒤쪽이 밝은 갈색을 띠고 있어서 구별된다.

잎에 앉아 있는 모습 　　　털귀뚜라미

풀종다리 (귀뚜라미과)

산지의 나뭇가지나 나뭇잎 위를 기어다니는 모습을 볼 수 있다. 몸은 전체적으로 밝은 회색을 띠며 크기는 6~7㎜이다. 밤낮으로 활발하게 울어서 '종다리'를 닮았고 풀밭에 많이 살아서 이름이 지어졌으며 7~11월에 출현한다. **털귀뚜라미**(털귀뚜라미과)는 몸은 회갈색이고 연한 비늘가루로 덮여 있으며 크기는 7~9㎜이다. 수컷은 '찡~찡~찡' 소리를 내며 울어 구애한다. 암컷은 나뭇가지 속에 알을 낳는다. 겨울에 알로 월동한다. 밤낮으로 활발하게 운다.

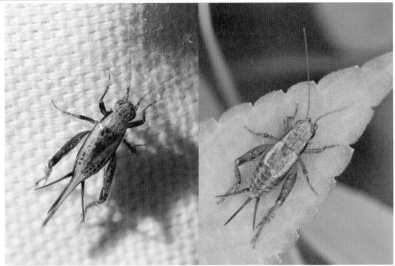

불빛에 유인되어 온 모습　　　　약충

좀방울벌레 (귀뚜라미과)

마을, 공원, 산지의 낙엽층이나 풀밭에서 흔하게 볼 수 있다. 몸은 전체적으로 회갈색을 띠고 크기는 6~8㎜이다. 앞가슴등판은 갈색이지만 옆쪽은 검은색을 띤다. 암컷의 산란관은 꼬리털보다 더 길다. 크기가 매우 작은 방울벌레로 7~10월에 출현한다. 암컷은 산란관을 땅속에 꽂고 수백 개의 알을 낳는다. 부화한 유충(약충)은 날개가 없어서 몸이 짧아 보인다. 먹이를 잘 먹고 7번의 탈피를 해서 성충이 된다. 연 2회 발생한다.

땅에 앉아 있는 수컷　　　　암컷

알락방울벌레 (귀뚜라미과)

풀밭, 공원, 논밭 등 습한 곳에 산다. 몸은 전체적으로 갈색을 띠고 크기는 7~8㎜이다. 흰색과 검은색 무늬가 많아서 얼룩덜룩해 보이기 때문에 '알락'이 붙어 이름이 지어졌으며 6~11월에 출현한다. 개체 수가 많아서 방울벌레류 중에서 가장 쉽게 볼 수 있으며 수컷은 '씨이익~ 씨이익' 하는 울음소리를 낸다. 북한에서는 '알락방울귀뚜라미'라고 부른다. 가을에 개체 수가 많아서 많이 보인다. 겨울에 알로 월동하며 연 2회 발생한다.

꽃에 앉아 있는 수컷　　　　암컷

긴꼬리 (귀뚜라미과)

낮은 산지나 들판에서 볼 수 있으며 꽃가루나 진딧물을 먹고 산다. 몸은 연녹색을 띠고 크기는 14~20㎜이다. 뒷날개가 꼬리 모양으로 길게 발달해서 이름이 지어졌으며 8~10월에 출현한다. 수컷은 밤이 되면 앞날개를 수직으로 쳐들고 서로 비벼대며 '루루루루' 하며 반복적으로 울음소리를 낸다. 수컷은 꽁무니에 산란관이 없지만 암컷은 산란관이 길게 발달했다. 식물의 줄기에 알을 낳아 번식한다. 겨울이 되면 알로 월동한다.

여치 무리는 암컷이 산란관이 유독 발달해서 산란관이 없는 수컷과 쉽게 구별된다.

잎에 앉아 있는 암컷

2형(녹색형)

가시모메뚜기 (모메뚜기과)

습지, 논밭, 연못 등의 축축한 땅과 풀밭 근처에서 다양한 식물을 먹고 산다. 몸은 전체적으로 갈색을 띠지만 개체에 따라 녹색형도 있으며 크기는 14~21㎜이다. 앞가슴등판 양옆이 가시처럼 뾰족하게 튀어나와서 이름이 지어졌으며 1~12월 연중 출현한다. 우리나라에 살고 있는 모메뚜기류 중 크기가 가장 크다. 위험할 때는 물로 잘 뛰어들며 헤엄도 잘 친다. 가을에 많이 볼 수 있으며 겨울에 성충으로 월동한다.

땅에 앉아 있는 수컷

2형(야행성)

장삼모메뚜기 (모메뚜기과)

논밭, 웅덩이 등의 물가 근처 풀밭과 진흙에서 다양한 식물을 먹고 산다. 몸은 전체적으로 회갈색을 띠지만 무늬와 체색 변이가 많으며 크기는 11~16㎜이다. 겹눈은 불룩하게 튀어나왔다. 기다란 앞가슴등판과 긴 뒷날개를 펼쳐서 나는 모습이 승려가 입는 '장삼'을 닮아서 이름이 지어졌으며 1~12월 연중 출현한다. 밤에 불빛에 유인되어 날아온다. 겨울에 성충으로 월동하며 연 2회 발생한다.

잎에 앉아 있는 수컷

암컷

짝짓기

섬서구메뚜기 (섬서구메뚜기과)

논밭, 공원, 습지 등의 풀밭에서 벼, 들깨, 땅콩, 배추, 콩 등의 다양한 식물을 먹고 산다. 몸은 녹색을 띠지만 갈색형, 적색형, 회색형 등 변이가 많으며 크기는 수컷이 23~28㎜이고 암컷은 40~47㎜이다. 원뿔 모양의 머리와 가늘고 긴 생김새가 '방아깨비'와 무척 많이 닮았지만 크기가 작고 뒷다리가 짧아서 쉽게 구별된다. 수컷은 암컷 위에 올라타서 짝짓기를 하며 7~10월에 출현한다. 겨울에 알로 월동한다.

잎에 앉아 있는 수컷

약충

짝짓기

우리벼메뚜기(메뚜기과)

논밭, 하천, 습지의 풀밭에서 벼과 식물을 갉아 먹고 산다. 몸은 녹색형과 갈색형이 있으며 크기는 23~40㎜이다. 앞날개는 배 끝보다 약간 길며 수컷은 암컷보다 크기가 작다. 논에서 흔하게 볼 수 있었던 대표적인 메뚜기이지만 농약 사용과 개발로 인해 개체 수가 줄었다. 암컷은 땅속에 100여 개의 알을 무더기로 낳으며 7~11월에 출현한다. 겨울에 알로 월동한다. 약충은 앞가슴등판에 흰색 세로줄 무늬가 있다.

풀에 앉아 있는 수컷

약충

긴날개밑들이메뚜기(메뚜기과)

산지의 풀숲에서 나무 위에 잘 앉아 있으며 다양한 식물을 갉아 먹고 산다. 몸은 전체적으로 녹색이고 앞날개는 적갈색이며 크기는 수컷이 24~28㎜이고 암컷은 29~35㎜이다. 겹눈에서 앞가슴등판까지 세로줄 무늬가 이어져 있는 것이 특징이다. 우리나라에 살고 있는 밑들이메뚜기류 중에서 가장 날개가 길어서 이름이 지어졌으며 6~11월에 출현한다. 겨울에 알로 월동한다. 약충은 날개가 없고 무리지어 잘 모인다.

원산밑들이메뚜기(메뚜기과)

산지의 풀숲이나 나무 위에서 다양한 식물을 갉아 먹고 산다. 몸은 전체적으로 진녹색을 띠고 크기는 수컷이 22~26㎜이고 암컷은 27~33㎜이다. '긴날개밑들이메뚜기'와 생김새가 비슷하지만 앞날개가 배 끝을 넘지 않고 앞날개 등면이 밝은 녹색이어서 서로 구별된다. 잎이나 줄기에 앉아 있는 모습을 볼 수 있으며 6~10월에 출현한다. 북한의 원산 지역에서 기록되어서 이름이 지어졌다. 약충은 진갈색이고 얼룩무늬가 많다.

잎에 앉아 있는 수컷

약충

밑들이메뚜기는 꽁무니 부분을 하늘 위쪽으로 들어 올리고 있다고 해서 이름이 지어졌다. 그러나 언제나 위쪽으로 향하지는 않는다.

잎에 앉아 있는 암컷

수컷

약충

등검은메뚜기(메뚜기과)

산길, 저수지, 풀밭, 경작지에서 다양한 식물을 갉아 먹고 산다. 몸은 적갈색 또는 흑갈색을 띠며 크기는 수컷이 25~32㎜이고 암컷은 37~42㎜이다. 앞가슴등판 등면이 검은색을 띠고 있어서 이름이 지어졌으며 7~11월에 출현한다. 겹눈에는 가느다란 세로줄 무늬가 있다. 앞날개는 길어서 배 끝을 넘는다. 얼룩덜룩한 점무늬가 많아서 풀밭이나 땅에 앉아 있으면 보호색 때문에 쉽게 눈에 띄지 않는다. 겨울에 알로 월동한다.

풀에 앉아 있는 수컷

약충

삽사리(메뚜기과)

산지의 풀밭, 공원, 무덤가 등에서 벼과 식물을 갉아 먹고 산다. 몸은 수컷은 밝은 황갈색, 암컷은 회갈색이며 크기는 수컷이 19~23㎜이고 암컷은 24~32㎜이다. 앞날개는 수컷은 배 끝을 넘지 않을 정도로 짧지만 암컷은 매우 짧아서 마치 약충처럼 보인다. 수컷이 한낮에 앞날개와 뒷다리를 비벼서 울음소리를 내는데 '사삭사삭' 운다고 해서 이름이 지어졌으며 5~8월에 출현한다. 약충은 성충보다 작고 날개가 없다.

풀에 앉아 있는 암컷

2형(암컷 갈색형)

수컷

방아깨비(메뚜기과)

산과 들, 하천이나 경작지의 풀밭에서 벼과 식물을 갉아 먹고 산다. 몸은 녹색형과 갈색형이 있으며 크기는 수컷이 42~55㎜이고 암컷은 68~86㎜이다. 뾰족하게 돌출된 원뿔 모양의 머리에 타원형의 겹눈과 납작한 더듬이가 달려 있다. 기다란 뒷다리를 잡고 있으면 방아를 찧는 것처럼 움직여서 이름이 지어졌으며 6~10월에 출현한다. 우리나라 메뚜기류 중에서 가장 크기가 크다. 겨울에 알로 월동하며 연 1회 발생한다.

우리나라에 사는 메뚜기류 중에서 가장 크기가 큰 방아깨비는 '방아를 잘 찧는 성냥깨비를 닮은 곤충'이라는 뜻으로 이름이 지어졌다.

땅에 앉아 있는 수컷

해변가에 앉아 있는 모습(보호색)

청분홍메뚜기(메뚜기과)

해변, 강변, 경작지 등의 건조한 풀밭에서 다양한 식물을 갉아 먹고 산다. 몸은 갈색 또는 녹색이고 붉은색 무늬가 있는 개체도 있으며 크기는 26~39㎜이다. 해안 습지의 건조한 풀밭에 개체 수가 많으며 6~10월에 출현한다. 날개 아랫부분에 청색 무늬가 있고 붉은빛을 띠는 개체가 많아서 이름이 지어졌다. 유충은 갈색 개체가 많지만 분홍색형도 있으며 무늬가 다양하다. 가슴에 날개싹이 있으며 겨울에 알로 월동한다.

땅에 앉아 있는 암컷

2형(암컷 분홍색형)

발톱메뚜기(메뚜기과)

해변이나 염전, 간척지나 섬, 산지의 건조한 땅에서 다양한 식물을 갉아 먹고 산다. 몸은 갈색이고 점이 많아서 얼룩덜룩하며 크기는 수컷이 21~26㎜이고 암컷은 27~35㎜이다. 머리에서 앞가슴등판까지 밝은 연갈색 줄무늬가 있거나 붉은색을 띠는 개체도 있다. 발톱 사이에 욕반이 크게 잘 발달해서 이름이 지어졌으며 7~10월에 출현한다. 해안가에서는 염생 식물의 색깔과 비슷한 분홍색형 개체를 쉽게 볼 수 있다.

2형(수컷 갈색형)

땅에 앉아 있는 수컷

약충

풀무치(메뚜기과)

산지나 강변, 해안가의 풀밭에서 다양한 식물을 갉아 먹고 산다. 몸은 녹색 또는 갈색을 띠며 크기는 수컷이 43~70㎜이고 암컷은 58~85㎜이다. 풀 사이에 파묻혀 있다는 뜻으로 '풀+묻이'가 합쳐져서 이름이 지어졌으며 5~11월에 출현한다. 서해안 섬 지역에는 크기가 큰 대형 개체가 자주 보인다. '크치 크치 크치' 하는 짧은 소리로 울어 댄다. 벼에 대발생해서 피해를 일으키는 메뚜기로 '누리', '황충'이라고도 불린다.

발톱메뚜기와 청분홍메뚜기는 건조한 지역에 서식하는 대표적인 메뚜기로 메마른 바닷가 간척지에 많이 서식한다.

땅에 앉아 있는 수컷

2형(수컷 갈색형)

등면

콩중이(메뚜기과)

산지의 풀밭이나 무덤가에서 벼과 식물을 갉아 먹고 산다. 몸은 녹색 또는 갈색을 띠지만 녹색형이 더 많으며 크기는 수컷이 37~43㎜이고 암컷은 53~59㎜이다. 앞날개에 폭이 넓은 흰색 줄무늬가 있고 날개 등면 전체가 녹색이며 7~10월에 출현한다. '팥중이'나 '풀무치'와 생김새가 비슷하지만 앞가슴등판의 융기선이 불룩 튀어나와서 구별된다. 크기도 팥중이보다는 크고 풀무치보다는 작다. 겨울에 알로 월동한다.

땅에 앉아 있는 수컷

1형(암컷 갈색형)

2형(암컷 녹색형)

팥중이(메뚜기과)

산과 들, 하천 등의 풀밭에서 다양한 식물을 갉아 먹고 산다. 몸은 갈색을 띠지만 때로는 녹색형 개체도 있으며 크기는 수컷이 28~33㎜이고 암컷은 39~46㎜이다. 앞가슴등판에 X자 무늬가 발달했다. 몸이 얼룩덜룩해서 땅에 앉아 있으면 잘 보이지 않아 천적의 눈을 피할 수 있다. 붉은색의 다리가 '팥'을 닮아서 이름이 지어졌으며 7~10월에 출현한다. 무덤가에서 많이 발견되어 '송장메뚜기'라고 불렸다. 겨울에 알로 월동한다.

나무 데크(인공 구조물)에 앉아 있는 암컷

수컷

약충

두꺼비메뚜기(메뚜기과)

산길이나 경작지 주변의 건조한 땅에서 다양한 식물을 갉아 먹고 산다. 몸은 흑갈색이고 개체에 따라 청색을 띠기도 하며 크기는 수컷이 23~26㎜이고 암컷은 30~34㎜이다. 머리와 앞가슴등판에 올록볼록 혹이 나 있는 모습이 두꺼비를 닮았다고 이름이 지어졌으며 7~10월에 출현한다. 북한에서는 혹이 사마귀 돌기 같다고 해서 '사마귀메뚜기'라고 부른다. 몸 빛깔이 땅과 비슷한 보호색을 갖고 있다. 겨울에 알로 월동한다.

콩중이와 팥중이는 생김새가 매우 비슷해서 구별이 어렵지만 날개 등면이 전제적으로 녹색이면 콩중이, 갈색이면 팥중이다.

나뭇가지 끝에 앉아 있는 수컷　　　　암컷

새노란실잠자리(실잠자리과)

수생식물이 풍부한 연못이나 습지에서 소형 곤충을 잡아먹고 산다. 머리, 앞가슴등판, 다리 부분이 선명한 황색을 띠어서 이름이 지어졌으며 크기는 38~40㎜이다. 겹눈과 가슴은 녹색이고 배는 붉은색을 띠며 7~10월에 출현한다. 수컷의 배마디에는 흑갈색 점무늬가 없지만 암컷은 제7~10배마디에 흑갈색 점무늬가 있어서 구별된다. 제주도, 전라남도 등의 남부 지방에만 사는 남방 계열의 실잠자리로 중부 지방에서는 볼 수 없다.

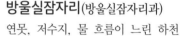

잎에 앉아 있는 수컷　　　　암컷

방울실잠자리(방울실잠자리과)

연못, 저수지, 물 흐름이 느린 하천에서 소형 곤충을 잡아먹고 산다. 몸은 전체적으로 흑갈색을 띠며 크기는 38~40㎜이다. 수컷의 가운뎃다리와 뒷다리 종아리마디가 방울 모양을 하고 있어서 이름이 지어졌으며 5~10월에 출현한다. 암컷은 다리에 방울 모양이 없다. 짝짓기를 마치면 수컷이 암컷의 목을 잡은 채로 부유식물의 줄기와 잎에 산란한다. 유충은 습지, 연못, 저수지, 하천 정수역의 수생식물 뿌리에 붙어 산다.

풀에 앉아 있는 수컷　　　　등면(청색)

청실잠자리(청실잠자리과)

수생식물이 풍부한 높은 산지의 습지와 연못에서 소형 곤충을 잡아먹고 산다. 몸이 전체적으로 금속성의 광택이 있는 청색을 띠고 있어서 이름이 지어졌으며 크기는 38~42㎜이다. 고지대의 한랭한 곳을 매우 좋아하며 6~10월에 출현한다. 가을에 연못 주변에서 짝짓기를 하고 암수가 연결된 채로 수생식물의 줄기 속에 알을 낳는다. 겨울에 알로 월동하며 봄에 우화하여 성충이 된다. 국외반출금지종이다.

281

풀에 앉아 있는 수컷　　　　　이마에 있는 2개의 검은색 점무늬

두점박이좀잠자리(잠자리과)

연못, 습지, 하천 등에서 곤충을 사냥하며 산다. 겹눈은 크고 배는 황색을 띠며 크기는 32~38㎜이다. 얼굴의 이마 부위에 2개의 검은색 점무늬가 있어서 이름이 지어졌으며 6~11월에 출현한다. 수컷은 날개 끝에 깃동 무늬가 없다. 암컷은 대부분 흑갈색 깃동 무늬가 있지만 간혹 없는 개체도 있다. 수컷은 성숙하면 배가 붉게 변한다. 짝짓기를 마치면 진흙이나 모래에 알을 낳는다. 겨울에 알로 월동한다.

풀에 앉아 있는 수컷　　　　　암컷

날개띠좀잠자리(잠자리과)

하천이나 연못에서 곤충을 사냥하며 산다. 암수 모두 연갈색을 띠며 크기는 32~38㎜이다. 성숙한 수컷은 몸 전체가 붉게 변한다. 날개의 끝부분에 갈색 띠무늬가 있어서 이름이 지어졌으며 7~11월에 출현한다. 짝짓기를 마치면 암수가 연결된 채로 진흙이나 모래에 타수산란을 한다. 겨울에 알로 월동한다. 유충은 긴 타원형으로 밝은 갈색을 띤다. 수생식물이 풍부한 평지 하천이나 수변부에 살면서 작은 수생동물을 잡아먹는다.

풀에 앉아 있는 수컷　　　　　암컷

애기좀잠자리(잠자리과)

수생식물이 풍부한 논, 습지, 연못, 하천에서 곤충을 사냥하며 산다. 몸은 전체적으로 황색을 띠고 크기는 32~36㎜이다. 성숙한 수컷은 얼굴은 흰색, 배는 붉은색으로 변한다. 우리나라의 좀잠자리류 중에서 크기가 매우 작은 편에 속하며 6~11월에 출현한다. 짝짓기를 마친 후 암수가 연결된 상태로 날아다니며 알을 낳거나 단독으로 암컷이 알을 낳는다. 겨울에 알로 월동한다. 봄에 부화하여 유충이 되어 수생동물을 잡아먹는다.

풀에 앉아 있는 수컷

암컷

붙잡는 다리

고추좀잠자리(잠자리과)

연못, 저수지, 하천, 논, 습지 등에서 곤충을 사냥하며 산다. 암수 모두 황색을 띠며 크기는 38~44㎜이다. 수컷은 성숙하면 붉은색을 띤다. 배 부분이 빨갛게 변한 수컷이 빨갛게 익은 고추밭에 앉았다 날아가는 모습을 보고 '고추잠자리'라고 불렀다. 그러나 '고추잠자리'에 비해 크기가 무척 작기 때문에 작다는 뜻의 '좀'이 붙어서 이름이 지어졌다. 마을 주변, 풀밭, 주택가에서도 흔히 보이며 6~11월에 출현한다.

나뭇가지 끝에 앉아 있는 암컷

수컷

짝짓기

깃동잠자리(잠자리과)

습지, 웅덩이, 연못, 논 등에서 곤충을 사냥하며 산다. 암수 모두 황색을 띠고 성숙한 수컷은 적갈색을 띠며 크기는 42~48㎜이다. 암수 모두 날개 끝부분에 깃동 무늬가 있어서 이름이 지어졌다. 숲의 가장자리나 하천에서 쉽게 관찰되며 6~11월에 출현한다. 짝짓기를 마치면 암수가 연결된 채로 공중에서 연못이나 풀이 우거진 곳에 알을 떨어뜨리는 연결 공중산란을 한다. 유충은 습지, 웅덩이, 논에 산다. 겨울에 알로 월동한다.

풀에 앉아 있는 수컷

흰색 얼굴

흰얼굴좀잠자리(잠자리과)

습지, 연못, 저수지에서 곤충을 사냥하며 산다. 몸은 전체적으로 황색을 띠고 크기는 34~37㎜이다. 얼굴이 흰색을 띠고 있어서 이름이 지어졌으며 6~10월에 출현한다. 성숙한 수컷은 얼굴이 청백색으로 변하고 꼬리도 붉은색을 띤다. 가을에 날아다니며 짝짓기를 한다. 짝짓기를 마친 암수는 연결된 채로 타수산란을 한다. 겨울에 알로 월동한다. 봄에 부화된 유충은 수생식물이 풍부한 곳에 살면서 수생동물을 잡아먹는다.

풀에 앉아 있는 암컷　　　　　　　약충

알집(난괴)

왕사마귀(사마귀과)

산과 들의 풀숲에 살면서 곤충을 사냥한다. 몸은 전체적으로 녹색을 띠며 크기는 수컷이 68~92㎜이고 암컷은 77~95㎜이다. 낫처럼 생긴 굵은 앞다리로 순식간에 먹잇감을 낚아챈다. 낮은 산지의 나무나 풀숲에 숨어 있다가 낫 모양의 앞다리로 먹잇감을 사냥하는 속도가 1/1000초로 매우 빠르다. 머리를 휙휙 돌리며 요리조리 사냥감을 노리다가 근접한 곤충을 잡아먹으며 7~11월에 출현한다. 알집은 매우 크고 볼록하다.

공격 자세를 취하는 성충　　　　　약충

알집(난괴)

사마귀(사마귀과)

산과 들의 풀숲에서 곤충을 사냥하며 산다. 몸은 녹색형과 갈색형이 있고 크기는 수컷이 65~80㎜이고 암컷은 70~90㎜이다. 위협을 받으면 앞다리를 들어 올리고 날개를 펼쳐서 몸집을 부풀려 공격 자세를 취하며 9~11월에 출현한다. 풀숲에 숨어 있다가 먹잇감이 접근하면 앞다리로 순식간에 낚아채는 솜씨가 뛰어나다. 나뭇가지와 바위 등의 단단한 곳에 150~200개의 알이 들어 있는 알 무더기(난괴)를 낳는다. 알로 월동한다.

풀 줄기에 매달린 수컷　　　　알집(난괴)

좀사마귀(사마귀과)

산과 들의 풀숲에 살면서 곤충을 사냥한다. 몸은 회갈색 또는 흑갈색을 띠고 크기는 수컷이 36~55㎜이고 암컷은 46~63㎜이다. '사마귀'와 '왕사마귀'에 비해 몸집이 매우 작아서 작다는 뜻의 '좀'이 붙어서 이름이 지어졌으며 8~10월에 출현한다. 앞다리 사이에 검은색 무늬가 있고 앞가슴등판 배면에 검은색 띠무늬가 있다. 산지와 마을 주변의 바위와 돌에 갈색 알 무더기(난괴)를 낳는다. 겨울에 난괴 속에서 알로 월동한다.

최고의 포식자 사마귀는 앞다리로 사냥하는 사납고 무서운 사냥꾼이기 때문에 예로부터 '호랑이 아저씨'라는 뜻의 '버마재비'라고 불렀다.

풀에 앉아 있는 성충　　　　　약충

넓적배사마귀(사마귀과)

산과 들의 풀숲에서 곤충을 사냥하며 산다. 몸은 녹색을 띠고 개체에 따라 갈색형이 있으며 크기는 수컷이 45~65㎜이고 암컷은 52~71㎜이다. 앞다리에 황백색 돌기가 있고 앞날개 가장자리에 흰색 점무늬가 있다. 마을이나 풀밭에 흔하게 살며 8~10월에 출현한다. 주로 충청 이남에만 살았지만 현재는 기후 변화로 수도권 중부 지역에서도 쉽게 볼 수 있는 기후변화 생물지표종이다. 약충은 배를 위로 접고 있으며 알집은 매우 볼록하고 단단하다.

풀에 앉아 있는 성충　　　　　약충

산바퀴(바퀴과)

산과 들의 풀밭을 빠르게 기어다니며 초식과 육식을 하는 잡식성 곤충이다. 몸은 전체적으로 갈색을 띠며 크기는 12~14㎜이다. 산지의 낙엽 밑에 많이 살면서 유기물을 분해시키는 분해자 역할을 하며 4~10월에 출현한다. 집 안에 사는 '바퀴'와 생김새가 비슷하지만 앞가슴등판에 고리 모양의 진한 검은색 무늬가 있어서 구별된다. 수레바퀴처럼 잘 기어다닌다고 해서 이름이 지어졌다. 겨울에 약충으로 월동한다.

땅을 기어가는 암컷　　　　수컷　　약충

못뽑이집게벌레(집게벌레과)

산과 들, 나무 위나 돌 밑, 집 주변에서 소형 곤충이나 동물의 사체를 먹고 산다. 몸은 적갈색을 띠며 크기는 20~36㎜이다. 수컷의 집게가 편평하고 끝부분이 못 뽑는 장도리처럼 생겨서 이름이 지어졌다. 암컷은 집게가 끝으로 갈수록 가늘어지는 직선 모양이다. 앞날개는 매우 짧고 뒷날개는 없다. 천적이 쫓아오면 집게를 등 위쪽으로 들어 올려 상대방을 위협하는 자세를 취하거나 돌 틈에 숨으며 6~11월에 출현한다.

2월 따뜻한 벌채목에서 겨울나기를 하다가 밖으로 나온 털보말벌

겨울에 만나는 곤충

매서운 바람이 불고 눈 내리는 겨울이 찾아오면 곤충들은 따뜻
한 곳에 숨어서 겨울나기를 한다. 땅속이나 낙엽 밑, 벌채목이
나 그루터기 아래의 나무 속은 추위를 피하기에 안성맞춤이다.
대부분 알, 유충, 번데기, 성충 중에 하나로 겨울나기를 하며,
사슴벌레처럼 유충과 성충 두 가지 형태로 월동하기도 한다.
겨울에 활동하는 곤충 32종을 소개하였다.

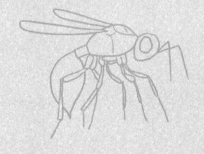

나무 속에서 겨울나기 하는 유충

수컷

암컷

넓적사슴벌레(사슴벌레과)

추위를 피할 수 있는 참나무 속에서 유충이나 성충으로 겨울나기를 한다. 유충은 참나무를 갉아 먹고 살아서 큰턱이 잘 발달되었다. 따뜻한 봄이 되면 번데기를 거쳐 여름에 성충이 되어 참나무의 나뭇진을 먹으며 산다. 몸은 검은색이고 크기는 수컷이 26~84㎜이고 암컷은 20~43㎜이다. 몸 전체가 편평하게 넓적해서 이름이 지어졌으며 6~8월에 출현한다. 수컷은 몸집이 크고 큰턱이 발달했지만 암컷은 크기도 작고 큰턱도 매우 작다.

땅속에서 겨울나기 하는 유충

성충

배면

등노랑풍뎅이(풍뎅이과)

돌 밑이나 땅속에서 유충으로 겨울나기를 한다. 유충의 전체적인 모습이 C자 모양으로 구부러진 굼벵이형 애벌레로 다리는 가슴에 6개가 있다. 땅속에서 식물의 뿌리를 먹으며 살고 번데기를 거쳐 성충이 된다. 성충은 우리나라에서 유일하게 등면이 황색인 풍뎅이로 크기는 12~18㎜이다. 배 부분은 광택이 나는 구릿빛을 띤다. 산길의 축축한 땅 위를 기어다니거나 낙엽 밑에 숨는 모습을 볼 수 있으며 5~10월에 출현한다.

땅에서 겨울나기 하는 유충

둥글게 말린 유충(굼벵이)

성충

흰점박이꽃무지(꽃무지과)

나무 속이나 땅속에서 유충으로 겨울나기를 한다. 유충은 퇴비나 썩은 식물질을 먹고 살며 번데기를 거쳐 성충이 된다. 옛날에 초가지붕 아래에 많이 살아서 '토종굼벵이'라고 불리던 유충으로 약효가 있어서 약용 곤충으로 알려져 있다. 성충은 몸은 녹갈색이나 구리색, 붉은색 등 체색 변이가 다양하며 크기는 17~22㎜이다. 딱지날개에 불규칙한 흰색 점무늬가 많다. 나뭇진을 먹거나 썩은 과일에 잘 모여들며 5~10월에 출현한다.

'굼벵이'는 몸이 알파벳 C자 모양으로 구부러지는 특성을 갖고 있는 딱정벌레류의 유충을 통틀어 말한다.

나무 속에서 겨울나기 하는 모습

봄에 잎사귀에 앉아 있는 모습

진홍색방아벌레(방아벌레과)

추운 겨울에 찬바람을 피할 수 있는 썩은 나무 속에서 방을 만들고 무리를 지어 성충으로 겨울나기를 한다. 몸은 전체적으로 검은색을 띠고 크기는 10~12㎜이다. 딱지날개 전체가 진한 붉은색을 띠고 있어서 이름이 지어졌으며 4~7월에 출현한다. 따뜻한 봄이 되어 겨울나기를 마치면 산과 들을 날아다니며 동식물을 먹는 잡식성 곤충이다. 몸이 뒤집어지면 툭 하고 공중제비를 하여 몸을 바로잡는 모습을 볼 수 있다.

나무껍질 아래서 겨울나기 하는 모습

봄에 잎사귀에 앉아 있는 모습

노란점색방아벌레(방아벌레과)

추위를 피할 수 있는 썩은 나무 속에 숨어서 성충으로 겨울나기를 하며 따뜻한 봄을 기다린다. 몸은 전체적으로 광택이 있는 검은색이고 길쭉하며 크기는 8~10㎜이다. 더듬이는 검은색을 띠고 약한 톱니 모양이며 다리는 몸에 비해 짧고 갈색을 띤다. 딱지날개 위쪽 부분에 2개의 황색 무늬가 있어서 이름이 지어졌으며 4~5월에 출현한다. 초봄에 겨울잠에서 깨어난 성충이 나무 위 또는 땅이나 돌 위를 기어다니는 모습을 볼 수 있다.

나무껍질 위를 기어가는 모습

털보왕버섯벌레(버섯벌레과)

추운 겨울에 죽은 참나무류 속에 숨어서 성충으로 겨울나기를 한다. 몸은 검은색이고 타원형이며 크기는 9~13㎜이다. 딱지날개에 톱니 모양의 주황색 무늬가 있다. 더듬이의 끝 세 마디는 크고 넓적하게 발달했다. 성충과 유충 모두 버섯류를 매우 잘 먹기 때문에 숲속에 버섯류가 자라는 나무껍질 주위에서 발견되며 6월부터 다음 해 3월까지 출현한다. 밤에 불빛에 유인되어 모여드는 모습도 볼 수 있다.

나무에서 겨울나기 하는 모습

야행성

나무껍질 아래서 겨울나기 하는 유충　　　　　잎에 앉은 성충

황머리털홍날개(홍날개과)

추운 겨울에 추위를 피할 수 있는 나무껍질 아래에서 유충으로 겨울나기를 한다. 유충은 몸이 매우 납작해서 나무껍질 아래 숨기에 안성맞춤이다. 꼬리 부위에는 가시돌기가 있는 것이 특징이다. 겨울 동안 나무껍질 아래에서 썩은 나무를 갉아 먹으며 생활하며 여름에 성충이 된다. 성충은 머리와 앞가슴등판은 검은색이고 딱지날개는 주홍색이며 크기는 8~12㎜이다. 딱지날개가 붉은색을 띠고 있어서 이름이 지어졌으며 6~9월에 출현한다.

무리 지어 겨울나기 하는 모습　　　　잎에 앉은 성충　　　유충

무당벌레(무당벌레과)

추운 겨울이 되면 따뜻한 낙엽 밑이나 햇볕이 잘 드는 창가나 처마 밑에 모여서 성충으로 겨울나기를 한다. 봄이 오면 겨울잠에서 깨어나 산과 들을 날아다니는 모습을 볼 수 있다. 몸은 황색 또는 주황색이고 크기는 5~8㎜이다. 딱지날개에 18개의 둥근 검은색 점무늬를 갖고 있지만 개체 변이가 많아서 색깔과 점무늬 숫자가 다양하다. 성충과 유충 모두 진딧물을 잡아먹어 농사에 도움을 주며 3~11월에 출현한다. 유충은 좀형으로 길쭉하다.

나무 속에서 겨울나기 하는 유충　　　여름에 숲속에서 활동하는 모습

하늘소(하늘소과)

추운 겨울에 찬바람을 막을 수 있는 나무 속에서 유충으로 겨울나기를 한다. 유충은 몸이 길고 원통형이며 밤나무, 졸참나무, 상수리나무 등을 갉아 먹고 산다. 성충은 몸이 흑갈색이고 황토색 털로 덮여 있으며 크기는 34~57㎜이다. 더듬이는 수컷이 암컷보다 훨씬 더 길지만 몸집은 암컷이 수컷보다 더 크다. 활엽수가 많은 숲에 살고 밤에 나뭇진을 먹으며 6~8월에 출현한다. 밤에 환하게 켜진 불빛에 잘 모여드는 모습을 볼 수 있다.

나무 속이나 나무껍질 아래는 찬바람을 막고 추위를 피할 수 있어서 곤충들이 겨울나기 하기에 안성맞춤이다.

여름에 땅 위를 기어가는 성충

나무 속에서 겨울나기 하는 유충

숲속의 나무에 앉아 있는 모습

산맴돌이거저리(거저리과)

추운 겨울에 찬바람을 막을 수 있는 따뜻한 나무 속이나 벌채목에서 유충으로 겨울나기를 한다. 유충은 몸이 길쭉하지만 다리는 가슴다리만 6개가 있다. 썩은 나무를 잘 갉아 먹으며 산다. 성충은 몸은 검은색이고 광택이 없으며 크기는 15~18mm이다. 앞다리가 매우 길게 발달했고 썩은 나무 주변에서 맴돌며 기어다니는 모습을 볼 수 있으며 5~9월에 출현한다. 어두운 구석을 매우 좋아하며 캄캄한 밤에 활엽수에서 짝짓기하고 알을 낳아 번식한다.

나무에서 겨울나기 하는 유충

나무 위에 앉은 성충

보라거저리(거저리과)

추운 겨울에 찬바람을 막을 수 있는 썩은 나무나 고사목에서 유충으로 겨울나기를 한다. 유충은 전체적으로 길쭉한 원통형이고 연황색을 띤다. 몸은 길지만 다리는 가슴에만 6개가 있다. 큰턱으로 썩은 나무를 잘 씹어 먹으며 산다. 천적의 위협이 느껴지면 몸을 잔뜩 움츠리고 죽은 척하여 위기를 모면한다. 성충은 검은색이고 길쭉하며 크기는 14~16mm이다. 몸 전체에 보랏빛 광택이 나서 이름이 지어졌으며 4~11월에 출현한다.

나무 속에서 겨울나기 하는 모습

의사 행동(죽은 척하기)

우묵거저리(거저리과)

추운 겨울에 추위를 피할 수 있는 썩은 나무나 벌채목에서 성충으로 겨울나기를 한다. 몸은 검은색 또는 적갈색이고 크기는 9~12.5mm이다. 전체적으로 길쭉한 타원형 모양이며 몸에 반질반질한 광택이 있다. 딱지날개에 세로줄 무늬가 있으며 4~11월에 출현한다. 몸에 비해 다리가 짧고 위험에 처하면 다리를 움츠리고 죽은 척한다. 수컷은 앞가슴등판 앞쪽 부분이 움푹 들어가서 암컷과 구별된다. 성충은 침엽수와 활엽수 모두에 산다.

겨울나기 하는 고치 　　　　성충으로 우화하고 남은 고치

여름에 불빛에 유인되어 날아온 성충

노랑쐐기나방(쐐기나방과)

알 모양의 고치 속에서 겨울나기를 한다. 단단한 회백색 고치는 흑갈색 무늬가 있다. 전용 상태로 겨울을 지내고 봄에 번데기가 되었다가 우화하여 성충이 된다. 성충은 날개는 황색이고 아랫부분은 갈색을 띠며 크기는 24~35mm이다. 날개 끝에서 시작하는 2개의 흑갈색 빗줄 무늬가 있으며 6~8월에 출현한다. 유충은 청색이고 뾰족한 돌기가 많으며 배나무, 감나무, 벚나무, 버드나무, 뽕나무, 사과나무 등을 갉아 먹고 산다.

벽에 붙어서 겨울나기 하는 모습 　　풀잎 위를 기어다니는 도롱이벌레(유충)

남방차주머니나방 고치

유리주머니나방(주머니나방과)

추운 겨울에 단단한 곳에 도롱이 모양의 집을 만들고 겨울나기를 한다. 수컷 성충은 날개의 바깥쪽이 투명하고 암컷은 날개가 없으며 크기는 18~21mm이다. 유충은 풀잎 아랫면을 기어다니며 식물을 갉아 먹고 5~9월에 출현한다. **남방차주머니나방**(주머니나방과)은 자루에서 유충과 번데기가 생활하며 크기는 27~35mm이다. 자루 모양이 비 올 때 입는 '도롱이'를 닮아서 이름이 지어졌으며 5~8월에 출현한다. 유충은 벚나무, 밤나무, 편백을 먹고 산다.

성충으로 겨울나기 하는 모습 　　　암컷

흰무늬겨울가지나방(자나방과)

늦겨울부터 초봄까지 성충으로 날아다니며 활동하는 나방이다. 날개는 수컷은 갈색이고 암컷은 퇴화되어 매우 짧아서 날지 못하며 크기는 26~30mm이다. 12월부터 다음 해 4월까지 출현하며 특히 참나무 숲에서 겨울은 물론 3~4월까지 날아다니는 모습을 볼 수 있다. 비행 능력이 뛰어나지 못해서 오랫동안 날지 못하고 자주 낙엽이나 나무껍질에 내려앉는다. 유충은 참나무 숲에서 참나무류를 갉아 먹고 산다.

겨울나기 하는 여왕말벌

여름에 나뭇진을 먹는 모습

노란색(경고색) 무늬

털보말벌(말벌과)

추운 겨울 찬바람을 피할 수 있는 나무 속에서 겨울나기를 하는 여왕말벌을 볼 수 있다. 겨울나기를 마치면 산지나 마을 주변의 풀숲을 날아다니며 곤충을 사냥한다. 때로는 나뭇진이나 떨어진 과일도 잘 먹는다. 몸은 검은색이고 배 부분의 주황색 줄무늬는 폭이 넓고 물결 모양이다. 몸 전체에 황색 털이 빽빽해서 이름이 지어졌으며 크기는 24~26㎜이다. 비석, 처마, 암벽, 건물 벽, 나뭇가지 등에 둥지를 짓고 살며 4~10월에 출현한다.

무리 지어 겨울나기 하는 모습

봄에 따뜻한 돌 위에 앉은 모습

청소하기

큰뱀허물쌍살벌(말벌과)

추위를 피할 수 있는 나무 속에서 무리 지어 겨울나기를 하고 낮은 산지나 숲 가장자리를 날아다닌다. 몸은 황색을 띠고 적갈색 줄무늬가 많으며 크기는 15~20㎜이다. 둥근 모양의 둥지를 땅에 짓기 때문에 땅에서 기어다니는 모습을 자주 볼 수 있으며 5~10월에 출현한다. '뱀허물쌍살벌'과 닮았지만 줄무늬가 적갈색으로 더 붉고 날개도 반투명해서 서로 구별된다. 유충은 성충이 사냥해 준 곤충의 애벌레를 먹고 산다.

여왕개미와 일개미가 함께 겨울나기 하는 모습

무리 지어 겨울나기

흑색패인왕개미(개미과)

매서운 추위를 이겨 내기 위해 산지의 썩은 나무 속에서 겨울나기를 한다. 몸은 검은색이고 반질반질한 광택이 있으며 크기는 6~13㎜이다. 여왕개미는 크기가 17㎜ 정도로 매우 크다. 숲에 사는 크기가 큰 왕개미로 아무거나 잘 먹는 잡식성 곤충이다. 얼굴의 이마방패 앞쪽 가장자리가 파여서 이름이 지어졌으며 5~10월에 출현한다. 생김새가 '일본왕개미'와 닮았지만 반짝이는 광택이 있어서 구별된다. 한국 고유종이다.

성충으로 겨울나기를 하는 곤충들은 나무 속이나 땅속처럼 따뜻한 곳에서 겨울을 나고 초봄이 되면 바로 깨어나 활동을 시작한다.

나무껍질에서 겨울나기 하는 모습

가을에 단풍잎에 앉은 모습

우리갈색주둥이노린재(노린재과)

추운 겨울에 숲속에서 성충으로 겨울나기를 한다. 산과 들에 살면서 소형 곤충을 찔러서 체액을 빨아 먹는 육식성 노린재이다. 몸은 전체적으로 밝은 갈색을 띠고 다리는 황색이며 크기는 13~14㎜이다. 날카롭고 뾰족한 주둥이로 주로 애벌레를 찔러서 사냥하지만 때로는 작은 곤충을 잡아먹기도 한다. 가을에 떨어진 단풍잎과 색깔이 비슷해서 보호색을 띠며 4~11월에 출현한다. 제주도를 제외한 전국에 분포한다.

나무껍질 아래에서 겨울나기 하는 모습

가을에 잎사귀를 기어가는 모습

무시바노린재(노린재과)

추운 겨울에 숲속의 나무껍질 사이나 낙엽 밑에 숨어서 성충으로 겨울나기를 한다. 상수리나무, 졸참나무, 물참나무 등이 자라는 울창한 숲속에서 참나무류의 즙을 빨아 먹고 산다. 몸은 적갈색 또는 회황색이며 크기는 8~9㎜이다. 검은색 점각과 얼룩무늬가 많아 얼룩덜룩해 보이며 5~11월에 출현한다. '무시바'는 종명 'musiva'에서 유래되어 이름이 지어졌다. 가을에 풀잎이나 돌 위를 기어가는 모습을 볼 수 있다.

썩덩나무노린재(노린재과)

추운 겨울에 나무 틈새, 나무껍질 속, 땅속에서 성충으로 겨울나기를 한다. 몸은 진갈색이고 적갈색, 검은색, 황백색 무늬가 있어서 얼룩덜룩해 보이며 크기는 13~18㎜이다. 몸이 나무껍질과 비슷해서 '썩은 나무'라는 뜻의 '썩덩'이 붙어서 이름이 지어졌다. 산과 들에서 쉽게 볼 수 있으며 다양한 식물이나 과일나무를 먹으며 3~11월에 출현한다. 성충과 약충 모두 농작물이나 과일나무에 모여 즙을 빨아 먹어서 피해를 일으킨다.

풀잎을 기어가는 모습

나무 틈새에서 겨울나기 하는 모습

약충

가을에 성충이 된 노린재는 따뜻한 곳에 숨어서 겨울나기를 한다. 그래서 해가 잘 드는 창가나 따뜻한 집 안에 잘 숨어든다.

낙엽 사이에서 겨울나기 하는 모습

가을에 참나무 숲에 앉아 있는 모습

야행성

얼룩대장노린재(노린재과)

추운 겨울에 상수리나무, 갈참나무 등의 참나무류가 자라는 숲에서 성충으로 겨울나기를 한다. 몸은 회갈색 또는 회황색이고 크기는 21㎜ 정도이다. 앞가슴등판 어깨의 돌기가 불룩 튀어나왔다. 몸 전체에 불규칙한 검은색 무늬가 많은 대형 노린재여서 이름이 지어졌으며 4~10월에 출현한다. 얼룩덜룩한 무늬는 죽은 나무껍질의 지의류와 비슷해서 천적으로부터 자신을 지키는 보호색이 되며 참나무류를 먹고 산다. 밤에 불빛에 잘 모여든다.

추위를 피해 숨어서 겨울나기 하는 모습

약충

야행성

갈색날개노린재(노린재과)

산지나 과수원 주변에 살면서 성충으로 겨울나기를 한다. 몸은 녹색이고 광택이 있으며 크기는 10~12㎜이다. 머리, 앞가슴등판, 작은방패판은 녹색을 띤다. 앞날개의 혁질부가 진갈색을 띠고 있어서 '갈색날개'라고 이름이 지어졌으며 3~11월에 출현한다. 약충은 주로 식물의 잎 뒷면에 살면서 즙을 빨아 먹고 성충은 과일의 즙을 빨아 먹는다. 즙을 빨아 먹은 열매는 낙과하거나 검은색 반점이 생긴다. 밤에 불빛에 잘 모여든다.

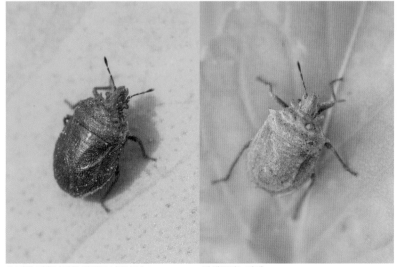

늦겨울 겨울나기를 마치고 나온 모습

갈색큰먹노린재

꼬마먹노린재(노린재과)

추운 겨울 풀숲이나 낙엽 밑에서 성충으로 겨울나기를 한다. 몸은 암갈색이나 검은색을 띠고 크기는 6~7㎜이다. 포아풀, 띠, 바랭이 뿌리 등의 즙을 먹고 살며 3~11월에 출현한다. '먹노린재'와 닮았지만 크기가 작아서 이름이 지어졌다. **갈색큰먹노린재**(노린재과)는 몸은 암갈색을 띠고 크기는 8~10㎜이다. 앞가슴등판 양옆에 뾰족한 돌기가 있다. 하천 변에 자라는 식물의 뿌리나 그루터기를 빨아 먹고 살며 5~11월에 출현한다.

겨울나기 하는 성충   약충

각시메뚜기(메뚜기과)

풀밭이나 숲의 가장자리에서 다양한 식물을 갉아 먹고 산다. 몸은 밝은 갈색을 띠고 크기는 수컷이 34~46mm이고 암컷은 46~60mm이다. 앞가슴등판 가운데부터 앞날개 끝까지 황색 줄무늬가 있으며 겹눈 아래에 검은색 줄무늬가 있다. 생김새가 '각시'처럼 예쁘다는 의미로 이름이 지어졌으며 1~12월 연중 출현한다. 겨울에 성충으로 월동한다. 약충은 녹색이나 황색을 띠며 성충과 마찬가지로 겹눈 아래에 줄무늬가 뚜렷하다.

나뭇가지를 붙잡고 겨울나기 하는 모습   등면

묵은실잠자리(청실잠자리과)

추운 겨울에 수생식물의 줄기 밑에 붙어서 성충으로 겨울나기를 한다. 봄이 되면 산지의 습지나 연못, 저수지나 농경지를 날아다니며 3~5월에 짝짓기하여 식물의 줄기에 알을 낳는다. 몸은 밝은 갈색을 띠고 크기는 34~38mm이다. 갈색빛의 몸 색깔이 '오래되었다'는 뜻과 '성충으로 월동하고 해를 넘겨서' 출현한다고 해서 이름이 지어졌다. 늦가을에 소형 곤충을 사냥하는 모습을 자주 볼 수 있으며 1~12월 연중 출현한다.

겨울나기 하는 암컷(월동형)   수컷

가는실잠자리(청실잠자리과)

겨울에 수생식물의 줄기에 붙어서 성충으로 겨울나기를 한다. 몸은 연한 갈색이고 성충으로 월동한 후 4월이 되면 암수 모두 청색의 혼인색을 띠며 크기는 34~38mm이다. 봄이 되면 수생식물이 풍부한 습지와 연못, 농경지에서 소형 곤충을 사냥하며 1~12월 연중 출현한다. 수생식물의 줄기 속에 알을 낳는다. 늦가을에 산지를 활발하게 날아다니는 모습이 '묵은실잠자리'와 매우 비슷하다. 유충은 웅덩이, 논, 습지에 산다.

대부분의 메뚜기는 알 상태로 땅속에서 겨울나기를 하지만 남부 지방에 사는 각시메뚜기는 성충 상태 그대로 겨울나기를 한다.

나무 속에서 겨울나기 하는 모습

수컷

암컷

고마로브집게벌레(집게벌레과)

산지의 축축한 낙엽 밑이나 나무 속 또는 습기가 많은 지하실에서 성충으로 겨울나기를 한다. 몸은 흑갈색을 띠고 겉날개와 집게는 검붉은빛을 띠며 크기는 15~22㎜이다. 우리나라에서 집게의 길이가 가장 긴 집게벌레이며 4~11월에 출현한다. 수컷은 활처럼 휘어진 집게가 매우 길고 암컷은 수컷의 절반 정도로 짧다. 종명 'komarowi'는 러시아 식물학자의 이름에서 유래되었다. 알이 부화할 때까지 돌보는 모성애가 강한 곤충이다.

땅에서 겨울나기 하는 모습

더듬이의 흰색 부분

애흰수염집게벌레(집게벌레과)

산지나 마을 주변의 낙엽 밑, 나무 속, 돌 밑에서 성충으로 겨울나기를 한다. 몸은 전체적으로 검은색을 띠며 크기는 9~12㎜이다. 날개가 없어서 날지 못하고 다리는 담황색이다. 수컷의 집게는 굵고 좌우 대칭이 아니다. 19마디로 된 더듬이는 갈색이고 수컷은 제 14~16마디, 암컷은 제12~13마디가 연황색을 띠고 있어서 '흰수염'이 붙어 이름이 지어졌다. 땅에서 발 빠르게 기어다니며 소형 곤충이나 동물의 사체를 먹고 살며 6~10월에 출현한다.

나무 속에서 무리 지어 겨울나기 하는 모습

일흰개미

병정흰개미

흰개미(흰개미과)

산지의 나무 속에 모여서 성충으로 겨울나기를 한다. 몸은 흰색을 띠며 크기는 4~7㎜이다. 생김새가 '개미'를 닮아서 이름이 지어졌으며 1~12월 연중 출현한다. 일흰개미는 크기가 4~6㎜이고 날개 달린 유시충은 5~7㎜이다. 병정흰개미는 원통형의 황갈색 머리가 특징이며 큰턱이 발달했다. 여왕흰개미, 왕흰개미, 일흰개미, 수흰개미가 함께 모여 사는 사회성 곤충이다. 우리나라에 유입된 외래종으로 목조 문화재에 침투해서 피해를 주고 있다.

용어 해설

가슴다리
나비와 나방 등의 유충(애벌레) 시기에 가슴에 붙어 있는 6개의 다리를 말한다. 성충이 되면 배와 꼬리 부위에 있는 다리와는 달리 퇴화되지 않고 진짜 다리가 된다.

가슴다리 :
암청색줄무늬밤나방 유충

가시털
몸 표면에 나 있는 가늘고 길며 뾰족한 가시 모양의 털을 말한다. 강하고 센 털이어서 '강모(剛毛)'라고도 한다.

가시털 : 검정파리매

감로(甘露)
진딧물류가 풀 즙을 빨아 먹고 분비하는 당분이 풍부한 끈적거리는 액체 배설물을 말한다. 감로는 개미가 좋아하는 먹이라서 진딧물이 사는 곳에는 개미가 많이 모여든다.

감로 : 진딧물과 개미

개미귀신
땅이나 모래에 깔때기 모양의 집을 만들어 먹이 사냥을 하는 명주잠자리 애벌레를

개미귀신

말한다. 개미귀신 집 주변을 기어다니는 개미에게 모래를 뿌려 잡아먹는다.

개체(個體)
독립된 각각의 생물체를 말한다. 개체가 모여 개체군 또는 종(種)이 형성된다.

개체 변이
동일한 종의 곤충이 개체에 따라서 색깔, 무늬, 크기 등이 다르게 나타나는 것을 말한다. 무당벌레, 잎벌레, 노린재 중에는 색깔과 무늬의 변이가 다양하게 나타나는 경우가 많다.

개체 변이 : 무당벌레

겉날개
몸 앞쪽에 붙어 있는 날개로 '앞날개'라고도 한다. 딱정벌레류와 노린재류는 단단한 겉날개가 막질의 속날개를 덮고 있어서 몸을 보호하는 역할을 한다.

겉날개 :
검정빗살방아벌레

겨울잠
변온 동물인 곤충이 추운 겨울이 되면 활동을 중단하고 따뜻한 곳에 숨어서 겨울을 지내는 것을 말한다. '동면(冬眠)'이라고도 한다.

겨울잠 : 넓적사슴벌레 유충

결혼 비행

개미, 벌 등 사회성 곤충이 짝짓기를 위해 공중으로 무리 지어 날아오르는 비행을 말한다. 장차 새롭게 여왕이 될 여왕개미가 날아오르면 수개미가 함께 날아올라 짝짓기를 한다.

결혼 비행 : 일본왕개미
(여왕개미와 수개미)

겹눈(복안:複眼)

수 천~수 만 개의 낱눈(개안:個眼)이 모여서 이루어진 사물을 볼 수 있는 곤충의 눈을 말한다. 각각의 낱눈마다 시세포가 있어서 사물을 인지할 수 있다.

겹눈 : 된장잠자리

경고색

천적에게 자신이 위험한 동물이라는 것을 알리는 색깔이나 무늬로 '경계색'이라고도 한다. 보통 붉은색과 노란색은 독이 있다는 것을 암시한다.

경고색 : 털보말벌(노란색)

고사목

말라서 죽어 버린 나무를 말한다. 고사목을 먹고 사는 곤충도 있고 고사목에 숨어 월동을 하는 곤충도 있다.

고사목

고유종

지리적인 원인으로 지구상에서 한 지역에만 한정적으로 분포하는 생물로 '특산종'이라고도 한다. 한국 고유종은 우리나라에만 서식하는 특별한 생물 종(種)을 말한다.

고유종 : 서울병대벌레

고치

완전탈바꿈을 하는 곤충의 유충이 번데기가 될 때 자신의 분비물로 만든 껍데기 또는 자루 모양의 집을 말한다. 나방, 파리, 벌 등의 곤충에서 볼 수 있다.

고치 : 참나무산누에나방

공중산란(空中産卵)

짝짓기를 마친 잠자리가 공중에서 알을 뿌려서 산란하는 행동을 말한다.

괴경(塊莖)

식물의 땅속에 있는 줄기로 '덩이줄기'라고도 부른다. 양분 저장을 위해 뚱뚱해진 땅속줄기로 감자, 돼지감자, 토란 등에서 볼 수 있다.

괴경 : 감자

국외반출승인대상종

해외로 반출 시 승인이 필요한 종으로 '국외반출금지종'이라고도 한다. 환경부에서 중요 가치가 있는 생물 자원을 지정하여 보호하고 있다.

국외반출승인대상종 :
청실잠자리

굼벵이형

몸길이가 짧은 편이고 두꺼운 통 모양이며 알파벳 C자 모양처럼 구부러진 유충을 말한다. 꽃무지, 장수풍뎅이, 사슴벌레, 풍뎅이 등의 유충이 속한다.

굼벵이형 :
흰점박이꽃무지 유충

기관아가미

강도래, 하루살이, 날도래 등의 수서곤충 유충에서 볼 수 있는 숨을 쉬는 호흡 기관을 말한다.

기관아가미 : 진강도래

기문(氣門)

기관 호흡을 하는 곤충 몸의 옆면이나 배 쪽에 있는 호흡 출입구로 '숨구멍'이라고도 한다.

기문 : 풀무치

기부(基部)

더듬이, 다리, 날개 등이 몸에 붙어서 시작되는 부위를 말한다. 더듬이는 머리, 다리는 가슴 아래쪽, 날개는 가슴 위쪽에 붙어 있다.

기부 : 장수풍뎅이

기생(寄生)

생존이나 번식을 위해 먹이 자원을 다른 곤충에서 얻는 것을 말한다. 기생벌, 기생파리 등의 기생성 곤충은 다른 곤충에 기생해서 살아간다.

기생 : 단색자루맵시벌

기후변화 생물지표종

지구온난화에 의한 기후 변화로 곤충 등 수많은 생물이 서식지를 이동하고 있다. 기후 변화 정도를 예측하는 데 활용되는 생물 종을 말한다.

기후변화 생물지표종 :
남방노랑나비

길잡이페로몬

개미, 꿀벌, 흰개미 등 사회성 곤충이 집에서 나와 먹이를 찾아 집으로 되돌아갈 때 이정표로 묻히는 분비물을 말한다.

길잡이페로몬 : 가시개미

꼬리다리

유충(애벌레)의 가장 뒤쪽에 있는 1쌍의 부족지로 '항문다리'라고도 한다. 유충 시기에는 활동을 위해 갖고 있지만 성충이 되면 퇴화되어 사라진다.

꼬리다리 :
잠자리가지나방 유충

꼬리돌기

나비의 날개 끝부분에 길쭉하게 발달된 돌기를 말한다. 호랑나비, 제비나비, 꼬리명주나비 등의 호랑나비과는 꼬리돌기가 비교적 잘 발달되어 있다.

꼬리돌기 : 호랑나비

꼬리털

꼬리 부분에 달린 털로 '미모(尾毛)'라고도 한다.

꼬리털 : 왕귀뚜라미

꽃가루받이

수술의 꽃밥에 있는 꽃가루를 암술머리에 옮겨 주는 것을 말한다. 꽃가루를 옮겨 주어 수분을 돕는 곤충을 '화분매개충'이라 부른다.

꽃가루받이 : 양봉꿀벌

날개맥(시맥:翅脈)

곤충의 날개에 있는 그물 모양의 무늬로 날개를 지탱하는 역할을 한다.

날개맥 : 배치레잠자리

날개싹

불완전탈바꿈하는 곤충의 유충에 달려 있는 것으로 장차 성충이 되면 날개가 될 싹을 말한다. 허물을 벗으며 성장할 때마다 날개싹도 점점 커진다.

날개싹 :
풀색노린재 약충

낱눈

겹눈을 이루는 하나하나의 단위가 되는 눈을 말한다. 낱눈 각각에는 시세포가 들어 있어서 사물을 볼 수 있다. 왕잠자리의 경우 28,000개 이상의 낱눈이 모여 겹눈을 이룬다.

낱눈 : 긴무늬왕잠자리

단성생식(單性生殖)

암컷이 수컷 배우자와 수정하지 않고 암컷 혼자서 새로운 개체를 만드는 생식 방법

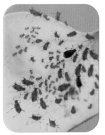
단성생식 : 진딧물

을 말한다. '처녀생식'이라고도 한다.

단시형(短翅型)

곤충의 성충 중에서 짧은 날개를 갖고 있는 형태를 말한다. 곤충은 같은 종류에서도 개체 변이가 있어서 날개가 짧은 '단시형'과 날개가 긴 '장시형'이 모두 나타날 수 있다.

단시형 :
어리민반날개긴노린재

뒷날개

곤충의 뒷가슴에 붙어 있는 2쌍의 날개로 앞날개 뒤쪽에 달려 있다. 딱정벌레류처럼 앞날개 속에 들어 있어서 잘 보이지 않는 경우에는 '속날개'라고도 부른다.

뒷날개 : 홍날개

등면(등 쪽)

곤충의 몸 위쪽에 해당하는 면을 말한다. 곤충의 등면에는 날개가 2쌍 달려 있으며 몸 아래쪽 면인 배면에는 다리가 3쌍 달려 있다.

등면 : 밀잠자리붙이

딱지날개

딱정벌레류에 있어서 딱딱하게 변형된 앞날개를 말한다. 속날개와 배 등의 몸을 보호하는 중요한 역할을 한다.

딱지날개 : 왕사슴벌레

령(齡)

유충의 나이를 세는 단위로 허물벗기를 할 때마다 1령씩 추가된다. 알에서 부화되면 1령 애벌레가 되고 허물을 벗을 때마다 2령, 3령, 4령이 된다.

령 : 호랑나비 3령 유충

루시페린

반딧불이의 몸속에 들어 있는 발광 물질을 말한다. 루시페린이 효소 루시페라아제의 촉매 작용에 의해 산화되면 불빛이 만들어진다.

루시페린 :
반딧불이 발광마디

막질부(膜質部)

노린재류 앞날개의 아래쪽에 있는 얇고 부드러우며 반투명한 막질의 날개를 말한다. 파리와 벌 무리는 앞뒤 날개가 모두 막질로 이루어져 있다.

막질부 : 북방풀노린재

반점(斑點)

동식물의 몸에 박혀 있는 얼룩덜룩한 점을 말한다. 곤충 중에는 몸에 점무늬가 있는 개체가 매우 많다.

반점 : 알락꼽등이

반점미(斑點米)

노린재의 흡즙에 의해 쌀에 누런색 점이 생기는 것을 말한다. 가시점둥글노린재, 더듬이긴노린재, 변색장님노린재,

반점미 : 가시점둥글노린재

갈색날개노린재 등이 벼의 씨젖을 흡즙하면 발생한다.

발광마디

반딧불이의 배에 있는 불빛을 내는 배마디를 말한다. 수컷은 제6, 7배마디, 암컷은 제6배마디에서 불빛이 난다.

발광마디 :
애반딧불이 수컷

발음기관(發音器官)

매미류나 메뚜기류의 곤충이 의사소통을 위해서 소리를 낼 수 있도록 발달된 기관을 말한다.

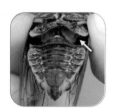

발음기관 : 말매미

발향린(發香鱗)

나비류의 수컷 날개에서 볼 수 있는 성적 흥분을 일으키는 비늘가루를 말한다. 수컷이 구애를 위해 발향린을 뿌리면 암컷이 수컷에게서 벗어나지 못한다.

발향린 : 꽃술재주나방

방어 물질(防禦物質)

힘이 약한 곤충이 자신을 방어하기 위해 분비하는 자극성 물질을 말한다.

배다리

애벌레의 배 부분에 붙어 있는 다리를 말한다. 나비나 나방 유충의 대부분은 배다리가 4쌍(8개)이 달려 있다. 배다리는 유충 때만 이용하고

배다리 :
흰눈까마귀밤나방 유충

성충이 되면 퇴화된다.

배면(배 쪽)

곤충의 몸 아래쪽에 해당하는 면을 말한다. 가슴의 배면에는 3쌍의 다리가 달려 있다.

배면 : 주홍배큰벼잎벌레

배자루

곤충의 배 부분이 자루 모양으로 길게 발달된 것을 말한다. 주로 개미류에서 흔하게 나타난다.

배자루 : 일본왕개미

번데기

완전탈바꿈 과정에서 유충과 성충 사이의 단계를 말한다. 알에서 부화된 유충이 탈피하며 성장하다가 번데기가 되는 현상을 '용화(蛹化)'라고 한다.

번데기 : 장수풍뎅이

벌채목

땔감으로 쓰기에 적당한 베어 낸 나무를 말한다.

벌채목

범 무늬

호랑이(범)의 몸에 있는 줄무늬를 말한다. 범하늘소나 호랑하늘소처럼 범 무늬를 갖고 있는 곤충은 천적의 눈에 잘 띄지 않을 뿐 아니라 벌처럼 위장하여 자신을 보호할 수 있다.

범 무늬 :
육점박이범하늘소

법의학(法醫學) 곤충

살인범을 검거하는 데 이용되는 곤충을 말한다. 시체에 잘 모여드는 곤충을 분석하면 사망 시간을 알아낼 수 있기 때문에 범인 검거에 매우 유용하다.

범의학 곤충 :
검정파리과 파리

벨벳

겉 부분에 곱고 짧은 털이 촘촘히 돋아나도록 짠 비단을 말한다. '우단' 또는 '비로드'라고도 부른다.

벨벳 : 빌로오도재니등에

보호색(保護色)

천적에게 쉽게 발견되지 않도록 주변의 환경과 매우 비슷한 색깔을 띠는 것을 말한다. 곤충은 힘이 매우 약한 생물이기 때문에 보호색을 띠는 경우가 많다.

보호색 : 참나무하늘소

부속지(附屬肢)

몸에 가지처럼 붙어 있는 기관이나 부분을 통틀어 말한다. 곤충의 더듬이, 큰턱, 다리 등을 모두 일컫는 말이다.

부속지 :
대륙뱀잠자리 유충

부식성

썩은 물질이나 동물의 사체를 먹고 사는 식성을 말한다. 송장벌레나 반날개 등이 속한다.

부식성 : 넉점박이송장벌레

부절(跗節)

곤충의 다리 마디 중에서 맨 마지막 마디를 말한다. 부절 끝 부분에 있는 발톱은 곤충이 잘 미끄러지지 않고 움직이도록 도와 준다.

부절 : 장수풍뎅이

부착조류(附着藻類)

하천, 해양 등에서 암석, 자갈, 모래, 생물체 등의 표면에 부착해서 살아가는 조류를 말한다. 녹조류, 규조류, 갈조류, 남조류 등이 속한다.

부착조류 : 잎파래(녹조류)

부화(孵化)

알로 태어난 곤충이 알 속에서 껍질을 깨고 유충이 되어 나오는 것을 말한다.

분해자

자연 생태계에서 죽은 생물체나 동물의 배설물을 분해하는 생물을 말한다.

분해자 : 금파리

비늘가루

나비목의 날개에 있는 가루를 말한다. 나비류는 비늘가루가 조각처럼 붙어 있어서 '인편(鱗片)'이라고 부르고, 나방류는 비늘가루가 털처럼 되어 있어서 '인모(鱗毛)'라고 부른다.

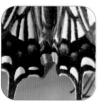

비늘가루 : 호랑나비

산란관(産卵管)

곤충의 배 끝에 발달한 관 모양의 알을 낳는 기관을 말한다.

산란관 : 긴꼬리쌕쌔기

생식돌기(生殖突起)

수컷 생식기의 끝 부분에 있는 돌기를 말한다. 암컷의 생식기를 자극하는 역할을 한다.

생식돌기 : 긴가위뿔노린재

생태계교란 야생생물

외국으로부터 인위적 또는 자연적으로 유입되었거나, 유전자 변형 생물체 중에서 생태계에 교란을 가져오거나 가져올 우려가 있는 종을 말한다.

생태계교란 야생생물 : 꽃매미

설상부(楔狀部)

노린재류의 앞날개 혁질부 끝 부분에 있는 쐐기 모양의 부위를 말한다.

설상부 : 설상무늬장님노린재

성충(成蟲)

알로 태어난 곤충이 유충과 번데기를 거쳐 생식 능력이 있는 곤충이 되었을 때를 말한다. 성충은 암컷과 수컷으로 구분된다.

수생동물(水生動物)

물고기, 고래, 물개, 연체동물처럼 물속에서 생활하는 동물을 말한다.

수생동물 : 돌고기

수생식물(水生植物)

정수식물, 부유식물, 부엽식물, 침수식물처럼 물에 사는 식물을 말한다.

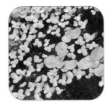
수생식물 : 개구리밥

수태낭(受胎囊)

짝짓기가 끝난 수컷이 암컷의 배 끝에 분비물을 내어 굳어지게 만드는 돌기로 '짝짓기 주머니'라고도 한다. 모시나비, 붉은점모시나비, 애호랑나비 등에서 볼 수 있다.

수태낭 : 모시나비

숨관

수서곤충이 숨을 쉴 때 쓰는 기관을 말한다. 수서노린재류는 꽁무니에 기다란 숨관이 발달되어 있다.

숨관 : 장구애비

알(卵)

암컷이 낳는 둥근 모양의 물질을 말한다. 일정한 기간이 지나면 알껍데기를 깨고 부화되어 유충이 된다.

알 : 무당벌레 알

알집

수십~수백 개의 알이 무더기로 모여 있는 집을 말한다. 덩어리로 낳는 알을 '난괴(卵塊)'라고 한다.

알집 : 왕사마귀

앞가슴등판

곤충의 가슴 부분 중에서 첫 번째 가슴마디의 등판을 말한다. 머리 바로 아래쪽에 있는 부분이다.

앞가슴등판 : 넓적사슴벌레

앞날개

가운데가슴에 달려 있는 1쌍의 날개로, 곤충의 날개 중에서 가장 앞쪽에 달려 있는 날개를 말한다.

앞날개 : 고추잠자리

야행성

낮에는 쉬고 밤에 활동하는 습성을 갖고 있는 곤충을 말한다. 나방, 사슴벌레, 장수풍뎅이, 하늘소 등은 밤에만 활동하는 야행성 곤충이다.

야행성 : 뒤흰띠알락나방

약충(若蟲)

불완전탈바꿈하는 곤충의 유충으로 생김새가 성충과 매우 비슷하게 닮은 것이 특징이다.

약충 :
등검은메뚜기 약충

어깨돌기

앞가슴등판의 가장자리에 있는 뿔 모양의 돌기를 말한다. 노린재류는 어깨돌기가 돌출되어 있는 종류가 많아서 뚜렷하게 보인다.

어깨돌기 :
에사키뿔노린재

여름잠(하면:夏眠)

여름철 무더운 날씨가 기승을 부릴 때 일시적으로 활동하지 않고 휴면(休眠) 상태로 쉬는 것을 말한다.

여름잠 : 무당벌레

여왕개미

사회성 곤충 중에서 알을 낳아 번식할 수 있는 유일한 암컷 개미를 말한다. 일개미는 여왕개미처럼 암컷이지만 알을 낳을 수 없다.

여왕개미 : 일본왕개미

연가시

곤충의 몸에 기생하는 철사 모양의 가느다란 유선형동물이다. 사마귀, 여치, 꼽등이처럼 몸집이 커다란 곤충의 몸속에 기생한다.

연가시 : 갈색여치에 기생

외래종(外來種)

다른 나라에서 유입된 종을 말한다. 꽃매미, 미국선녀벌레, 갈색날개매미충 등은 중국이나 북미에서 유입된 외래종이다.

외래종 : 미국선녀벌레

요람

거위벌레가 알을 낳아 나뭇잎을 둘둘 말아 놓은 것을 말한다.

요람 : 개암거위벌레

욕반(褥盤)

곤충의 다리에서 쌍을 이루는 발톱 사이에 있는 돌기를 말한다.

우화(羽化)

번데기에서 날개가 달린 생식 기능이 있는 성충이 되는 것을 말하며 '날개돋이'라고도 한다.

우화 : 참매미

위생 해충(衛生害蟲)

인간의 인체에 직접적, 간접적으로 해를 주거나 위생에 관계가 있는 곤충을 말한다. 모기, 바퀴 등의 위생 해충은 인간에게 질병을 유발한다.

위생 해충 : 흰줄숲모기

유시충(有翅蟲)

날개가 달려 있는 성충을 말한다. 진딧물은 어른이 되면 날개가 있는 '유시충'도 있고 날개가 없는 '무시충'도 있다.

유시충 : 모련채수염진딧물

유충(幼蟲)

알에서 부화되어 깨어난 어린 곤충을 말한다. 유충은 번데기가 되기 전까지 허물벗기를 하면서 점점 더 크게 자란다.

유충 : 꼬리명주나비

육식성(肉食性)

동물질의 고기를 먹고 사는 성질을 말한다. 길앞잡이, 딱정벌레, 물방개 등이 육식성 곤충에 속한다.

육식성 : 홍단딱정벌레

융기선(隆起線)

위쪽으로 높게 올라와서 들떠 있는 선을 말한다.

의사 행동(죽은 척하기)

포식자를 만나면 살아남기 위해 일부러 죽은 척하는 행동을 말한다. 천적들은 죽은 먹이는 잘 사냥하지 않기 때문에 힘이 약한 곤충에게는 매우 요긴한 방어법이다.

의사 행동 :
극동버들바구미

일개미

먹이를 나르고 집을 모으는 등 개미집의 모든 일을 도맡아서 하는 일꾼 개미이다. 날개가 없고 암컷이지만 생식 기능도 없다.

일개미 : 일본왕개미

일광욕

나비가 날개를 펴고 햇볕을 쬐어서 체온을 올리는 행동이다. 이른 아침 산길 위에서 나비가 일광욕하는 모습을 쉽게 볼 수 있다. 변온 동물인 곤충은 체온을 높여야 비로소 활발하게 날아다닐 수 있다.

일광욕 : 애기세줄나비

작물 해충

작물을 갉아 먹거나 작물에 질병을 일으켜서 피해를 주는 곤충을 말한다. 나방의 애벌레는 작물을 갉아 먹고 노린재는 작물의 즙을 빨아 먹어서 질병을 유발한다.

작물 해충 :
갈색날개노린재

작은방패판(小楯板)

작은 방패 모양의 판으로 곤충 몸의 가운데에 있는 역삼각형 모양의 판을 말한다. 딱정벌레류는 크기가 작고 노린재류는 크게 발달되어 있다.

작은방패판 : 물자라

잡식성(雜食性)

동물성 먹이와 식물성 먹이를 가리지 않고 다 먹고 사는 성질을 말한다. 귀뚜라미와 여치류 중에는 식성이 까다롭지 않아 아무거나 잘 먹는 잡식성 곤충이 많다.

잡식성 : 왕귀뚜라미

장시형(長翅型)

동일한 종류의 곤충 중에서 날개가 길게 발달된 형태를 말한다. 반대로 날개가 짧게 발달된 형태는 '단시형(短翅型)'이라고 부른다.

장시형 :
어리민반날개긴노린재

저서무척추동물
하천, 호수, 바다 등의 밑바
닥에서 사는 수중 무척추동물
을 말한다.

저서무척추동물 :
붉은발사각게

점각(點刻)
점으로 새겨진 그림이나 무
늬로 볼록하게 튀어나와 있
는 돌기를 말한다.

점각 : 날개소똥바구미

정수성(淳水性)
흐르지 않고 고여 있는 물에 사는 성질을 말한다.
반대로 흐르는 물에 사는 성질은 '유수성(流水性)'
이라고 한다.

정수역(停水域)
물이 흐르지 않고 고여 있는
영역으로 저수지, 호수, 연못,
댐이 있다.

정수역 : 저수지

정지 비행(停止飛行)
헬리콥터가 제자리에서 비
행하는 것처럼 공중에서 정
지한 상태로 제자리 비행하
는 것을 말한다. 박각시, 재
니등에, 꽃등에 등은 정지 비
행 능력이 매우 뛰어나다.

정지 비행 :
벌꼬리박각시

종령
더 이상 허물을 벗고 커지지 않
는 가장 마지막 단계의 유충
을 말한다. 종령 유충은 곧 번
데기가 된다.

종령 : 호랑나비 유충

집합페로몬
다른 개체를 유인하는 작용
을 하는 페로몬을 말한다. 집
합페로몬을 사용하는 곤충
은 함께 무리 지어 모여서 먹
이도 먹고 짝짓기도 하며 생
활한다.

집합페로몬 :
십자무늬긴노린재

짝짓기
곤충의 암수가 짝을 이루거
나 교미하는 행위를 말한다.
곤충은 짝짓기를 해야 알을
낳아 번식해서 종족을 유지
할 수 있다.

짝짓기 : 우리벼메뚜기

체색 변이
동일한 종류의 곤충 중에서
몸 색깔이 서로 다르게 나타
나는 것을 말한다. 풀색꽃무
지의 경우 보통 녹색을 띠지
만 개체에 따라 적갈색, 갈색
등 다양한 체색 변이가 있다.

체색 변이 :
풀색꽃무지 적갈색형

체색 이형
동일한 종류의 곤충이지만
개체에 따라 색깔, 모양 등
이 서로 다르게 나타나는 개
체를 말한다. 체색 이형이 심
한 곤충은 때때로 서로 다
른 종으로 오인되기도 한다.

체색 이형 :
섬서구메뚜기 갈색형

체액

곤충의 몸속에 있는 액체 성분을 통틀어 말한다. 침노린재, 쐐기노린재, 모기, 등에 같은 육식성 곤충은 다른 곤충의 체액을 빨아 먹고 산다.

초식성(草食性)

식물성의 먹이를 먹고 사는 성질을 말한다. 초식성 곤충은 풀로부터 에너지를 얻어서 생활한다.

초식성 :
검정오이잎벌레

큰턱

곤충의 입에 달려 있는 1쌍의 부속지로 곤충 종류에 따라 형태와 기능이 다양하다. 초식성 곤충인 메뚜기는 먹이를 잘 씹을 수 있게 발달되었고 육식성 곤충인 장수말벌과 사마귀는 먹이를 잘 자를 수 있도록 발달되었다. 체액이나 수액을 먹는 곤충의 경우에는 길쭉한 관을 형성한다.

큰턱 : 장수말벌

타수산란(打水産卵)

짝짓기를 마친 잠자리 암수가 함께 날면서 물 표면에 배를 부딪쳐 수면 또는 수중에 알을 낳는 방법을 말한다. 측범잠자리과와 잠자리과의 대부분이 타수산란을 한다.

탈피(脫皮)

단단한 외골격을 갖고 있는 곤충이 자라면서 성장을 하기 위해 허물이나 껍질을 벗는 과정으로 '허물벗기'라고도 한다.

탈피 :
사마귀의 탈피 허물

퇴화

어떤 기관이 오랫동안 쓰이지 않아서 점점 작아져 기능이 상실되는 것을 말한다. 네발나비는 앞다리 1쌍이 퇴화되었고, 파리류는 뒷날개 1쌍이 퇴화되었다.

퇴화 :
네발나비 다리 퇴화

페로몬

몸 밖으로 방출되는 화학 물질로 동일한 종의 다른 개체를 자극하는 물질이다. 짝짓기를 위한 성(性)페로몬, 침입자를 알리는 경보(警報)페로몬, 집을 찾아갈 수 있도록 안내하는 길잡이페로몬, 한 곳에 무리 지어 모이게 하는 집합페로몬이 있다.

평균곤(平均棍)

파리류의 퇴화된 뒷날개를 말하며 '평행곤'이라고도 부른다. 퇴화되어 기능을 상실한 곤봉 모양의 짧은 뒷날개는 비행할 때 몸의 평형을 유지하는 역할을 하기 때문에 파리류는 비행 능력이 뛰어나다.

평균곤 :
아메리카동애등에

포식성(捕食性)

곤충이 다른 동물이나 곤충을 잡아먹는 성질을 말한다. 육식성 곤충은 다른 동물이나 곤충을 잡아먹는 포식성 곤충과 다른 곤충에 기생하는 기생성 곤충으로 구분된다.

포식성 : 왕파리매

혁질부(革質部)

노린재류의 앞날개 위쪽에 있는 가죽처럼 튼튼한 날개를 말한다.

혁질부 : 대왕노린재

홑눈(단안:單眼)

어둡고 밝은 것을 구분해서 사물을 볼 수 있게 도와주는 눈을 말한다. 겹눈처럼 시세포가 들어 있지 않아 직접적으로 사물을 볼 수는 없다.

홑눈 : 참매미

흡즙

진딧물, 노린재 등의 곤충이 과일, 나뭇진, 동물의 배설물 등의 즙을 빨아 먹는 것을 말한다.

흡즙 : 알락수염노린재

곤충 이름 찾아보기 🐞

313

저자 **한영식**

지구에서 가장 다양한 곤충의 세상에 매료되어 곤충을 탐사하고 연구하는 곤충연구가로 현재
곤충생태교육연구소 〈한숲〉 대표로 활동하고 있다. 숲해설가, 유아숲지도사, 자연환경해설사 양성 과정 및
도서관, 학교 등에서 자연 교육을 진행하고 있으며 KBS, SBS, EBS 등의 다큐 방송에 자문을 하고 있다.
지은 책으로는《곤충 쉽게 찾기》,《곤충 검색 도감》,《곤충 학습 도감》,《신기한 곤충 이야기》,
《어린이 곤충 비교 도감》,《봄여름가을겨울 곤충도감》,《봄여름가을겨울 바닷가생물도감》,
《봄여름가을겨울 숲속생물도감》,《봄여름가을겨울 숲 유치원》,《엉뚱한 공선생과 자연탐사반》,
《꿈틀꿈틀 곤충 왕국》,《궁금했어 곤충》,《생태 환경 이야기》,《윌슨이 들려주는 생물 다양성 이야기》 등이 있다.
곤충생태교육연구소 〈한숲〉: cafe.daum.net/edu-insect

쉬운 곤충책

1쇄 – 2023년 6월 13일
2쇄 – 2023년 9월 26일
지은이 – 한영식
발행인 – 허진
발행처 – 진선출판사(주)
편집 – 김경미, 최윤선, 최지혜
디자인 – 고은정, 김은희
총무 · 마케팅 – 유재수, 나미영, 허인화
주소 – 서울시 종로구 삼일대로 457 (경운동 88번지) 수운회관 15층
　　　전화 (02)720–5990　팩스 (02)739–2129
　　　홈페이지 www.jinsun.co.kr
등록 – 1975년 9월 3일 10–92

＊책값은 뒤표지에 있습니다.

ISBN 979-11-93003-04-6 06490

진선 books는 진선출판사의 자연책 브랜드입니다.
자연이라는 친구가 들려주는 이야기 – '진선북스'가 여러분에게 자연의 향기를 선물합니다.